中国雪鸡生物学

Biology of Snowcocks in China

刘迺发 主编

科学出版社

北京

内 容 简 介

《中国雪鸡生物学》共计17章，内容包括雪鸡属鸟类的研究历史、分布区及其环境、起源与进化、形态学、解剖学、细胞生物学、生理生化、高山适应、栖息地选择、行为生态学、种群生物学、种间关系、生活史对策、食性分析、繁殖生物学、生态遗传学、谱系地理学等方面。

本书可为国内外鸟类学家和保护管理工作者开展雪鸡研究与保护工作提供基础资料，也可作为大专院校和科研单位生物学、生态学等专业的本科生与研究生从事相关科学研究的专业指导书籍，并可为野生动物管理部门和自然保护区开展野生动物保护管理提供重要参考。

审图号：GS京（2022）0355号

图书在版编目（CIP）数据

中国雪鸡生物学/刘迺发主编．—北京：科学出版社，2022.7
ISBN 978-7-03-072578-3

Ⅰ．①中⋯ Ⅱ．①刘⋯ Ⅲ．①鸡形目—生物学—研究—中国 Ⅳ．① Q959.7

中国版本图书馆 CIP 数据核字（2021）第 101194 号

责任编辑：张会格 刘 晶 / 责任校对：宁辉彩
责任印制：肖 兴 / 封面设计：刘新新

科学出版社 出版
北京东黄城根北街16号
邮政编码：100717
http://www.sciencep.com

北京九天鸿程印刷有限责任公司 印刷
科学出版社发行 各地新华书店经销
*

2022年7月第 一 版 开本：720×1000 1/16
2022年7月第一次印刷 印张：17
字数：345 000

定价：268.00元
（如有印装质量问题，我社负责调换）

《中国雪鸡生物学》编委会

主　编　　刘迺发

编　委　（按姓氏笔画排序）

　　　　于晓平　王小立　史红全　包新康　闫永峰　安　蓓

　　　　阮禄章　李佳琦　张立勋　黄族豪　廖继承

摄影者　（按姓氏笔画排序）

　　　　于晓平　马　鸣　史红全　肉　保　刘　璐　闫永峰

　　　　闫旭光　阮禄章　杜利民　李建强　张立勋　张胜邦

　　　　陈浩然　努尔俊　廖国庆

序

雪鸡是鸡形目鹑类中个体最大的类群，全世界有5种，分别独立占据中亚地区的几个高地和山脉；我国有3种，分布于青藏高原及帕米尔高原等西北和西南各大山脉。雪鸡是鸡形目中分布海拔最高的类群，藏雪鸡分布海拔最高可达6000m，其分布上限通常是冰川和积雪的下线。由于雪鸡分布区人迹罕至，因而其研究资料十分缺少。雪鸡具有重要的经济、科学研究和观赏价值，与人类生产、生活、文化和科学研究息息相关。所有雪鸡种类都是其分布区所属国家的保护鸟类，藏雪鸡更是被列入《濒危野生动植物国际贸易公约》附录Ⅰ。因此，有关雪鸡的生态生物学研究，无论在科学理论方面，还是在开展人工驯养方面都具有重要意义。

近二十多年来，刘迺发教授带领他的学生多次深入不毛之地，或宿于帐篷，或寄居于牧民之家乃至佛教寺庙，收集第一手资料，对我国雪鸡的地理分布、起源进化、系统发生、亚种分化、地理变异、生活史、行为、换羽及其对高山环境的适应等诸多内容进行了系统研究，在国内外首次发表了有关暗腹雪鸡的繁殖生态学研究成果。与此同时，刘迺发教授还陆续将分子系统学、系统地理学和分子生态学的理论及方法引入雪鸡的研究，开展了雪鸡分子系统学、种群系统地理学和生态遗传学的研究。该书充分反映了上述研究成果，同时也介绍了国内外其他雪鸡的研究成果。

该书共计17章，既注重理论，也注重应用。例如，第8章"雪鸡高山适应"阐明的进化适应原理，第13章"雪鸡生活史对策"阐明的缺氧-低温对胚胎、雏鸟发育和生活史对策协同作用机理，第17章"雪鸡谱系地理学"阐明的种群系统地理结构及形成的机制等，都具有科学理论意义，将对我国鸟类学发展有一定的促进作用。在第1章"中国雪鸡研究历史"中总结了国内外人工饲养管理和繁殖雪鸡的成果，对我国雪鸡产业的发展有指导和借鉴意义。

刘迺发教授是中国动物学会副理事长、鸟类分会理事长。他学思敏捷，学术思想活跃，积极关注国际鸟类学研究的前沿，治学严谨，始终坚持在一线工作，而且着力于汲取交叉学科的理论和方法解决问题。他在鸟类学研究中能坚持与时俱进地开辟新的研究领域，这些是值得我们学习的。愿该书的出版对关心我国鸟类学研究和自然保护的同行有所帮助和启迪。

郑光美
中国科学院院士
北京师范大学教授
2018 年 3 月于北京

前　　言

　　雪鸡属鸟类是鸡形目中最大的鹑类，全世界共 5 种，分布于中亚各大山脉。中国境内有藏雪鸡（*Tetraogallus tibetanus*）、暗腹雪鸡（*T. himalayensis*）和阿尔泰雪鸡（*T. altaicus*），分布于青藏高原、天山、帕米尔高原和阿尔泰山等。雪鸡与当地居民关系十分密切，生态价值和经济价值大。早在一千年前雪鸡就被列为藏药，为人们所利用。随着气候变化和人类活动的影响，雪鸡野生种群数量不断下降，这引起了人们的广泛关注。目前，我国 3 种雪鸡已全部被列入《中国濒危动物红皮书》和国家 II 级重点保护物种名录，受到法律保护，且藏雪鸡被列入《濒危野生动植物种国际贸易公约》附录 I。

　　雪鸡是鸡形目鸟类中分布海拔最高的类群，生存环境恶劣。20 世纪 80 年代之前，鲜有鸟类学家深入这些地区开展系统调查和深入研究，人们对雪鸡的生物学、生态学了解甚少。自 1986 年，本书作者在国家自然科学基金项目和国家林业局科研项目资助下，带领学生深入不毛之地，对藏雪鸡和暗腹雪鸡的生态学及生活史特征进行了长期深入研究。自 1998 年开始，本课题组利用分子生物学技术对雪鸡种群遗传、谱系地理学和生态遗传学进行了系统探索，拓展了中国鸟类学研究的新领域，开启了我国鸟类谱系地理学和生态遗传学研究的先河，对我国鸟类学研究产生了积极影响。

　　到目前为止，国内外一些学者也开展了雪鸡的生态学、人工饲养、生理生化和疾病防治等方面的研究。1963 年，暗腹雪鸡被引入美国内华达州东北部的洪堡山脉，当地学者就捕食者对其栖息地利用的影响进行了研究；同时，俄罗斯也有学者研究了阿尔泰雪鸡的生态学和人工饲养。本书系统整理并总结了同行们的研究成果。

　　本书下述观点值得读者关注：①在同域分布区，藏雪鸡和暗腹雪鸡不在同一山头出现，不是因为生态要求相似的竞争排斥，而是因为各自的生态需求在进化过程中发生了分化。②高海拔分布的雪鸡体型趋小，胚胎期和胚后期发育缓慢；雪鸡采取小窝大卵的繁殖对策，增加了单个卵的相对投入，较高的幼鸟和成鸟存活率是对高海拔低温、缺氧和食物可利用性低的适应。③青藏高原东部和祁连山是更新世冰期某些动物的避难地，在雪鸡种群遗传分化、谱系地理格局形成中起到了重要作用。④中更新世冷暖气候交替发生，天山、喀喇昆仑山、昆仑山、帕米尔高原的生境演变对暗腹雪鸡亚种分化起到了决定性作用。

在雪鸡研究过程中，我们查阅了中国科学院动物研究所、中国科学院西北高原生物研究所标本馆的标本，在此表示谢意！同时，还要感谢甘肃祁连山国家级自然保护区、甘肃盐池湾国家级自然保护区和西藏拉萨雄色寺等单位为野外调查研究提供的支持和帮助！

虽殚精竭虑，力求妥帖，但水平有限，纰缪之处在所难免，实乃心余力绌。诚冀读者批评指正，以便精益求精，至臻完善。

刘迺发

2018 年 6 月 18 日

目　　录

序
前言
- **第 1 章　中国雪鸡研究历史** ·· 1
  - 1.1 分类和系统发生 ·· 1
    - 1.1.1 种类分布 ·· 1
    - 1.1.2 系统发生 ·· 2
    - 1.1.3 亚种分化 ·· 2
  - 1.2 生态学研究 ·· 3
    - 1.2.1 暗腹雪鸡 ·· 3
    - 1.2.2 藏雪鸡 ·· 3
    - 1.2.3 阿尔泰雪鸡 ·· 4
  - 1.3 细胞生物学、生物化学和生理学 ···································· 4
  - 1.4 解剖学 ·· 5
  - 1.5 人工饲养繁殖 ·· 5
  - 1.6 分子生物学 ·· 5
  - 参考文献 ·· 6
- **第 2 章　雪鸡分布区及其环境** ·· 10
  - 2.1 阿尔泰山区 ·· 10
    - 2.1.1 地质地貌 ·· 10
    - 2.1.2 水文 ·· 11
    - 2.1.3 气候 ·· 11
    - 2.1.4 土壤 ·· 11
    - 2.1.5 生物地理 ·· 12
  - 2.2 天山区 ·· 12
    - 2.2.1 地质地貌 ·· 12

  2.2.2 水文 ·· 13
  2.2.3 气候 ·· 14
  2.2.4 土壤 ·· 14
  2.2.5 生物地理 ··· 14
 2.3 青藏高原区 ·· 15
  2.3.1 地质地貌 ··· 15
  2.3.2 水文 ·· 16
  2.3.3 气候 ·· 17
  2.3.4 土壤 ·· 18
  2.3.5 生物地理 ··· 18
 2.4 横断山脉区 ·· 19
  2.4.1 地质地貌 ··· 19
  2.4.2 水文 ·· 20
  2.4.3 气候 ·· 20
  2.4.4 土壤 ·· 21
  2.4.5 生物地理 ··· 21
 2.5 帕米尔高原区 ··· 22
  2.5.1 地质地貌 ··· 22
  2.5.2 水文 ·· 22
  2.5.3 气候 ·· 23
  2.5.4 生物地理 ··· 23
 参考文献 ··· 24

第 3 章 雪鸡起源与进化 ··· 25
 3.1 雪鸡的远祖 ·· 25
 3.2 起源与扩散 ·· 27
 3.3 系统发生和物种形成 ··· 30
  3.3.1 系统发生 ··· 30
  3.3.2 物种形成 ··· 30
 3.4 种类和地理分布 ·· 36
 3.5 亚种分化 ·· 37
  3.5.1 暗腹雪鸡 ··· 37
  3.5.2 藏雪鸡 ··· 40

    3.5.3 阿尔泰雪鸡 46
  3.6 形态地理变异 47
    3.6.1 暗腹雪鸡的地理变异 47
    3.6.2 藏雪鸡的地理变异 48
  参考文献 48
第4章 雪鸡形态学 53
  4.1 体色 53
    4.1.1 暗腹雪鸡 53
    4.1.2 藏雪鸡 54
    4.1.3 阿尔泰雪鸡 55
  4.2 性二态 57
    4.2.1 体色的性二态 57
    4.2.2 量衡度的性二态 57
  4.3 换羽 58
    4.3.1 雏鸟和幼鸟换羽 59
    4.3.2 成鸟换羽 61
  参考文献 63
第5章 雪鸡解剖学 64
  5.1 内脏器官 64
    5.1.1 消化系统 64
    5.1.2 鸟类消化系统的形态比较 68
    5.1.3 生殖系统 71
    5.1.4 泌尿系统 72
  5.2 卵壳和壳膜超微结构 72
    5.2.1 卵壳厚度和卵壳重量 72
    5.2.2 卵壳的超微结构 73
    5.2.3 壳膜的结构和功能 76
  参考文献 78
第6章 雪鸡细胞生物学 80
  6.1 染色体 80
    6.1.1 雪鸡染色体数目 81
    6.1.2 雪鸡G-带带型分析 83

6.2 血细胞 ··· 87
  6.2.1 红细胞 ··· 87
  6.2.2 白细胞 ··· 89
 参考文献 ··· 90

第 7 章 雪鸡生理生化 ··· 93
7.1 雪鸡的一般生理特征 ·· 93
7.2 血液生理 ··· 94
  7.2.1 红细胞形态 ··· 95
  7.2.2 血液生理指标 ··· 95
  7.2.3 血液生化 ··· 97
7.3 营养状况 ··· 99
  7.3.1 雪鸡肉的一般营养成分 ··· 99
  7.3.2 氨基酸及其含量 ··· 99
  7.3.3 肌肉脂肪酸含量 ··· 101
  7.3.4 微量元素含量 ··· 103
 参考文献 ··· 103

第 8 章 雪鸡高山适应 ··· 105
8.1 对低温的适应 ··· 105
8.2 对热环境的适应 ··· 105
8.3 对高山裸岩生境的适应 ··· 106
8.4 飞行方式的适应 ··· 106
8.5 食性适应 ··· 109
8.6 生殖适应 ··· 110
 参考文献 ··· 110

第 9 章 雪鸡栖息地选择 ··· 111
9.1 栖息环境 ··· 112
  9.1.1 高山裸岩带 ··· 113
  9.1.2 高山草甸带 ··· 118
  9.1.3 山地草原带 ··· 121
  9.1.4 特殊栖息环境——人类生活区 ··· 123
9.2 栖息地选择 ··· 125
  9.2.1 一般栖息地选择 ··· 125
  9.2.2 巢址选择 ··· 130

  9.2.3　育雏栖息地选择 ·············· 138
 参考文献 ····································· 145

第 10 章　雪鸡行为生态学 ················ 149
 10.1　社群和领域行为 ···················· 149
  10.1.1　群体大小和社群行为 ·········· 149
  10.1.2　领域行为 ···················· 151
 10.2　求偶和交配行为 ···················· 152
 10.3　孵化和育雏行为 ···················· 153
  10.3.1　孵化 ························· 153
  10.3.2　育雏 ························· 154
  10.3.3　暖雏和其他亲代抚育行为 ······ 154
 10.4　休息行为 ··························· 155
  10.4.1　沙浴和日光浴 ················ 155
  10.4.2　夜栖行为 ···················· 156
 10.5　警戒行为 ··························· 156
  10.5.1　警戒行为的分类 ·············· 157
  10.5.2　繁殖期警戒性和觅食频率的两性差异 ··· 157
 10.6　活动节律 ··························· 158
  10.6.1　季节性垂直迁移 ·············· 158
  10.6.2　季节性水平迁移 ·············· 160
  10.6.3　日活动节律 ·················· 162
 参考文献 ····································· 162

第 11 章　雪鸡种群生物学 ··············· 165
 11.1　种群数量和动态 ···················· 165
  11.1.1　北山山地暗腹雪鸡的种群数量和动态 ··· 165
  11.1.2　西祁连山雪鸡的种群数量和动态 ··· 167
  11.1.3　天山山地暗腹雪鸡的种群数量和动态 ··· 167
  11.1.4　阿尔泰雪鸡的种群数量和动态 ··· 167
  11.1.5　昆仑山山地雪鸡的种群数量和动态 ··· 168
  11.1.6　西藏地区雪鸡的种群数量和动态 ··· 168
 11.2　出生率、存活率和死亡率 ·········· 168
 11.3　年龄结构和性比 ···················· 169

11.4 种群个体扩散 170
11.5 种群数量的限制因素 170
 11.5.1 捕食影响 170
 11.5.2 食物可利用性 171
 11.5.3 家畜竞争 171
 11.5.4 流行病和寄生虫影响 171
 11.5.5 人类狩猎影响 172
参考文献 172

第12章 雪鸡种间关系 174
12.1 空间资源及其利用 175
 12.1.1 栖息空间 175
 12.1.2 分布海拔 175
 12.1.3 空间异质性 176
12.2 营养资源 178
12.3 时间资源 181
12.4 信息资源 181
12.5 关于竞争排斥理论 182
参考文献 183

第13章 雪鸡生活史对策 185
13.1 生长发育和性成熟年龄 186
 13.1.1 生长发育 186
 13.1.2 性成熟年龄 188
13.2 窝卵数、卵大小和生殖投入 189
 13.2.1 窝卵数 189
 13.2.2 卵大小和生殖投入 190
13.3 窝雏数和雏鸟存活率 191
 13.3.1 窝雏数 191
 13.3.2 雏鸟存活率 191
13.4 成鸟存活率 192
参考文献 192

第14章 雪鸡食性分析 195
14.1 食物 195
 14.1.1 食物种类 195

		14.1.2 食物组成的种间变化	201
		14.1.3 食物的地理变化	201
		14.1.4 食物的季节变化	203
14.2	幼鸟的食物组成		206
14.3	雪鸡对无机盐的需求		206
14.4	食物的营养成分和微量元素		207
		14.4.1 营养成分	207
		14.4.2 微量元素	208
14.5	雪鸡食物中的药用植物种类		209
参考文献			211
第15章 雪鸡繁殖生物学			**213**
15.1	性成熟和婚配制度		213
15.2	繁殖期		214
15.3	巢和卵		215
		15.3.1 巢	215
		15.3.2 产卵和卵	217
15.4	孵化、孵化期和孵化率		219
		15.4.1 孵化	219
		15.4.2 孵化期	220
		15.4.3 孵化率	220
15.5	雏鸟		221
15.6	育雏		222
参考文献			223
第16章 雪鸡生态遗传学			**225**
16.1	暗腹雪鸡的生态遗传		226
		16.1.1 研究地区的环境因子	226
		16.1.2 遗传变量	227
		16.1.3 遗传变量与环境因子的相关性	228
16.2	藏雪鸡的生态遗传		230
		16.2.1 研究地区的环境因子	230
		16.2.2 遗传变量	230
		16.2.3 遗传变量与环境因子的相关性	231

参考文献 ·· 233

第17章 雪鸡谱系地理学 ·· 234
17.1 藏雪鸡的谱系地理学 ·· 235
17.1.1 分布概况和样本采集 ·· 235
17.1.2 遗传多样性 ··· 235
17.1.3 谱系地理结构 ·· 237
17.1.4 种群历史动态 ·· 241
17.2 暗腹雪鸡的谱系地理学 ··· 242
17.2.1 分布概况和样本采集 ·· 243
17.2.2 序列变异和遗传多样性 ··· 243
17.2.3 谱系地理结构 ·· 245
17.2.4 种群结构和基因流 ·· 250
17.2.5 错配分布和种群扩张 ·· 251

参考文献 ·· 253

后记 ·· 255

第 1 章　中国雪鸡研究历史

雪鸡属（*Tetraogallus*）鸟类的研究历史最早可追溯到藏医中的藏药本草书。1840 年由帝玛尔·丹增彭措所著的《晶珠本草》中记载"肉壮阳，治黄水病、妇科病；其尾翎治妇女病"；《藏药志》记载"药用组织为肉、羽毛；采集加工方式为肉鲜用或晾干研细均可，羽烤焦研细；性味功用为肉滋补、壮阳，治妇女病、癫痫、疯狗咬伤"；《中华本草藏药卷》记载"采收加工上肉鲜用或晾干、研细；羽毛烤焦研细；粪鲜用或晾干；肉味甘、性苦；粪味苦、性凉；肉滋补强身，主治妇科病、癫痫、狂犬病；羽治癫痫、狂犬病；粪治各种肿胀"。

据统计，1840～1898 年间，进入中国考察的西方人士多达 300 余人，考察范围从东南沿海向中国西北、西南腹地延伸，掠夺采集大量动植物标本运往西方（赵铁桥，1991a，1991b）。雪鸡属鸟类分布的青藏高原及周边区域也在其考察范围之内。大部分雪鸡及其亚种的模式标本均采自我国的西藏、青海、新疆、四川、云南等地。

1.1　分类和系统发生

1.1.1　种类分布

雪鸡属鸟类共有 5 种，分别是高加索雪鸡（*Tetraogallus caucasicus*）、里海雪鸡（*T. caspius*）、暗腹雪鸡（*T. himalayensis*）、阿尔泰雪鸡（*T. altaicus*）和藏雪鸡（*T. tibetanus*），这些种类先后命名于 1811～1876 年间。中国分布的雪鸡属种类曾经只有两种：暗腹雪鸡和藏雪鸡（Vaurie，1966；沈孝宙和王家骏，1963；郑作新，1976，1978）。Potapov（1987）首次记载阿尔泰雪鸡分布于我国；之后，黄人鑫等（1992）报道阿尔泰雪鸡分布于我国新疆北塔山。

在地理分布上，高加索雪鸡、里海雪鸡和阿尔泰雪鸡呈异域隔离分布，各自占据中亚地区单独或若干高大山脉。暗腹雪鸡和藏雪鸡则分布于阿尔金山、祁连山西部、昆仑山、喀喇昆仑山、帕米尔高原、西喜马拉雅山和青海湖周围山地（刘迺发等，2013）。

1.1.2 系统发生

Bianki（1898）依据腹部羽毛颜色将 5 种雪鸡分为淡腹组和暗腹组两个种组，前者包括藏雪鸡和阿尔泰雪鸡，后者包括暗腹雪鸡、里海雪鸡和高加索雪鸡。

关于雪鸡属鸟类的起源地点，Kozlova（1952）认为雪鸡祖先类型的起源与青藏高原山地的形成过程有关，之后又进一步指出雪鸡祖先的诞生地可能在昆仑山脉的东部和四川山地。Baziev（1978）则认为雪鸡的祖先并非高山鸟类，它们曾栖息于从高加索到中亚广大地区，包括中国中部的丘陵地带；在山地隆升过程中，雪鸡的祖先也随之上升，因此其分布区内各个山脉都有雪鸡分布。Potapov（1992）不赞成上述两种意见，认为雪鸡起源于帕米尔高原、天山和昆仑山。刘廼发（1998）赞成后者的观点，并认为雪鸡的起源地还包括西喜马拉雅山脉。然而最新的研究结果表明，雪鸡的祖先起源于非洲，并通过中亚大陆扩散至青藏高原和帕米尔高原（Stein et al., 2015）。

关于雪鸡属鸟类的起源分化时间，Potapov（1992）根据羽毛、腹色和更新世的环境特征推断雪鸡起源于民德冰期（Mindel glacial period），之后的冰期、间冰期导致雪鸡属种类种系的发生与分化。刘廼发（1998）根据形态特征及历史地理事件认为雪鸡属鸟类起源于大约 350 万年前的上新世晚期，之后发生种系分化，且高加索雪鸡和里海雪鸡形成于最后的成种事件。Ruan 等（2005）通过线粒体细胞色素 b 基因测序分析了我国雪鸡属种类的系统发生，进一步证明了刘廼发（1998）关于雪鸡起源时间的观点。

1.1.3 亚种分化

关于雪鸡属鸟类的分类学研究最早见于 Vaurie（1966）、Dementiev 和 Gladkov（1967）的报道，分别记录暗腹雪鸡包括 5 个亚种和 3 个亚种；郑作新（1976，1978）记录暗腹雪鸡指名亚种分布于新疆；Johnsgard（1988）认为暗腹雪鸡 5 个亚种的其中 4 个分布于我国；马鸣等（1991）、郑作新（2000）和郑光美（2005，2011，2017）也同意国内分布暗腹雪鸡指名亚种、南疆亚种、青海亚种和西疆亚种的观点。

Vaurie（1966）认为藏雪鸡包括 4 个亚种；郑作新（1976，1978）记载藏雪鸡疆南亚种（*T. t. tschimenensis*）分布于我国；杨岚和徐延恭（1987）将采自云南中甸的藏雪鸡命名为云南亚种（*T. t. yunnanensis*）；Johnsgard（1988）也认为藏雪鸡分化为 4 个亚种；郑作新（2000）、刘廼发等（2013）、郑光美（2005，2011，2017）认为藏雪鸡包含 6 个亚种。

由于缺乏标本对比和其他证据，阿尔泰雪鸡在我国是否存在亚种分化意见不一。部分学者认为该种具有亚种分化（马鸣等，1991；郑作新，2000）；而有些学者认为该种属于单型种（Johnsgard，1988；郑光美，2005，2011，2017）。本书作者倾向后者的观点。

1.2 生态学研究

雪鸡属鸟类栖息地海拔高，气候寒冷，人迹罕至，因此关于其生态学或生活史的研究记录较少。沈孝宙和王家俊（1963）介绍了我国雪鸡的分类、分布和生态。苏联鸟类学家关于高加索雪鸡和里海雪鸡的研究相对较多，这些记录多收录于《苏联鸟类志》中（Dementiev and Gladkov，1954）。

1.2.1 暗腹雪鸡

刘迺发和王香亭（1990）在国内首次报道了暗腹雪鸡的繁殖生物学，研究内容包括栖息环境、活动规律、食物、繁殖习性和天敌。常城等（1993）、魏建辉和陈玉平（2004）随后也报道了相似的内容。魏建功（1990）虽然报道了藏雪鸡的繁殖习性和人工饲养，但根据作者提供的照片判断应为暗腹雪鸡。黄人鑫等（1990）也发表了关于暗腹雪鸡生态学和生物学的文章。马鸣等（1991）研究了新疆暗腹雪鸡的生态和繁殖，并建立了生命表。常城等（1993）介绍了甘肃东大山暗腹雪鸡的繁殖和食性，次年报道了雏鸟的发育和换羽过程（常城等，1994）。Liu（1994）研究了暗腹雪鸡繁殖生物学，包括配对、领域和求偶行为、营巢、产卵、孵化和雏鸟的生长发育，提出降水量是其种群增长的限制因素。Bland 和 Temple（1990）研究了捕食风险对引入美国的暗腹雪鸡栖息地利用的影响，在高被捕食风险情况下，雪鸡不得不利用质量较低的栖息地。

王正己等（1995）介绍了暗腹雪鸡与环境的关系。黄人鑫等（1994）发现天山暗腹雪鸡冬季的食物均由植物组成。闫永峰等（2007）报道了暗腹雪鸡觅食和警戒行为的性别差异。闫永峰等（2008）对甘肃东大山自然保护区和盐池湾自然保护区暗腹雪鸡繁殖期的种群密度进行了调查，认为人工捕捉、偷猎和气候状况等是限制其种群数量的主要因素。

1.2.2 藏雪鸡

关于藏雪鸡的生态学研究较少。郑生武和皮南林（1979）描述了青海省尖扎县藏雪鸡的栖息地特征、繁殖习性和夏季食物组成。马森（1997）报道藏雪鸡孵化期27天，2月龄幼鸟形态接近成鸟。1987～1989年藏雪鸡的数量为187 303只

（朴仁珠，1990）。李佳琦等（2006）研究了藏雪鸡栖息地选择及其影响因素，认为藏区居民具有给野生动物投食的习俗，因而藏雪鸡更喜欢在寺庙和民居附近活动。史红全（2007）在拉萨市曲水县雄色寺对藏雪鸡的种群生态进行了数年的研究，研究内容包括成体和幼体的存活率及死亡率、幼鸟的性比和扩散等，结果发现幼鸟性比高度偏雄，而种群扩散呈偏雌性模式。普布等（2011）对西藏日喀则南木林县藏雪鸡的冬季活动规律和觅食地选择进行了初步研究。巫明焱等（2018）利用 MaxEnt 生态位模型和 GIS 技术对中国境内藏雪鸡的适宜生境及其主导影响因子进行定量分析，结果表明藏雪鸡的最适宜生境集中在藏南、青海东南部和川西地区。

1.2.3　阿尔泰雪鸡

关于阿尔泰雪鸡的研究记录少且比较晚。黄人鑫等（1991，1992）首次报道了中国的鸟类新记录——阿尔泰雪鸡，并对该种在新疆北塔山的栖息地、日活动规律、食物组成、繁殖习性和种群数量进行了初步研究。除了中国极西北部之外，阿尔泰雪鸡还见于俄罗斯、哈萨克斯坦和蒙古国，因此俄罗斯鸟类学家的研究报道较多。Lukianov（1992）报道了阿尔泰山的阿尔泰雪鸡栖息海拔、季节迁移、栖息地点、日活动规律、繁殖和食性。Ирйсов 和 Ирисова（1991）介绍了阿尔泰雪鸡的栖息地特征、繁殖习性、食物组成和人工饲养等。

刘迺发等（2005）综合分析了中国境内分布的 3 种雪鸡生活史对策。在雪鸡属鸟类中，高海拔分布种类的窝卵数、窝雏数虽然低于低海拔分布的种类，但孵化期相对较长且胚胎和幼鸟发育缓慢。原因一方面是高海拔分布的雪鸡要维持低温和缺氧条件下的代谢水平，体温维持所需能量必然增加，繁殖和生长发育所需的能量相应减少，是对高海拔生态适应的必然结果；另一方面，高海拔分布的雪鸡通过双亲育雏提高后代成活率是对窝卵数减少的一种适应性补偿。窝卵数与幼鸟存活率、当前繁殖与未来繁殖，以及生殖力与亲代哺育之间的权衡在雪鸡生活史进化中起着重要作用。

1.3　细胞生物学、生物化学和生理学

李红燕等（2006）采用外周血淋巴细胞培养 - 空气干燥法对暗腹雪鸡的染色体核型进行了研究，结果表明暗腹雪鸡染色体数目 $2n$=78，基本臂数 AF=85，大染色体 11 对（包括 Z、W），小染色体 28 对。王轮等（1995）以常规方法测定了暗腹雪鸡的血液及其生理参数，其红细胞总数和血红蛋白数在正常范围内，但血液比容较低，红细胞抗力较强；异嗜细胞总数和单核细胞数较高，凝血时间长。姜玲玲等（2013）对暗腹雪鸡和家鸡血液的生理指标进行了比较，认为暗腹雪鸡对

高原低氧环境的适应与其红细胞体积大、红细胞平均容积大和血红蛋白含量高有关。王正已等（1995）、文丽荣等（1996）测定了暗腹雪鸡肌肉中几种氨基酸和微量元素的含量，其肌肉中氨基酸含量高于家禽（22.21%），但微量元素含量较低。暗腹雪鸡肌肉蛋白质的含量可高达 24.9%（杨乐等，2015）。

1.4 解 剖 学

吾热力哈孜等（2001）描述了暗腹雪鸡内脏器官的解剖学特征，其嗉囊容积大，肌胃发达，小肠全长约为体长的 2.5 倍，肾脏占体重的 1.2%～1.8%，生殖器官不及家鸡发达。郑生武和皮南林（1979）介绍了藏雪鸡屠体和消化道的测量参数。

1.5 人工饲养繁殖

雪鸡具有很高的药用价值，但野生雪鸡种群数量稀少且分布海拔高，难以满足人类的需要。因此，自 20 世纪 90 年代开始很多科研单位开展了雪鸡养殖技术的探索。例如，甘肃省张掖国家级自然保护区（李世霞和魏建辉，2001）、中国科学院新疆生态与地理研究所（阿德才·麦地等，2004）、甘肃省阿克塞县畜牧兽医站（王加福，2001）和石河子大学农学院（米来·夏日甫等，1999）等先后开展了暗腹雪鸡人工饲养繁殖技术和管理经验的摸索实践。又如，西藏大学也开展了藏雪鸡人工饲养与繁殖试验（扎西次仁等，2004）。

吾热力哈孜等（2001）专题报告了雪鸡驯养繁殖过程中的疾病防治，包括传染病、寄生虫病、营养缺乏症、外伤、中毒和鼠害等。马雪莲等（2014）对暗腹雪鸡的胃肠道需氧菌群进行了分析，发现葡萄球菌的分布可能与该物种特殊的生境和食性有关。韩永福等（1997）的试验研究结果说明藏雪鸡的羽毛制剂有显著的促凝血作用。张光天等（1998）比较了藏雪鸡和家鸡羽毛制剂体外促凝血作用，结果表明两种羽毛制剂均有显著的体外促凝血作用，但藏雪鸡优于家鸡。

1.6 分子生物学

本书作者对我国雪鸡属鸟类的种群遗传学和谱系地理学进行了系统的研究。Ruan 等（2005，2006，2010）分别以 mtDNA Cyt-b 基因为遗传标记分析报道了我国雪鸡属的系统发生、分子进化和暗腹雪鸡的遗传结构。诸多研究均发现雪鸡属（*Tetraogallus*）与鹌鹑属（*Coturnix*）、石鸡属（*Alectoris*）亲缘关系较近且形成了单系群。张立勋等（2005）报道了藏雪鸡种群的遗传结构及地理变异，阐明了通过冬季扩散达成繁殖期集合种群（meta-population）的局地种群间基因交流。An

等（2009）通过微卫星方法研究了藏雪鸡种群谱系地理学，认为藏雪鸡现今种群的地理分布格局是其对青藏高原气候状况及冰期、间冰期适应的结果，藏雪鸡大约在倒数第二次冰期种群开始扩张。Wang 等（2011）发现暗腹雪鸡种群谱系地理结构明显，基本与认定的亚种分布格局一致。其分布区内每个山地种群都经历了不同程度的扩张，天山种群大约在 2.0Mya[①] 扩张，此时是早更新世的西夏邦玛冰期，其他种群扩张发生在中更新世的两次冰期（Ruan et al., 2010）。Ruan 等（2012）发现年光照时间是决定暗腹雪鸡遗传多样性的决定性气候因子，年光照时间越长，年光照变异系数越低，暗腹雪鸡遗传多样性越低；相反，雪鸡遗传多样性越高。

此外，刘强等（2006）以克隆方法测定了暗腹雪鸡 mtDNA 的 Cyt-b 全序列，全长 1143bp。东帕米尔高原暗腹雪鸡线粒体全基因组分析结果表明，暗腹雪鸡的 tRNA Ser（UCN）基因比藏雪鸡的 tRNA Ser（UCN）基因多出 3 个碱基；系统发育树构建表明雪鸡与鹌鹑关系最近，并发现帕米尔高原暗腹雪鸡与甘肃阿克塞自治县暗腹雪鸡形成两个独立的进化支（李静等，2020）。对帕米尔高原暗腹雪鸡遗传多样性和系统发育地位的研究也得出了类似的结论（王玉涛等，2018）。

参 考 文 献

阿德才·麦地, 胡玉昆, 李凯辉. 2004. 暗腹雪鸡人工饲养繁殖初报. 四川动物, 33(2): 149-152.
常城, 刘迺发, 王香亭. 1993. 暗腹雪鸡的繁殖及食性. 动物学报, 39(1): 107-108.
常城, 刘迺发, 王香亭. 1994. 暗腹雪鸡青海亚种活动规律及雏鸟羽毛生长和成体秋季换羽. 甘肃科学学报, 6(1): 77-81.
韩永福, 元旦才仁, 马森, 等. 1997. 藏雪鸡羽毛制剂对小白鼠的促凝血作用. 青海畜牧兽医杂志, 27(3): 16-17.
黄人鑫, 马力, 邵红光, 等. 1990. 新疆天山高山雪鸡生态和生物学的初步研究. 新疆大学学报, (3): 47-52.
黄人鑫, 米尔曼, 邵红光. 1992. 中国鸟类新纪录——阿尔泰雪鸡. 动物分类学报, 17(4): 501-502.
黄人鑫, 邵红光, 米尔曼. 1991. 阿尔泰雪鸡生态的初步观察. 四川动物, 10(3): 36.
黄人鑫, 邵红光, 米尔曼, 等. 1994. 高山雪鸡(Tetraogallus himalayensis G. R. Gray) 冬季食性的研究. 新疆大学学报(自然科学版), 11(2): 80-83.
姜玲玲, 何宗霖, 姚刚. 2013. 暗腹雪鸡与海蓝褐鸡血液生理生化指标的比较. 动物学杂志, 48(6): 947-952.
李红燕, 王金富, 刘凯. 2006. 暗腹雪鸡染色体的核型分析. 石河子大学学报(自然科学版), 24(3): 294-298.
李佳琦, 史红全, 刘迺发. 2006. 拉萨藏雪鸡春季栖息地选择. 动物学研究, 2(5): 513-517.
李静, 潘建飞, 何子璐, 等. 2020. 东帕米尔高原喜马拉雅雪鸡线粒体基因组序列测定与分析. 基因组学与应用生物学, (5): 1961-1971.

[①] Mya，million years ago，百万年前。

李世霞, 魏建辉. 2001. 笼养暗腹雪鸡的繁殖. 动物学杂志, 36(3): 49-52.
刘迺发. 1998. 雪鸡的系统发生. 台北: 第三届海峡两岸鸟类学术讨论会论文集: 235-243.
刘迺发, 黄族豪, 文陇英. 2005. 青藏高原高海拔地区鸡形目鸟类生殖对策进化的格局. 见: 第八届中国动物学会鸟类分会全国代表大会暨第六届海峡两岸鸟类学研讨会论文集: 99-107.
刘迺发, 廖继承, 包新康. 2013. 青藏高原鸟类分类与分布. 北京: 科学出版社.
刘迺发, 王香亭. 1990. 高山雪鸡繁殖生态研究. 动物学研究, 11(4): 299-302.
刘强, 吴敏, 张琳麟, 等. 2006. 暗腹雪鸡细胞色素 b 基因的克隆及其在雉科中亲缘关系的分析. 浙江大学学报(理学版), 33(1): 89-94.
马鸣, 周永恒, 马力. 1991. 新疆雪鸡的分布及生态观察. 野生动物, (4): 15-16.
马森. 1997. 藏雪鸡的繁殖活动规律. 西北农业学报, 6(1): 8-10.
马雪莲, 姜玲玲, 王金泉, 等. 2014. 新疆暗腹雪鸡胃肠道需氧菌群种类与分布. 畜牧兽医学报, 45(6): 1024-1028.
米来·夏日甫, 乌热力哈孜, 塞乌加甫, 等. 1999. 雪鸡的驯化及人工养殖技术. 中国家禽, 21(6): 31-38.
朴仁珠. 1990. 藏雪鸡在西藏的数量分布. 动物学报, 36(4): 433-435.
普布, 扎西朗杰, 拉多, 等. 2011. 藏雪鸡(*Tetraogallus tibetanus*)觅食活动规律及觅食地的选择. 西藏大学学报, 26(2): 1-6.
沈孝宙, 王家骏. 1963. 中国雪鸡的分类、地理分布和生态. 动物学杂志, 5(2): 67-68.
史红全. 2007. 藏雪鸡的种群生态. 兰州: 兰州大学博士学位论文.
王加福. 2001. 高山雪鸡人工捕抓驯养繁殖适应性研究. 甘肃畜牧兽医, (3): 12-13.
王轮, 王正己, 陈宁, 等. 1995. 雪鸡血液和生理参数的测定与分析. 石河子农学院学报, 29(1): 64-63.
王玉涛, 潘建飞, 黄翠翠, 等. 2018. 东帕米尔高原喜马拉雅雪鸡遗传多样性及系统发育地位. 生态学报, 38(1): 316-324.
王正己, 王燕, 哈孜, 等. 1995. 雪鸡肉鸡中氨基酸和微量元素的测定及对比分析. 石河子农学院学报, 29(1): 49-52.
魏建功. 1990. 藏雪鸡的繁殖习性与人工驯养. 野生动物学报, (2): 31-33.
魏建辉, 陈玉平. 2004. 腹雪鸡的生态习性初探. 甘肃林业科技, 29(4): 1-4.
文丽荣, 李国强, 丁树峰, 等. 1996. 新疆雪鸡微量元素及氨基酸含量的测定. 新疆师范大学学报(自然科学版), 15(3): 44-46.
巫明焱, 何兰, 税丽, 等. 2018. 基于 MaxEnt 模型的藏雪鸡在中国适宜生境的研究. 生态科学, 37(3): 176-183.
吾热力哈孜, 米来, 周自动, 等. 2001. 高山雪鸡的内脏器官解剖. 畜牧兽医, 28(7): 26-28.
闫永峰, 王玉玲, 朱杰, 等. 2008. 甘肃省东大山自然保护区和盐池湾自然保护区高山雪鸡繁殖期种群密度调查. 四川动物, 27(1): 70-73.
闫永峰, 朱杰, 翟兴礼, 等. 2007. 高山雪鸡繁殖期觅食和警戒行为的性别差异. 动物学杂志, 42(6): 48-52.
杨岚, 徐延恭. 1987. 藏雪鸡一新亚种——云南亚种. 动物分类学报, 12(1): 104-109.
杨乐, 索朗次仁, 仓决卓玛. 2015. 藏雪鸡的营养成分分析. 营养学报, 37(3): 308-309.

扎西次仁, 拉琼, 段双全, 等. 2004. 藏雪鸡的人工饲养与繁殖初报. 动物学杂志, 39(1): 40-51.

张光天, 马森, 刘文光, 等. 1998. 藏雪鸡和家鸡羽毛制剂体外促凝血作用的比较. 中兽医医药杂志, (3): 13-14.

张立勋, 阮禄章, 安蓓, 等. 2005. 西藏雪鸡青海亚种的种群遗传结构和地理变异. 动物学报 51(6): 1044-1049.

赵铁桥. 1991a. 近代外国人在中国的生物资源考察. 生物学通报, 7: 33-34, 28.

赵铁桥. 1991b. 近代外国人在中国的生物资源考察(续). 生物学通报, 8: 28-30.

郑光美. 2005. 中国鸟类分类与分布名录(第一版). 北京: 科学出版社.

郑光美. 2011. 中国鸟类分类与分布名录(第二版). 北京: 科学出版社.

郑光美. 2017. 中国鸟类分类与分布名录(第三版). 北京: 科学出版社.

郑生武, 皮南林. 1979. 藏雪鸡的生态初步观察. 动物学杂志, (1): 24-29.

郑作新. 1976. 中国鸟类分布名录. 北京: 科学出版社.

郑作新. 1978. 中国动物志 鸟纲 第四卷 鸡形目. 北京: 科学出版社.

郑作新. 2000. 中国鸟类种和亚种分类名录大全. 北京: 科学出版社.

An B, Zhang LX, Browne S, et al. 2009. Phylogeography of Tibetan snowcock (*Tetraogallus tibetanus*) in Qinghai-Tibetan Plateau. Molecular Phylogenetics and Evolution, 50(3): 526-533.

Baziev DK. 1978. The Snowcocks of Caucasus: Ecology, Morphology, Evolution. Leningrad: Nauka.

Bianki VL. 1898. The review of the species of genus *Tetraogallus* Gray. Museum, Empertor's Academy of Sciences, St. Petersburg, 3: 113-123. (Proceedings of 2001)

Bland JD, Temple SA. 1990. Effects of predation risk on habitat use by Himalayan snowcock. Oecologia, 82: 187-191.

Dementiev GP, Gladkov NA. 1954. Birds of the Soviet Union. Moscow: Sovetskaya Nauka: 310-337.

Dementiev GT, Gladkov NA. 1967. Birds of the Soviet Union. Vol.4. Jerusalen: Irael Program for Scientific Translations: 198-221.

Johnsgard PA. 1988. The Quails, Partridges, and Francolins of the World. New York: Oxford University Press.

Kozlova EV. 1952. Avifauna of Tibetan Plateau: family connections and history. Tr. Zool. Inst. Alad. Nauk SSSR, 9: 964-1028(in Russian).

Liu NF. 1994. Breeding behavior of Koslov's snowcock (*Tetraogallus himalayensis koslowi*) in Northwestern Gansu, China. Gibier Faune Sauvage, 11: 167-177.

Lukianov Y. 1992. Ecology of the Altai snowcock (*Tetraogallus altaicus*) in the Altai Mountains. Gibier Faune Sauvage, 9: 633-640.

Potapov RL. 1987. Order Galliformes. *In*: Birds of the U.S.S.R., Galliformes-Gruigormes. Leningrad: Nauka: 7-260.

Potapov RL. 1992. Adaptation to mountain conditions and evolution in snowcocks (*Tetraogallus* spp.). Gibier Faune Sauvage, 9: 647-660.

Ruan LZ, An B, Backstrom N, et al. 2010. Phylogeographic structure and gene flow of Himalayan snowcock (*Tetraogallus himalayensis*). Animal Biology, 60: 449-465.

Ruan LZ, Luo HX, Liu NF, et al. 2012. Ecological genetics of Himalayan snowcock (*Tetaogallus himalayensis*). Information Technology and Agricultural Engineering, AISC 134: 501-505.

Ruan LZ, Zhang LX, Sun QW, et al. 2006. Genetic structure of Himalayan snowcock (*Tetraogallus himalayensis*) populations in China. Biochemical Genetics, 44(9/10): 463-469.

Ruan LZ, Zhang LX, Wen LY, et al. 2005. Phylogeny and molecular evolution of *Tetraogallus* in China. Biochemical Genetics, 43(9/10): 507-518.

Stein RW, Brown JW, Mooers AØ. 2015. A molecular genetic time scale demonstrates Cretaceous origins and multiple diversification rate shifts within the order Galliformes (Aves). Molecular Phylogenetics and Evolution, 92: 155-164.

Vaurie C. 1966. The birds of the Palearctic Fauna. London: H. F. & G. Witherby Limited: 1-765.

Wang XL, Qu JY, Liu NF, et al. 2011. Limited gene flow and partial isolation phylogeography of Himalayan Snowcock (*Tetraogallus himalayensis*) based on part mitochondrial D-loop sequences. Acta Zoologica Sinica, 57(6): 758-767.

Ирйсов ЭА, Ирисова ИНЛ. 1991. Алтайский улар. Наука: Сибирское Отдедеие.

第 2 章 雪鸡分布区及其环境

在我国，雪鸡属鸟类的分布北起阿尔泰山，经天山、阿尔金山、昆仑山，往南至念青唐古拉山、喜马拉雅山，往东南部一直到横断山脉；西起帕米尔高原，东至祁连山脉。雪鸡的分布区地域广阔，包含多个自然地理单元且具不同的地理演化历史。鉴于此，本书按照阿尔泰山区、天山区、青藏高原区、横断山脉区和帕米尔高原区 5 个自然地理区域介绍雪鸡属鸟类分布区的自然地理环境特征。

2.1 阿尔泰山区

2.1.1 地质地貌

阿尔泰山脉为亚洲宏伟山系之一，西北—东南走向，斜跨中国、哈萨克斯坦、俄罗斯和蒙古国，绵延约 2000 km。中国境内的阿尔泰山属中段南坡，山体长约 500km，南邻准噶尔盆地，主要山脊海拔在 3000m 以上，北部最高的友谊峰海拔 4374m。山体由西北向东南渐狭窄，高度亦渐降低，从东北部国境线向西南逐渐下降到额尔齐斯河谷，呈 4 级阶地，山地轮廓呈块状和层状。高山地区有冰蚀地形和现代冰川。无大型纵向谷地，仅沿西北向有断陷盆地呈串珠状分布。

阿尔泰山最早出现于加里东运动，华力西晚期形成基本轮廓，此后山体基本被夷为准平原。喜马拉雅运动使山体沿袭北西向断裂发生断块位移上升，才形成了现今阿尔泰山的面貌。中新世至上新世中亚地区干旱化以来形成现今的环境格局。

阿尔泰山山坡广布冰碛石，"U" 形谷连环镶嵌，古冰斗成层排列，羊背石、侧碛、中碛、终碛等清晰可见。阿尔泰山一般有 4 级夷平面，海拔由高到低依次为 2900～3000m、2600～2700m、1800～2000m 和 1400～1600m。地貌垂直分带明显，由高而低分别有：①现代冰雪带，以友谊峰和奎屯峰为中心，海拔 3200m 以上，山谷冰川、冰斗冰川和悬冰川广泛发育，此外阿克库里湖周围、阿克土尔滚和阿库里滚河源也有现代冰川；②霜冻带，海拔 2400～3200m，古冰蚀地形清晰，积雪长达 8 个月，以寒冻风化为主；③侵蚀带，海拔 1500～2400m，以流水切割为主；

④干燥剥蚀带，海拔 1500m 以下。

阿尔泰雪鸡主要栖息于海拔 2500～3000m 的亚高山灌丛、高山灌丛、苔原和高山裸岩地带，而且具有季节性的垂直迁移现象。上述地形地貌特征为阿尔泰雪鸡的栖息提供了环境条件。

2.1.2　水文

阿尔泰山径流较丰富，发育了额尔齐斯河与乌伦古河。两者皆呈现典型不对称的梳状水系。额尔齐斯河是新疆境内唯一的外流河，发源于富蕴县阿尔泰山脉南坡，境内流长 546km，流域面积 50 000km^2。河水补给来源主要为降雨、积雪和冰川融水，年平均径流量超过 100 亿 m^3，占阿尔泰地区总径流量的 89%。流向西北，在哈巴河县进入哈萨克斯坦，最后经俄罗斯汇入北冰洋。乌伦古河发源于阿尔泰山脉东段，流经青河县、富蕴县、福海县注入乌伦古湖（布伦托海、福海），流长 573km，流域面积 2.2 万 km^2。水源补给以冬季积雪为主，年平均径流量 11 亿 m^3。两河上游多峡谷和断陷盆地，落差较大，水流清澈，泥沙含量少。

2.1.3　气候

阿尔泰山区气候垂直梯度变化明显，具有冬长夏短而春秋不明显的特征。1 月气温，低山丘陵 –14℃，东部山谷 –32℃，楚河草原地带可以降至 –60℃。7 月天气和煦乃至炎热，白天气温常达 24℃，低洼处甚至可高达 40℃。高地夏季短暂而凉爽。阿尔泰山虽地处亚洲腹部干旱荒漠和半干旱半荒漠地带，但西风环流携带的大西洋水汽顺额尔齐斯河谷和哈萨克斯坦斋桑谷地长驱直入，向北受阿尔泰山阻挡从而使降水量增加。降水量随海拔增加递增，低山年降水量 200～300mm，高山则可达 600mm 以上；降水量由西而东逐渐减少，且冬夏多、春秋少。降雪量大于降雨量且积雪时间随海拔增加而延长，中高山区积雪时间长达 6～8 个月，低山区 5～6 个月。在西部地区特别是海拔 1524～1981m 的高地，年降水量 500～1000mm，个别年份可多达 2032mm。在东部地区，年降水量可减少到 300mm 左右，甚至有些地区冬季基本无降雪。山地冰川共有 1500 条左右，覆盖面积达 648km^2。

2.1.4　土壤

海拔由高到低依次分布的土壤类型主要有冰沼土、高山草甸土、亚高山草甸土、旱生草原灰化土、灰色森林土、黑钙土、栗钙土和棕钙土等。

2.1.5 生物地理

1. 植被与植物区系

阿尔泰山地植被垂直分布明显。海拔 3000～3500m 及以上为苔藓类垫状植被；海拔 2600～3500m 为高山-亚高山草甸草原；海拔 1300～2600m 为森林草原带，优势乔木有欧洲赤松（*Pinus sylvestris*）、西伯利亚冷杉（*Abies sibirica*）、云杉（*Picea asperata*）等；海拔 800～1300m 为灌木草原。植被分布下限由西向东逐渐升高，如森林下限区间为 1200～1900m，灌木草原下限区间为 500～1500m，荒漠上限区间则为 500～1100m。植物区系接近南西伯利亚区系。

2. 动物组成与区系

阿尔泰山地区在中国动物地理区划上属于古北界荒漠草原亚界天山山地亚区（张荣祖，1999）。兽类代表物种有白鼬（*Mustela erminea*）、伶鼬（*Mustela nivalis*）、棕熊（*Ursus arctos*）、紫貂（*Martes zibellina*）、貂熊（*Gulo gulo*）和原麝（*Moschus moschiferus*）等。鸟类代表物种包括雉科的松鸡（*Tetrao urogallus*）、黑琴鸡（*Lyrurus tetrix*）、岩雷鸟（*Lagopus muta*）和柳雷鸟（*L. lagopus*）。此外，鸦科的星鸦（*Nucifraga caryocatactes*）、松鸦（*Garrulus glandarius*）以及燕雀科的红额金翅雀（*Carduelis carduelis*）、红交嘴雀（*Loxia curvirostra*）均为当地鸟类的典型代表。

当地野生动物分布格局与植被的分布模式密切相关。阿尔泰低山半荒漠和草原带的代表动物有旱獭（*Marmota* spp.）、跳鼠科（Dipodidae）、金雕（*Aquila chrysaetos*）、黑鸢（*Milvus migrans*）、猎隼（*Falco cherrug*）等；针叶林带的代表物种有黄羊（*Procapra gutturosa*）、猞猁（*Lynx lynx*）、原麝、松鼠（*Sciurus vulgaris*）、花尾榛鸡（*Tetrastes bonasia*）、黑啄木鸟（*Dryocopus martius*）等；高山草甸和裸岩带的代表物种有岩羊（*Pseudois nayaur*）、盘羊（*Ovis ammon*）、雪豹（*Uncia uncia*）和阿尔泰雪鸡等。

阿尔泰雪鸡的分布区横跨中国、俄罗斯、哈萨克斯坦和蒙古国的阿尔泰山地，但并不连续。这也许与该物种不同生活史阶段的生态需求、种群数量和栖息地季节变化有关。

2.2 天 山 区

2.2.1 地质地貌

天山山地是世界七大山系之一，位于欧亚大陆腹地。东西横跨中国、哈萨克斯坦、吉尔吉斯斯坦和乌兹别克斯坦四国，全长 2500km。中国境内长度 1700km，南北平均宽度 250～350km，最宽处达 800km。天山是独立的纬向山系，是世界上距离海洋最远和干旱地区最大的山系，总面积约为 100 万 km²。最高峰托木尔峰位于中国（新疆阿克苏）和吉尔吉斯斯坦国境线附近，海拔 7443m。此外，天山山脉著名的山峰还有汗腾格里峰（6995m）、博格达峰（5445m）等。

在地质历史上，经加里东运动特别是华力西运动，地壳隆起形成古天山山地。中生代至早第三纪末，古天山被剥蚀作用夷为准平原。晚第三纪特别是上新世以后，天山准平原发生断块抬升，形成多级山地夷平面。后经冰川与流水交替作用，形成了现今的天山山脉。山脉几乎由平行的北天山、中天山和南天山所组成，山体之间夹有许多宽谷与盆地。

天山山地现代地貌依次为：①常年冰雪覆盖的现代冰川作用带；②大量古代冰川沉积物堆积，保留多种冰川侵蚀地形——古冰斗、冰槽谷、冰坎等的霜冻带；③河流密布、河谷阶地发育的流水侵蚀堆积带和低山干旱剥蚀带。

天山地形呈山脉、谷地和盆地相间的格局，一般东西走向。东部天山的吐鲁番盆地低于海平面 154m，向东延伸成为哈密盆地，这两个盆地北面以博格达山和哈尔里克山为界。山岭不仅发育现代冰川，还有许多古代冰川遗址地貌。

2.2.2　水文

天山山地发源的河流主要有锡尔河、楚河和伊犁河。锡尔河是中亚地区最长的内流河，流经乌兹别克斯坦、塔吉克斯坦和哈萨克斯坦，经图兰低地注入咸海，全长 3019km，流域面积 46.2 万 km²。楚河古称碎叶水，为吉尔吉斯斯坦和哈萨克斯坦内陆河流，蜿蜒并最终消失在穆云库姆沙漠，全长 1067km，流域面积 62 500km²。伊犁河是中亚的内陆河，其源头特克斯河发源于天山汗腾格里峰北麓，与右岸支流巩乃斯河汇合后称伊犁河，向西流入霍尔果斯河后入境哈萨克斯坦，最终注入巴尔喀什湖，全长 1236km，流域面积 15.1 万 km²，中国境内流长 442km，流域面积 5.6 万 km²。中国境内天山有大小河川 200 多条，年总径流量为 $4.36\times10^{10}m^3$，占新疆河川径流总量的 52%。按各河出山口以上的集水面积计，年平均径流深 271mm。河流年径流变差系数一般为 0.1～0.2，流量变化相对稳定。

天山冰川总面积约为 10 101km²，其中约 4/5 在吉尔吉斯斯坦和哈萨克斯坦，最大的冰川区围绕汗腾格里峰、胜利峰和奥哈普特山。天山最大的冰川是伊尼尔切克（Inylchek）冰川，长约 60km，沿汗腾格里峰西坡下降，形成许多分支。这一地区其他大冰川还有北伊尼尔切克冰川（39km）和穆查尔特山口冰川（34km）。天山其他地方冰川的长度通常为 10～19km。常见的是谷地的冰川，长约 2.4～5km。天山冰川多数在逐渐退缩或停滞。天山冰川孕育着诸多河流，如纳伦河、萨雷札兹（Sarydzhaz）河、伊犁河、阿克苏河及泽拉夫尚（Zersavshan）河等。

2.2.3 气候

天山地处欧亚大陆中心，大陆性气候鲜明，冬季寒冷，夏季酷热，干旱少雨。随着海拔升高，气候变得凉爽湿润。海拔2750m以上山地广泛发育永久冻土。

天山气温变化多端，山麓夏季炎热，7月平均气温在费尔干纳盆地27℃，伊犁盆地23℃，吐鲁番盆地高达34℃。天山腹地海拔3200m地区，7月平均气温5℃，终夏有霜冻。1月平均气温费尔干纳盆地-4℃，伊犁盆地-10℃。在天山腹地高山区，1月均温-23℃，阿克赛（Aksay）河谷创下-50℃的最低温度纪录。天山年日照时间约2500h。

每年有冷、暖两季，冷季（冬季）天气多晴朗，海拔3000m以下的山地、盆地和谷地积雪深厚，且多雾霜。暖季（夏季）海拔3000m以上多冰雪，3000m以下气候凉爽。大西洋盛行的带有水汽的西风气团吹过天山，多数降水发生在迎风的西坡和西北坡海拔2300～2750m的地带。降水量范围分别为710～790mm和1499～2007mm起伏变化。天山东段总降水量减少至200～400mm，有些地区少于100mm。在天山西段和北部，4月或5月降雨最多，夏季干旱。在天山腹地和东部地区，降雨多在夏季。海拔1300～1500m以下地区年降水量200～400mm，南坡海拔1700～2000m以下地区年降水量100～150mm。天山北坡年均降水量多在500mm以上，是中国干旱区中的湿岛。降水量的季节变化很大，最大降水集中在5～6月，以2月为最少。

2.2.4 土壤

海拔自下而上的土壤类型包括荒漠灰漠土、真草原栗钙土、灰褐森林土、亚高山草甸土、高山草甸土、高山寒漠土和原始土等。

2.2.5 生物地理

1. 植被与植物区系

天山植物区系成分以温带分布型为主。天山北部属于温带荒漠，南部属于暖温带荒漠，西部的伊犁盆地属于温带荒漠草原。天山生物分布的特点主要由这一地区不同海拔梯度所决定，海拔梯度变化提供了土壤和植被的多样性。在山麓丘陵和平原，一般都发育有半荒漠和荒漠。在东段荒漠延伸到海拔1524～1829m的高度。荒漠和半荒漠以短命植物（植被）为主，耐旱的禾草、蒿类顽强生长。草原构成天山山地的优势植被，分布在海拔1000～3350m地区。

天山山地森林、草原和草甸交替分布。森林主要分布于北坡海拔1524～2987m

的地区。低山森林主要是落叶阔叶林，由枫树和白杨组成，并广泛分布野生苹果树和杏树等，林间空地和森林上线毗连地区通常为草甸植被。亚高山草甸在湿润的北坡几乎延伸到海拔 3048m 的高度，但在南坡却通常为山地草原所取代。海拔 3505m 的高度还有高山矮草草甸。在天山腹地和东段地区，在海拔 3414～3658m 甚至更高的地带，平坦的地区和缓坡为高山寒漠，只有稀疏矮小的植被生长。冰川带可见苔藓和地衣。

2. 动物组成与区系

天山山地的动物地理区划属于古北界中亚亚界蒙新区天山山地亚区，典型的动物种类包括狼（*Canis lupus*）、狐（*Vulpes* spp.）和鼬（*Mustela* spp.），还有许多中亚特有物种如雪豹、北山羊（*Capra ibex*）、马鹿（*Cervus elaphus*）、狍（*Capreolus capreolus*）和盘羊。森林 - 草甸 - 草原带栖息棕熊、野猪（*Sus scrofa*）、貂熊、田鼠（*Microtus* spp.）、跳鼠等；鸟类有山鹑（*Perdix* spp.）、鸽（*Columba* spp.）、乌鸦（*Corvus* spp.）、鹡鸰（*Motacilla* spp.）、红尾鸲（*Phoenicurus* spp.）、金雕、秃鹫（*Aegypius monachus*）等（袁国映，1991）。

天山山地暗腹雪鸡的分布区不连续，北部塔尔巴哈台分布一个隔离种群。

2.3 青藏高原区

2.3.1 地质地貌

青藏高原包括中国西藏自治区和青海省全境，新疆维吾尔自治区、甘肃省、四川省和云南省的部分地区，以及不丹、尼泊尔、印度和巴基斯坦的部分或全部，总面积 250 万 km²。青藏高原是世界上最年轻的高原，平均海拔 4000～5000m，有"世界屋脊"之称。高原周围大山环绕，南有喜马拉雅山，北有昆仑山和祁连山，西为喀喇昆仑山，东为横断山脉。高原内还有唐古拉山、冈底斯山、念青唐古拉山等，这些山脉海拔大多超过 6000m。喜马拉雅山脉部分山峰海拔超过 8000m。高原内部被诸多山脉分隔成许多盆地、宽谷。本书将其分为青海西藏区和横断山区。

在约 240Mya，印度板块以较快速度向北移动、挤压，其北部首先发生褶皱断裂和抬升，促使昆仑山和可可西里地区隆升为陆地。随着印度板块继续向北漂移，约在 210Mya，特提斯海北部再次进入构造活跃期，北羌塘地区、喀喇昆仑山、唐古拉山和横断山脉脱离了海浸。距今 80Mya，印度板块继续向北漂移，又一次引起了强烈的抬升运动，冈底斯山、念青唐古拉山急剧上升，藏北地区和部分藏南地区也脱离海洋成为陆地，整个地势宽展舒缓，河流纵横，湖泊密布，其间广阔的平原、高原地貌格局基本形成。

在 340Mya～170Mya，青藏高原发生第一次隆升运动，平均海拔从 1000m 左右上升到 2000m 以上，此时高原已经形成，这次上升运动被称为"青藏运动"。在 110Mya～60Mya，高原发生第二次强烈隆升运动，海拔达到 2500～3000m，自然环境发生了根本性的改变，高原山地全面进入冰冻圈。在距今 15 万年左右，高原发生第三次强烈隆升运动，平均海拔达到 4000m 以上，一些高山超过了 6000m，高原内部的气候更加寒冷干燥。在距今 10 000 年前，高原抬升速度加快，以平均每年 7cm 的速度上升，成为"世界屋脊"，平均海拔达到 4700m。高原的强烈隆升深刻影响着亚洲东部的自然环境。地质学上把青藏高原隆起这段时间的地质构造运动称为喜马拉雅运动（李吉均和方小敏，1998）。

2.3.2 水文

青藏高原地表径流丰富，境内的几大水系包括长江水系、黄河水系、恒河水系、湄公河水系和内陆河水系。青藏高原的东部河流大致以可可西里山、布尔汗布大山、日月山为界，东南为外流区，西北为内流区。外流水系有黄河、长江和澜沧江三大水系。内陆水系的河流有柴达木河、格尔木河、黑河、党河、疏勒河等，这些河流分别发源于祁连山和昆仑山，多为季节间歇性河流，水量少、流程短，最终多消失在荒漠中，导致整个高原上大小湖泊星罗棋布。

黄河是青藏高原的大河之一，发源于巴颜喀拉山北麓的雅合拉大合泽山，源头为约古宗列渠。河源地区湖泊、沼泽、河流众多，著名的有星宿海、扎陵湖、鄂陵湖等，水面面积约 2000km^2。青海境内主要支流有卡日曲、多曲、热曲、曲什安河、大通河、湟水河等，流域面积 14.7 万 km^2。黄河青海高原段年径流总量 232 亿 m^3，径流深 157.7mm，年径流系数 0.33。甘肃和四川境内高原区黄河支流有大夏河（古名漓水）、洮河、黑河和白河。大夏河的主要支流有咯河、铁龙沟、老鸦关河、大滩河及牛津河等。洮河源于青海西倾山，年平均流量 172m^3/s。白河源于四川红原查勒肯，年平均径流量 17.8 亿 m^3，径流模数 32.4 万 m^3/km^2，流域湖沼面积 1020km^2。黑河源于四川岷山山脉西侧，向北流经松潘草地。黄河甘川段流域面积大约 6.1 万 km^2。

青藏高原的西部和西南部是外流区，江河众多，其中著名的有雅鲁藏布江、怒江、澜沧江和金沙江。雅鲁藏布江发源于西藏西南部喜马拉雅山北麓的杰马央宗冰川，上游称为马泉河，在孟加拉国与恒河相会后注入孟加拉湾，全长 2840km，流域面积 93.5 万 km^2，中国境内流长 1940km，流域面积 24.6 万 km^2。较大支流有拉萨河、帕隆藏布、尼洋河、拉喀藏布、尼泽曲、年楚河等，支流众多，流量较大，中国境内年径流总量为 $1.10×10^{11}$m^3。

澜沧江源于青海省唐古拉山，源头海拔5200m，主干流总长度2139km，在云南勐腊县出境后称湄公河（Mekong River），最终流入中国南海。青海境内上游支流有扎曲、解曲和子曲，河川径流以地下水补给为主，约占年径流量的50%以上，其次是雨水和冰雪融水补给。青海区年径流深为304.4mm，西藏区283.3mm，最小流量395m³/s，最大与最小流量比值为32.4。

金沙江是我国第一大河长江的上游河段，发源于青海境内唐古拉山脉的格拉丹冬雪山北麓，在青海省境内称通天河。通天河左岸有然池曲、北麓河、楚玛尔河、色吾曲和德曲等支流，右岸有莫曲、牙哥曲、科欠曲、聂恰曲、登艾龙曲和叶曲等支流。据观测记录，通天河在下游直门达附近的多年平均流量为385m³/s，年径流量122亿m³，其中水量的2/3以上来自色吾曲。支流色吾曲与黄河源头之间，以及与格尔木河东源之间，均只隔一相对高度较低的分水岭。雅砻江是金沙江重要的支流之一，源于青海，流域面积超过10万km²。

青藏高原江河源地区冰川、雨雪较多，蒸发较弱，地面平缓不易排水，沼泽和湖泊星罗棋布，总数多达1300多个，面积近36 000km²，著名的有纳木错、青海湖。

2.3.3 气候

青藏高原地域辽阔，气候条件复杂多样，可分为喜马拉雅山南翼热带山地湿润气候地区、喜马拉雅山南翼亚热带湿润气候地区、藏东南温带湿润高原季风气候地区、雅鲁藏布江中游（即三江河谷、喜马拉雅山南翼部分地区）温带半湿润高原季风气候地区、藏南温带半干旱高原季风气候地区、那曲亚寒带半湿润高原季风气候地区、羌塘亚寒带半干旱高原气候地区、阿里温带干旱高原季风气候地区、阿里亚寒带干旱气候地区和昆仑寒带干旱高原气候地区等10个气候区。

青藏高原气候总体特点：辐射强烈，日照多，气温低，积温少，气温随高度和纬度的升高而降低，气温日较差大；干湿分明，多夜雨；冬季干冷漫长，多大风；夏季温凉多雨、多雹。

青藏高原年平均气温由东南的20℃，向西北递减至−6℃以下。由于南部海洋暖湿气流受多重高山阻留，年降水量也由2000mm递减至50mm以下。喜马拉雅山脉北翼年降水量不足600mm，而南翼为亚热带及热带北缘山地森林气候，最热月平均气温18～25℃，年降水量1000～4000mm。昆仑山中西段南翼属高寒半荒漠和荒漠气候，最暖月平均气温4～6℃，年降水量20～100mm，日照充足，年太阳辐射总量140～180kcal/cm²，年日照总时数2500～3200h。冰雹日最多，如那曲年冰雹日20～30天以上。

2.3.4 土壤

青藏高原土壤复杂多样，可分为 8 个大类 9 个亚类，以亚高山草原土为主体，约占土类总面积的 33.52%；其次是高山寒漠土，约占 30.39%。依照海拔可分为高山土壤、亚高山土壤和低山残丘戈壁土壤。高山土壤主要分布于海拔 3800～4700m（阳坡 4800m）的高山地带，包括高山草原土、高山漠土和高山寒漠土。成土母质为冰渍物、残积-坡积物。亚高山土壤分布于海拔 3000～3800m 的中山地带，包括亚高山草原土和亚高山草甸土，所处地形是比较平缓的分水岭、古冰渍台地、宽阔的山原面和夷平面。母质为冲积-洪积物或洪积-坡积物。低山残丘戈壁土分布于海拔 2200～3100m 地带，由山石层层剥落洪积、坡积而成，主要属灰棕漠土类，砾石与土壤相混形成山前砾石戈壁。

2.3.5 生物地理

1. 植被与植物区系

青藏高原植物区系错综复杂，主要由西南热带成分、亚热带成分、喜马拉雅成分、青藏高原成分、中亚荒漠成分和欧洲西伯利亚成分组成。在高原西南部山地由低到高可以划分下述几个植被带：河谷-低山亚热带常绿阔叶林带、山地暖温带针阔混交林带、寒温带针叶林、亚高山灌丛草甸带、高山草甸带、高山寒漠带、高山冰雪带。高原的东部由下至上分为：低山荒漠带、温带阔叶林带、寒温带针叶林带、寒温性针叶林带、亚高山灌丛带、高山草甸带和高山寒漠带。高原北部广泛分布中亚荒漠植被（中国科学院植物研究所和中国科学院长春地理研究所，1988）。

2. 动物组成与区系

青藏高原动物地理区划横跨古北界和东洋界。古北界的青藏区包含羌塘高原亚区和青海藏南亚区。东洋界的西南区包括西南山地亚区。羌塘高原亚区分布的物种绝大多数为高原特有成分，东洋界种类几乎绝迹，如兽类中的野牦牛（*Bos mutus*）、藏羚（*Pantholops hodgsonii*）、藏原羚（*Procapra picticaudata*）、藏鼠兔（*Ochotona thibetana*）、藏狐（*Vulpes ferrilata*）等（中国科学院青藏高原综合科学考察队，1986）。鸟类以适应严寒干旱的鸟类为主，如藏雪鸡、地山雀（*Pseudopodoces humilis*）、角百灵（*Eremophila alpestris*）、漠䳭（*Oenanthe deserti*）、各种雪雀（*Montifringilla* spp.、*Onychostruthus* spp.、*Pyrgilauda* spp.）、拟大朱雀（*Carpodacus rubicilloides*）等（中国科学院青藏高原综合科学考察队，1983；张荣祖和郑昌琳，1985）。两栖爬行类特有种类有温泉蛇（*Thermophis baileyi*）、高原林蛙（*Rana kukunoris*)、西藏齿突蟾（*Scutiger boulengeri*）等（中国科学院青藏高原综合科学考察队，1987）。青海藏南亚区哺乳动物可分为全北型（如马鹿、猞猁）和高原型如白唇鹿（*Przewalskium albirostris*）、岩羊、盘羊、雪豹、藏野驴（*Equus kiang*）等；境内大部分鸟类为古北种和广布种，特有鸟类依然较多，如斑尾榛鸡（*Tetrastes sewerzowi*）、黄喉雉鹑（*Tetraophasis szechenyii*）、藏雪鸡、藏马鸡（*Crossoptilon harmani*）、藏鹀（*Emberiza koslowi*）、高山金翅雀（*Chloris spinoides*）、戴菊（*Regulus regulus*）等。此外还有少量东洋界种类渗入，包括大紫胸鹦鹉（*Psittacula derbiana*）、橙翅噪鹛（*Trochalopteron elliotii*）、灰腹噪鹛（*Trochalopteron henrici*）、大噪鹛（*Garrulax maximus*）等（中国科学院青藏高原综合科学考察队，1983；张荣祖和郑昌琳，1985；黄薇等，2008）。西南山地亚区东洋界成分显著增多。哺乳动物主要包括横断山-喜马拉雅类型和中国、马来-喜马拉雅类型，主要有熊猴（*Macaca assamensis*）、猕猴（*Macaca mulatta*）、小熊猫（*Ailurus fulgens*）、羚牛（*Budorcas* spp.）、黄喉貂（*Martes flavigula*）、大灵猫（*Viverra zibetha*）、云豹（*Neofelis nebulosa*）、喜马拉雅斑羚（*Naemorhedus goral*）、喜马拉雅鬣羚（*Capricornis thar*）等；鸟类在高海拔地带仍体现古北界特色，如雪鸽（*Columba leuconota*）、藏马鸡、黄颈拟蜡嘴雀（*Mycerobas affinis*）等。海拔低处体现东洋界特色甚至赋予热带色彩，代表种类有灰腹角雉（*Tragopan blythii*）、黑鹇（*Lophura leucomelanos*）、橙腹叶鹎（*Chloropsis hardwickii*）、红耳鹎（*Pycnonotus jocosus*）、纹背捕蛛鸟（*Arachnothera magna*）、翠金鹃（*Chrysococcyx maculatus*）、绿鸠（*Treron* spp.）、噪鹛（*Garrulax* spp.）、雀鹛（*Alcippe* spp.）等（中国科学院青藏高原综合科学考察队，1983）。

青藏高原分布暗腹雪鸡和藏雪鸡，两种雪鸡在喀喇昆仑山、昆仑山、阿尔金山、祁连山和青海湖周围山地有部分重叠分布区。前者分布于高原北部至天山山地，后者占据整个青藏高原。

2.4 横断山脉区

2.4.1 地质地貌

横断山脉区属于青藏高原的边缘地区，考虑到生态环境的差异性和横断山脉的特殊性，将该区单独叙述。横断山是世界上最年轻的山系之一，典型的南北走向，是唯一兼具太平洋和印度洋水系的地区，通常为川、滇两省西部和西藏自治区东部南北走向山脉的总称。其范围为北纬 22°~32°、东经 97°~103°，东起邛崃山，西抵伯舒拉岭，北界位于昌都、甘孜至马尔康一线，南界抵达中缅边境的山区，面积 60 余万平方千米。

印支运动使区内褶皱隆起成陆，并形成一系列断陷盆地。燕山运动又发生褶皱和断裂。第三纪中期，地壳缓慢上升，经受了长期剥蚀夷平，形成广阔的夷平面。第三纪末至第四纪初，构造运动异常活跃，统一的夷平面变形、解体，岭谷高差趋于明显。第四纪经历多次冰川作用，区内丘状高原面和山顶面可连接为一个统一的"基面"，"基面"之上为山岭，之下为河谷和盆地，岭谷高低悬殊。邛崃山岭脊海拔 3000m 以上，主峰四姑娘山海拔 6250m，其东南坡相对高差达 5000m。大雪山主峰贡嘎山海拔 7556m，为横断山脉最高峰。其东坡从大渡河谷底到山顶水平距离仅 29km，而相对高差竟达 6400m。沙鲁里山海拔一般在 5500m 以上，北部的高峰雀儿山海拔 6168m。其西的金沙江、澜沧江和怒江（即所谓"三江"）江面狭窄，两岸陡峻，属典型的"V"形深切峡谷，尤以金沙江石鼓附近的虎跳峡为世界著名峡谷之一。横断山脉山间盆地、湖泊众多，古冰川侵蚀与堆积地貌广布，现代冰川发育，重力地貌作用导致山崩、滑坡和泥石流等地质灾害频繁发生。

2.4.2 水文

境内山川南北纵贯，东西并列，地表径流顺序发育，山涧溪流众多。较大的河流自东而西有大渡河、雅砻江、金沙江、澜沧江和怒江等。雅砻江又称小金沙江，是长江上游最大的支流，全长 1500km。无论大小地表径流皆蜿蜒迂回于山谷之间。横断山区的地表径流来自降水和高山融雪。

著名的高山湖泊有木格措、五须海、人中海、巴旺海等，有的在冰川脚下，有的在森林环抱之中，湖水清澈透明，保持着原始、秀丽的自然风貌。境内高山现代冰川发育。

2.4.3 气候

横断山脉气候上受高空西风环流、印度洋和太平洋季风环流的影响，冬干夏雨，干湿季非常明显。一般 5 月中旬～10 月中旬为湿季，降水量占全年的 85% 以上，不少地区超过 90%，且主要集中于 6～8 月；从 10 月中旬～翌年 5 月中旬为干季，降水少，日照长，蒸发量大，空气干燥。气候有明显的垂直变化，高原面年均温 14～16℃，最冷月 6～9℃，谷地年均温可达 20℃ 以上。南北走向的山体屏障了西部水汽的进入，如高黎贡山东坡保山市的年降水量仅有 903mm，年均相对湿度 70%；而高黎贡山西坡龙陵的降水量高达 2595mm，相对湿度高达 83%。

2.4.4 土壤

横断山地的土壤类型随气候特征、植被特征和海拔的变化而变化,从东南到西北可划分为:边缘热带季风雨林—红壤带;亚热带常绿阔叶林—红壤-黄壤带;暖温带、温带针阔叶林—褐色土-棕壤带;寒温带亚高山森林草甸—暗棕壤和亚高山草甸土带。垂直分布格局方面,海拔1000~2400m分布山地亚热带常绿阔叶林—黄红壤、黄棕壤带;海拔2400~2800m分布山地暖温带针阔叶混交林—棕壤带;海拔2800~3500m为山地温带、寒温带暗针叶林—暗棕壤-漂灰土带;海拔3500~4400m为亚高山亚寒带灌丛草甸—亚高山-高山草甸土带;海拔4400~4900m为高山寒带流石滩植被—寒漠土带;海拔4900m以上为极高山永久冰雪带。

2.4.5 生物地理

1. 植被与植物区系

横断山区特殊的地理位置、气候条件和历史成因孕育了区内极其丰富的动植物物种多样性。区内植物区系复杂,兼具古北区系、中亚区系、喜马拉雅区系和印度马来亚区系之特征。目前已查明的植物有4880种,其中包括多个古老植物的孑遗种属,如乔松(*Pinus griffithii*)、云南铁杉(*Tsuga dumosa*)、连香树(*Cercidiphyllum japonicum*)、水青树(*Tetracentron sinense*)、珙桐(*Davidia involucrata*)等,特别是第三纪的古老植物种类如云杉属(*Picea* spp.)和冷杉属(*Abies* spp.)种类占全国一半以上。

山地植被以云南松(*Pinus yunnanensis*)为主。北纬27°40′以北垂直分带明显,海拔2800~3800m为高山松林、云南松林,阴坡为云杉林;海拔3800~4200m为冷杉、红杉林;海拔4200m以上为高山灌丛、高山草甸带;海拔4800~5200m植被稀疏,为高山寒漠带。

2. 动物组成与区系

横断山区的动物区系兼具东洋界西南区、古北界青藏高原区和北方华北区等多种成分。兽类、鸟类和鱼类约占全国总数一半以上。代表性动物有大熊猫(*Ailuropoda melanoleuca*)、金丝猴(*Rhinopithecus* spp.)、白唇鹿、羚牛(*Budorcas* spp.)、印度野牛(*Bos gaurus*)、亚洲象(*Elephas maximus*)、长臂猿(*Hylobates* spp.)、小熊猫、喜马拉雅斑羚、林麝(*Moschus berezovskii*)、豹(*Panthera pardus*)、云豹、马麝(*Moschus sifanicus*)、水鹿(*Cervus unicolor*)。鸟类有绿尾虹雉(*Lophophorus lhuysii*)、血雉(*Ithaginis cruentus*),以及许多噪鹛科(Leiothrichidae)、林鹛科

（Timaliidae）、幽鹛科（Pellorneidae）的特有种类（中国科学院青藏高原综合科学考察队，1983；张荣祖和郑昌琳，1985；唐蟾珠，1996；黄薇等，2008；郑光美，2017）。

本区仅有藏雪鸡分布于云南西北部、西藏东部和四川西部。

2.5　帕米尔高原区

2.5.1　地质地貌

帕米尔高原位于亚洲中心地带，地跨中国西部、塔吉克斯坦和阿富汗。高原海拔 4000～7700m。帕米尔高原实际上是一个不平坦的高原面，由几组山脉以及山脉之间宽阔的谷地和盆地构成。喜马拉雅山、喀喇昆仑山、昆仑山、天山和兴都库什山汇聚于此。群山起伏，连绵逶迤，雪峰林立，构成了世界上著名的帕米尔高原。

帕米尔高原可分为东、西两部分。东帕米尔地形较开阔坦荡，由两条西北—东南方向的山脉和一组河谷湖盆构成，海拔 5000～6000m，高差不超过 1000～1500m。高原之上以山地为主，群山大体呈浑圆的轮廓，平阔的山间谷地和槽地海拔 3688～4206m，或为水势平静、蜿蜒曲折的河流，或为干涸的水道。

从东帕米尔向西帕米尔地形的过渡是逐渐展现的。西帕米尔由若干条大致平行的东北—西南方向的山脉谷地构成，地形相对高差大，以高山深谷为特征。西帕米尔地形高山与低谷相间，凌乱无序，山脊上覆盖积雪和冰川；峡谷深窄，河流湍急；河谷与洼地充满石砾，只有喷赤河支流谷地的冲积扇才适宜人类定居。

2.5.2　水文

由于冬季降雪量大，帕米尔高原的冰川活动相当活跃。费琴科（Fedchenko）冰川主宰中帕米尔丛山，水源供给来自加莫（Garmo）和格鲁姆 - 格尔日马洛（Grumm-Grzhimaylo）冰川。阿莱山脉和外阿莱山脉的冰川活动相对较弱。

高原雪山部分融水流入塔里木盆地，其主体注入喷赤河及其支流。瓦罕河与喷赤河汇流形成的阿姆河（古奥克苏斯河）将融水送往下游。地震活动周期性地阻断河流，穆尔加布（Murgab）河谷地的萨雷斯（Sarez）湖即是由大规模山体滑坡形成的堰塞湖。

2.5.3 气候

帕米尔高原属于干燥的大陆性气候，以冬季干燥寒冷和夏季相对温燥为特征。年平均气温低于 0℃。在西部谷地，对流风暴与气旋风暴在夏季常常一同出现。这一地区的许多气候模式与阿富汗西北部的阿富汗风有关，阿富汗风将夏季的尘暴和随后的雨水携往西部山区。西部谷地的降雪量很大，海拔 2134m 地带 11 月~翌年 4 月积雪厚度超过 1m。海拔最高处降雪量与东南部的喀喇昆仑山降雪量相等。在高耸的东帕米尔，夏季日均最高温度 23℃，冬季最低温度 –17℃；在低矮的西帕米尔加尔姆，夏季气温 27℃，冬季气温 –6℃。东帕米尔的孤立突出山地在冬季可达到 –50℃以下的低温。

2.5.4 生物地理

1. 植被与植物区系

帕米尔高原的植物区系具有青藏高原北部植物区系的特点。东帕米尔与西藏高原西部具有明显的相似性，地域广阔，无乔木生长，藜科（Chenopodiaceae）麻黄属（*Ephedra*）植物为本区优势群落。西帕米尔则形成鲜明对比，在海拔 1981m 以上的水道两旁生长柳（*Salix* spp.）、夹竹桃（*Nerium oleander*）、阿富汗杨（*Populus afghanica*）以及稀疏的桦树（*Betula* spp.）；海拔 3048m 以上为高山草甸。河谷生长嵩草（*Kobresia* spp.）和薹草为主的湿生草甸。

2. 动物组成与区系

帕米尔高原的动物区系属古北界中亚亚界蒙新高原区，更接近于天山和羌塘高原，代表性的鸟类有石鸡（*Alectoris chukar*）、角百灵、斑头雁（*Anser indicus*）、棕头鸥（*Larus brunnicephalus*）、西藏毛腿沙鸡（*Syrrhaptes tibetanus*）、黄嘴山鸦（*Pyrrhocorax graculus*）、雪雀（*Montifringilla* spp.）、雪鸽、赤麻鸭（*Tadorna ferruginea*）、燕鸥（*Sterna* spp.）、秃鹫、兀鹫（*Gyps fulvus*）、红隼（*Falco tinnunculus*）。哺乳动物食草类的北山羊、盘羊和岩羊常组成大群活动；食肉动物有雪豹、棕熊、狼、猞猁等。本区缺少典型的青藏高原代表种如野牦牛、藏野驴和藏羚羊（袁国映，1991）。

藏雪鸡和暗腹雪鸡虽然在帕米尔高原同域分布，但其分布海拔不同，栖息地特征也存在明显差异。

参 考 文 献

黄薇, 夏霖, 杨奇森, 等. 2008. 青藏高原兽类分布格局及动物地理区划. 兽类学报, 28(4): 375-394.
李吉均, 方小敏. 1998. 青藏高原隆起与环境变化研究. 科学通报, 43(15): 1569-1474.
唐蟾珠. 1996. 横断山区鸟类. 北京: 科学出版社.
袁国映. 1991. 新疆脊椎动物简志. 乌鲁木齐: 新疆人民出版社.
张荣祖. 1999. 中国动物地理. 北京: 科学出版社.
张荣祖, 郑昌琳. 1985. 青藏高原哺乳动物地理分布特征及区系演变. 地理学报, 40(3): 225-231.
郑光美. 2017. 中国鸟类分类与分布名录(第三版). 北京: 科学出版社.
中国科学院青藏高原综合科学考察队. 1983. 西藏鸟类志. 北京: 科学出版社.
中国科学院青藏高原综合科学考察队. 1986. 西藏哺乳类. 北京: 科学出版社.
中国科学院青藏高原综合科学考察队. 1987. 西藏两栖爬行动物. 北京: 科学出版社.
中国科学院植物研究所, 中国科学院长春地理研究所. 1988. 西藏植被. 北京: 科学出版社.

第 3 章 雪鸡起源与进化

3.1 雪鸡的远祖

鸡形目是鸟类中较为原始的类群。依分子生物学分析，鸡形目起源于白垩纪（包新康等，2008）。有关鸡形目鸟类分子系统发生研究的成果很多，Stein 等（2015）集其大成，以多基因串联序列构建了现存 291 种鸡形目鸟类中 225 种的系统发生关系，其中涵盖了 5 种雪鸡中的 4 种，为揭示雪鸡远古祖先提供了前所未有的分子生物学依据。依据 Stein 等（2015）提供的系统发生树（图 3-1），雪鸡属所在的单源群组成鸡形目的一个亚科——鹑亚科（Coturnicinae）。该亚科由两个互为姊妹群的进化支组成，一支称为灌丛鹑支，另一支称为蓝胸鹑—雪鸡支。灌丛鹑支由林鹑属（*Perdicula*）、沙鹑属（*Ammoperdix*）和彩鹧鸪属（*Pternistis*）组成。其中，林鹑属分布于印度和斯里兰卡；沙鹑属为阿拉伯半岛特有；彩鹧鸪属 20 种均分布于非洲，仅有 6 种见于阿拉伯半岛。蓝胸鹑—雪鸡支可再分为亚支和蓝胸鹑亚支。蓝胸鹑亚支由鹌鹑属（*Coturnix*）、马岛鹑属（*Margaroperdix*）和蓝胸鹑属（*Synoicus*）组成，分布于非洲大陆和周边岛屿、欧亚大陆、澳大利亚、新西兰以及大洋洲一些岛屿和东南亚各地（Johnsgard，1988；郑光美，2002），它们的祖先均起源于非洲大陆。

依系统发生树和分子钟，鹑亚科与雉科（Phasianidae）内其他亚科大约在始新世中期（42.93Mya）（图 3-1）分化。上溯到新生代早期始新世时，非洲大陆和南美大陆四周完全被海水所包围，这使得它们独立进化出了一个与欧洲、亚洲和北美洲都不同的生物类群。此时在非洲大陆孕育出了鹑亚科的远古祖先种，经种群分化、扩散、隔离和适应辐射，至更新世形成鹑亚科家族。这个家族中的蓝胸鹑—雪鸡分支的演化极富戏剧性，其中既有鹑类中体型最大的雪鸡，也有鸡形目中体型最小的蓝胸鹑；地理分布上分布最广的小型鹑类横跨澳洲界、东洋界和古北界；生态习性上几乎包括鸡形目所有的迁徙种类。

雪鸡—石鸡亚支与蓝胸鹑亚支分化的时间是渐新世早期（32.19Mya）。此时，冈瓦纳大陆已经解体。依据系统发生树和分子钟，大约中新世中期（16.59Mya）

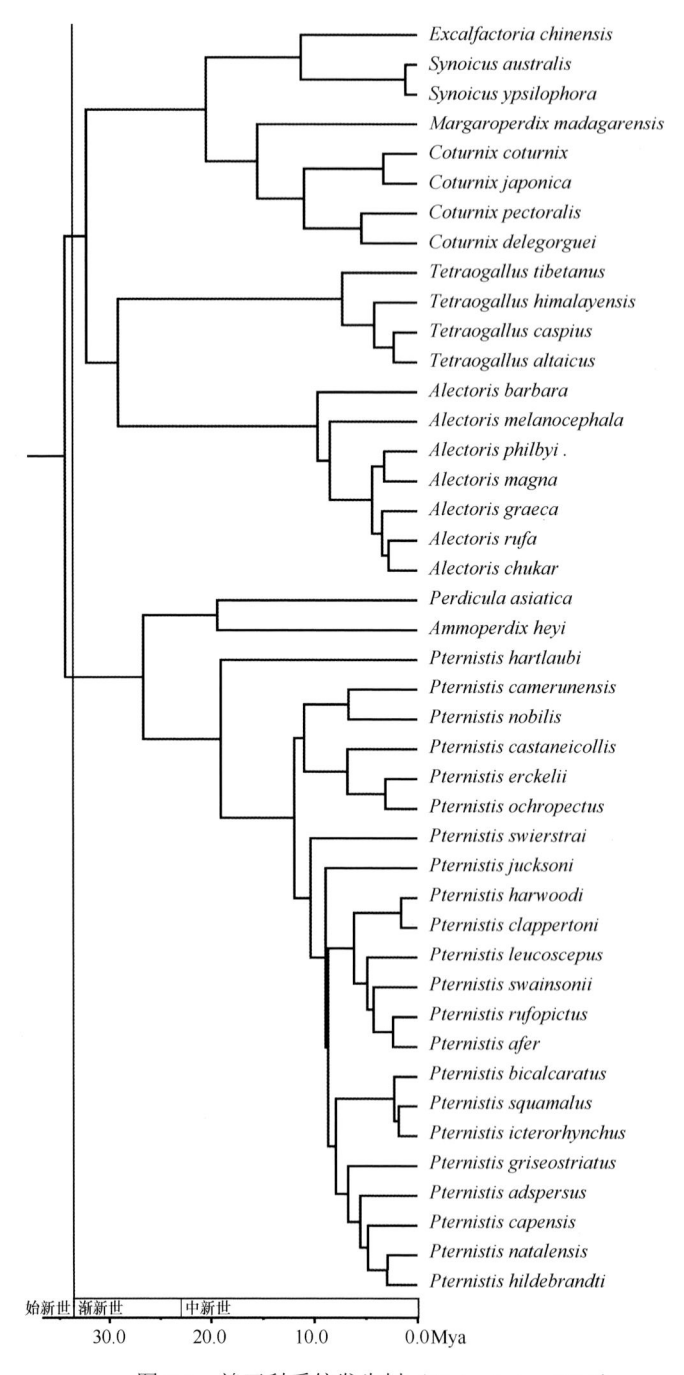

图 3-1 鹑亚科系统发生树（Stein et al., 2015）

Figure 3-1 Phylochronogy of Coturnicinae (Stein et al., 2015)

马岛鹑（*Margaroperdix madagarensis*）祖先种群从马达加斯加群岛，沿非洲到大洋洲的岛链扩散到澳大利亚和新西兰，随后演化出大洋洲特有种澳洲鹌鹑（*Coturnix pectoralis*），它的姊妹种花脸鹌鹑（*C. delegorguei*）则留居马达加斯加群岛和非洲。在大洋洲和东洋界的岛屿进化出两个迁徙的姊妹种——日本鹌鹑（*C. japonica*）和鹌鹑（*C. coturnix*），前者繁殖于亚洲东北部，越冬于中南半岛、菲律宾群岛、加里曼丹、苏门答腊、马来半岛、大巽他群岛和大洋洲；后者繁殖于欧亚大陆，在非洲、阿拉伯半岛和印度越冬。大约在中新世中期（11.70Mya），蓝胸鹑的祖先通过非洲大陆到大洋洲的岛链扩散到大洋洲大陆，演化出蓝胸鹑（*Synoicus chinensis*），其亚种多达 10 个。各亚种分别分布于澳大利亚、俾斯麦群岛、南新几内亚、新几内亚山区、龙目岛、帝汶岛、小巽他群岛、菲律宾、婆罗洲、苏拉威西群岛、苏门答腊、爪哇岛、尼科巴群岛、安达曼群岛、印度、斯里兰卡、中国和马来半岛。褐色蓝胸鹑（*Synoicus ypsilophorus*）有 10 个亚种，分布于澳大利亚、印度尼西亚、巴布亚新几内亚和帝汶岛（Johnsgard，1988）。

上述过程堪称岛屿生物地理学物种演化的经典范例。非洲大陆为种源库或起源中心，散落在非洲与大洋洲之间的岛屿是垫脚石，大洋洲以及东洋界的岛屿和陆地为特化（或分化）中心，演绎了热带岛屿鸟类进化过程，其重要标志是鸟类飞行能力加强、体型变小。种间竞争排斥可能驱使日本鹌鹑和鹌鹑从大洋洲、东洋界的岛屿向东北亚和欧亚大陆迁徙繁殖，然后再返回东南亚、南亚和非洲越冬。

3.2 起源与扩散

研究动物起源最有力的证据是化石。雪鸡的化石只有两具，发现于高加索的山洞，距今约 20 万～30 万年（Potapov，1992），对探讨雪鸡的起源进化意义不大。

分子生物学技术提供了系统发生和分子钟的证据。目前已经清楚为什么雪鸡和石鸡与远在大洋洲、东洋界岛屿和陆地的小鹌鹑构成姊妹群，同时又与非洲的彩鹑类构成姊妹群，原因是它们在非洲有一个共同祖先，说明雪鸡很可能起源于非洲。雪鸡—石鸡亚支只有雪鸡属（*Tetraogallus*）和石鸡属（*Alectoris*），它们大约于渐新世早期（29.27Mya）在非洲就已经分化，而后没有沿岛链远涉重洋，而各自在非洲大陆演化。推测雪鸡的远祖并没有今天这么大，可能与石鸡或山鹑（*Perdix* spp.）大小相当（刘迺发，1998），或者更小。动物身体变大最主要受两种环境影响：一是高纬度寒冷环境，二是高海拔低温环境。非洲缺少前者，后者当属埃塞俄比亚高原。地球上有四大高原山地气候区，即北美洲的落基山脉、南美洲的安第斯山脉、亚洲的青藏高原（包括帕米尔高原）和非洲的埃塞俄比亚高原。埃塞俄比亚高原又称阿比西尼亚高原，大约形成于 3000 万年前（Pik et al.，2003；Xue et al.，2018），平均海拔 2500～3000m，高原上耸立着一座座海拔超过 4000m

的山峰，其中达尚峰（Ranges Dashan）为最高峰，海拔可达4620m，被誉为"非洲屋脊"。Potapov（1992）和刘迺发（1998）对雪鸡适应高原山地环境做了较详细的阐述，尤其飞行方式。刘迺发（1998）利用图解模型在理论上阐明了雪鸡滑翔的机制。滑翔飞行使得雪鸡身体结构发生了一系列变化（Potapov，1992），这些变化只有在高山环境下历经长期演化才能形成。雪鸡的祖先就在埃塞俄比亚高原山地演化，高原山地和通过它的东非大裂谷帮助雪鸡的祖先实现了滑翔飞行和身体结构的演化。

分裂埃塞俄比亚高原的东非大裂谷的下陷始于渐新世，主要断裂运动发生在中新世。北端形成的红海使阿拉伯半岛与非洲大陆分离（Courtillot et al.，1987；Johnson et al.，2011；Bar et al.，2016）。中新世以来，阿拉伯板块继续漂移，与亚洲板块碰撞导致伊朗高原的隆升（Gavillot et al.，2010；Mouthereau et al.，2012），造成了伊朗的扎格罗斯山脉抬升，古地中海相继退出。阿拉伯板块靠近也门边界的奈季兰（Najran）地区的较高一段，称为阿西尔（Asir），山高超过2743m；其北部米德延（Midyan）地区的山峰最高海拔2896m，实际上是埃塞俄比亚高原北部众多火山的延伸。在埃塞俄比亚高原山地的雪鸡祖先种踏上阿拉伯板块，从非洲扩散到亚洲山地高原气候区——帕米尔高原和青藏高原。

基于贝叶斯分析的结果表明（图3-2），青藏高原上的藏雪鸡和暗腹雪鸡在中新世晚期发生了物种形成，之后在地理和气候事件的推动下扩散、隔离。雪鸡属起源和扩散与青藏高原隆升有关。分布区变化和区域地理事件的时间曲线表明，早更新世出现了生物地理事件的高峰（约2.28Mya）。由此可见，这种不连续的分布格局与地质和气候变化有关。

渐新世以来，印度板块、阿拉伯板块和非洲板块持续向北碰撞欧亚板块，强烈的构造运动使得中亚地区的帕米尔高原和青藏高原大幅度隆升（Harrison et al.，1992；Abdrakhmatov et al.，1996；Macey et al.，1998；Macey et al.，2000a，2000b；王国灿等，2011；Wang et al.，2014；姜高磊等，2015）。喜马拉雅山脉、喀喇昆仑山脉、昆仑山脉、天山山脉、兴都库什山脉五大山脉逐步汇集形成了帕米尔高原。其间群山起伏，逶迤连绵，雪峰林立，海拔4000～7700m，号称亚洲大陆的屋脊。青藏高原更加雄伟宏大，在始新世早期（55Mya～50Mya）印度板块与亚洲大陆碰撞，青藏高原开始抬升，至少在中新世（20Mya～8Mya）高原南部到中部大部地区已接近现在的海拔（4000～4500m）（Mulch and Chamberlain，2006；Wang et al.，2008；Favre et al.，2015）。至渐新世时，草原在青藏高原已经初步形成（姚培毅，1999），低山荒漠、高山草甸和草甸-草原、高山寒漠垫状植被等相继出现并得以发展。上述地理环境的变化为雪鸡祖先种的定居和进化奠定了环境基础。

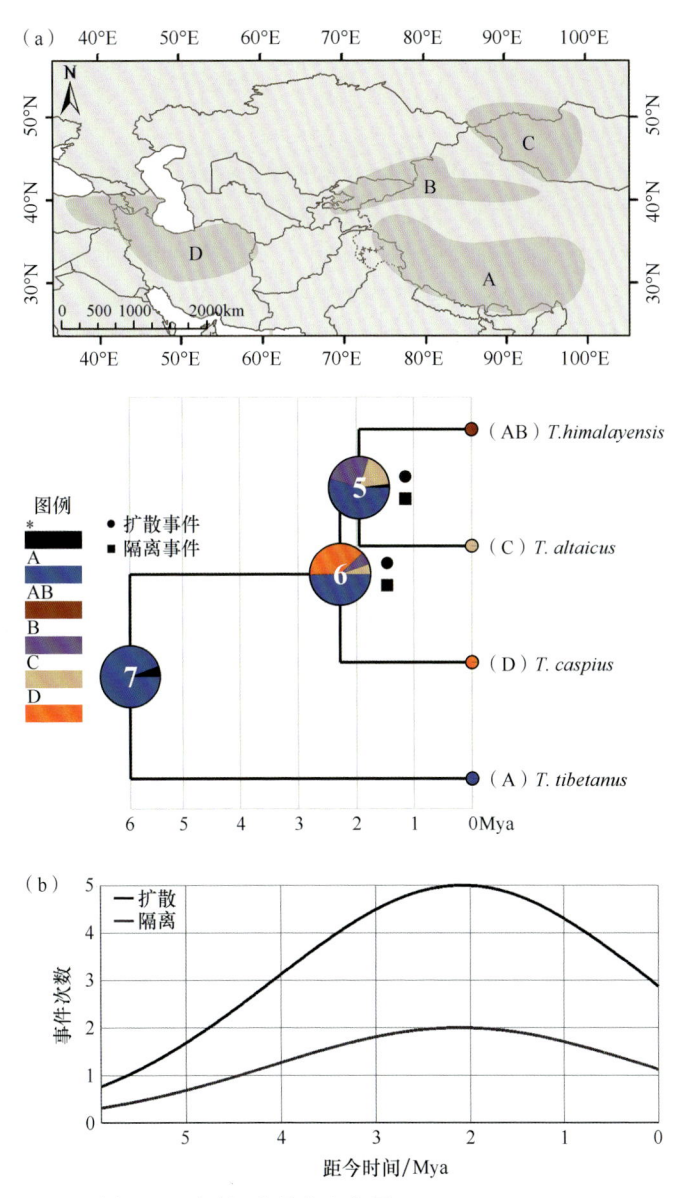

图 3-2 雪鸡祖先的分布范围（Ding et al.，2020）

Figure 3-2　Distribution ranges of snowcock ancestors（Ding et al., 2020）

（a）生物地理分布及可能的分布区域；（b）生物地理事件的时间变化

3.3 系统发生和物种形成

3.3.1 系统发生

Bianki（1898）依据成鸟体色将5种雪鸡分为两个种组，即暗腹组和淡腹组。前者包括暗腹雪鸡、里海雪鸡和高加索雪鸡，共同特点是腹部暗灰色，且具有栗色或栗红色纵纹；后者包括藏雪鸡和阿尔泰雪鸡，其共同特征是成鸟腹部白色并具有黑色纵纹。这一理论被鸟类分类学家广为接受（Potapov，1992；刘迺发，1998）。基于线粒体基因和核基因标记重建了雪鸡属系统发生树（图3-3），结果颠覆了一个世纪以来的理论。新理论认为阿尔泰雪鸡与暗腹雪鸡亲缘关系最近，拥有最近的共同祖先。在形态上，阿尔泰雪鸡嘴角淡褐色，鼻盖膜灰褐色，眼睑边缘石蓝色，眼周裸皮橘黄色，尾下覆羽白色，与暗腹雪鸡、里海雪鸡和高加索雪鸡相似。然而，藏雪鸡嘴角红色，鼻盖膜橘红色，眼先石板灰色，眼周裸皮橘红色，尾下覆羽白色具宽阔的黑色条纹。

图 3-3 雪鸡属系统发生树（Ding et al., 2020）

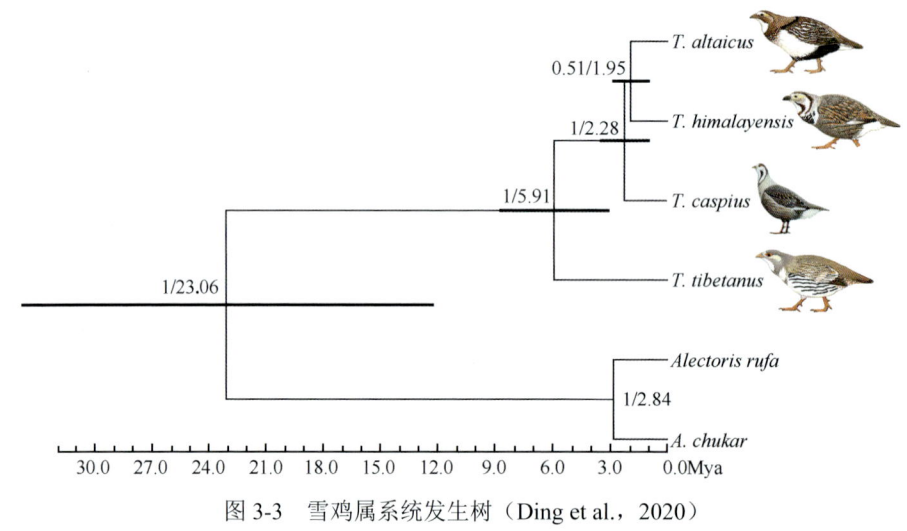

Figure 3-3 A phylochronology of the genus *Tetraogallus* species (Ding et al., 2020)

3.3.2 物种形成

1. 藏雪鸡的物种形成

雪鸡属定居青藏高原（包括帕米尔高原）后第一次种系分化发生在大约在5.91Mya（图3-3）。中新世阿富汗东部、伊朗北部的山地高原相继隆升，致使古地中海、阿拉伯海从伊朗南部和西部退出。其南部许多平行山脉相继隆起，导致帕米尔高原、阿富汗东部山地和中亚腹地与海洋气候相隔绝，在西风气流的影响下成为亚洲最干旱的地区（安芷生等，2006；Sun et al.，2015）。古气候历史重建结果发现，中新世早期以来存在几个干旱加速期，特别是中新世晚期（7Mya～5.3Mya 和 5.3Mya）发生了两次干旱化加剧事件，尤其以后者更为显著（Zhuang et al.，2014；Sun et al.，2015）。

中新世中早期，青藏高原南部和中部已经隆升至目前的高度（Harrison et al.，1992；Yin and Harrison，2000；Wu et al.，2014），高原隆升形成的高原季风气候引发了南侧季风，同时促进了东亚季风的形成（Molnar，2005；Liu and Dong，2013）。季风气候造就了我国多数地区潮湿的亚热带气候，随着来自横断山区水汽的不断输入，青藏高原东部和东南部的气候更加潮湿。

中新世以来，帕米尔高原的构造作用形成了塔里木盆地，喀喇昆仑山、昆仑山、西天山等山脉朝向盆地一侧强烈的构造运动以及河流、降水的侵蚀形成了青藏高原北缘海拔高低错落的地形地貌特征（张飚等，2016）。海拔梯度的变化为雪鸡栖息地的隔离创造了条件。

青藏高原隆升引发的气候变化以及地形地貌的构造运动隔离了藏雪鸡和暗腹雪鸡的祖先种。前者被隔离在青藏高原的潮湿地区，后者则被隔离在干旱的帕米尔高原及其附属山脉。藏雪鸡遍布整个青藏高原，向东抵达横断山脉和岷山山脉。南侧季风和东亚季风的形成致使高原东部地区雨量充沛，气候高寒潮湿。怒江、雅鲁藏布江大峡谷是两个主要的水汽输送通道，其水汽输送量相当于整个夏季长江南北水汽输送的总量（Li and Fang，1999；An et al.，2001）。因此，青藏高原东南部、川西北地区和青海南部的年均降水量均在 800mm 以上。广阔的青藏高原及其境内的山脉足以促成藏雪鸡的定居、扩散和进化。由此可见，雪鸡属鸟类的首次种系分化形成了雪鸡属内最古老的物种——藏雪鸡。

从形态学的角度考虑，藏雪鸡上体多褐灰色，下体多黑色条纹，这符合葛洛格规律（Gloger's Law），即栖息在高湿度生境的鸟类羽毛往往呈暗黑色，干旱生境的则苍白浅淡（Edward and Jann，2004；孙儒泳，2001）。藏雪鸡是 5 种雪鸡中分布海拔最高的种类，其体型也较另外 4 种小得多（表 3-1），这是一些高海拔动物的进化趋势——逆贝格曼规律（inverse Bergmann's Rule），即分布于高海拔的近缘种个体较小（Smith et al.，2000；Liao et al.，2006；Ma et al.，2009）。

表 3-1 雪鸡的形态比较（Johnsgard，1988）

Table 3-1　Morphological traits of *Tetraogallus* species (Johnsgard, 1988)

形态	藏雪鸡 雄性	藏雪鸡 雌性	暗腹雪鸡 雄性	暗腹雪鸡 雌性	阿尔泰雪鸡 雄性	阿尔泰雪鸡 雌性	里海雪鸡 雄性	里海雪鸡 雌性	高加索雪鸡 雄性	高加索雪鸡 雌性
体重/kg	1.5~1.75	1.17~1.6	2.5	1.95	3.0	2.54	2.68	2.34	1.93	1.73
翅长/mm	270~280	260~270	320~340	275~315	290~325	280~332	298~307	281~295	273~285	245
尾长/mm	163~174	160~176	173~193		173		186~191	176~177	146	152~161
卵大小/cm³	62.5（11）		78.8（17）		70.1（10）		71.5（4）		74.8（6）	
卵重/g	64.9（11）		85.1（17）		78.7（10）		77.2（4）		78.4（6）	

注：括号中的数字为测量的卵的数量。

2. 暗腹雪鸡祖先种分化及里海雪鸡和高加索雪鸡物种形成

雪鸡属鸟类的第二次种系分化是里海雪鸡和高加索雪鸡的祖先种走出帕米尔高原，向伊朗高原周边山地扩散。中新世到晚上新世期间，非洲板块、阿拉伯板块和印度板块继续向北漂移碰撞欧亚大陆，致使伊朗高原、小亚细亚高原及所属的这些山脉进一步隆升（Abdrakhmatov et al.，1996；Macey et al.，1998，2000a，2000b），古地中海进一步退去，仅存里海等残留海洋。

里海雪鸡和高加索雪鸡的祖先大约 2.26Mya 与暗腹雪鸡祖先种分化（图 3-3）。第三纪末、第四纪初期，气候转冷，发生多瑙河冰期。大约在 3.5Mya~2.7Mya，寒冷气候带向中低纬度地带迁移，使中低纬度地区和山地广泛发育冰盖或冰川，规模很大，在欧洲，冰盖南缘可达北纬 50°附近；在北美洲，冰盖前缘延伸到北纬 40°以南（高庆华等，2011）。冰期促进了雪鸡种群扩散（刘迺发，1998），寒冷气候期及山地冰川使得里海雪鸡和高加索雪鸡的祖先逐渐扩散到伊朗高原、小亚细亚半岛的山脉和高加索山脉。

里海雪鸡分布于安纳托利亚高原北部的黑海山脉、南部的托罗斯山脉、东部的东托罗斯山脉（Serez，1992），以及伊朗高原周边的厄尔布尔士山脉、扎格罗斯山脉、库赫鲁德山脉、塔利什山脉，而高加索雪鸡主要分布于高加索山脉。两种雪鸡基本呈隔离分布，仅在土耳其黑海山脉东段的阿尔特温（Artvin）部分地区重叠（Serez，1992）。两种雪鸡的祖先彼此之间隔离进化，最终形成了现今的里海雪鸡和高加索雪鸡。

3. 暗腹雪鸡物种形成和种群扩散

渐新世以来，大陆架的非洲板块、阿拉伯板块和印度板块继续不断向北挤压欧亚大陆板块，使得阿富汗东部、伊朗北部的山地和高原相继隆升，导致古地中海、阿拉伯海从伊朗南部和西部退出，加剧了亚洲大陆的干旱化（Wang et al.，2014，2016）。中新世时期亚洲大陆南部许多平行的山脉隆起，使帕米尔高原、阿富汗东部和中亚腹地与海洋气候相隔绝，受西风气流的影响成为亚洲最干旱的地区（西尼村和杨郁华，1956；Zhuang et al.，2011；莫玲童等，2017）。暗腹雪鸡祖先种就在这一干旱区进化，形成其特有的形态特征，即通体大部红棕色或土棕色，颈侧白斑被棕栗色围，下胸、腹及两胁各羽缘栗棕色显著（郑作新，1978）。这些特征符合葛洛格规律（Gloger's Rule），即生活于干热环境中种群个体以浅红棕色的黑色素为特征（孙儒泳，2001）。

由于喜马拉雅山脉的阻挡，在距今大约4.1Mya的上新世晚期，青藏高原北部诸多山脉以及天山等地的气候比现今更加干旱（Zhuang et al.，2014），荒漠化进一步延伸，森林植被退化，山地草原和荒漠草原得以发展（李世英，1960；阎顺和许英勤，1988）。以线粒体控制区和Cyt-b序列构建的种群系统发生树，以及由线粒体基因和核基因串联核苷酸序列构建的雪鸡系统发生树（图3-3）显示，暗腹雪鸡种群扩散、分化发生在距今大约2Mya的早更新世（Ruan et al.，2010，Ding et al.，2020）。青藏运动B幕晚期，冰期间冰期和冷暖气候交替发生，许多地方进入冰冻圈，气温下降，荒漠化进一步加剧（李吉均，1999）。冰期天山、喀喇昆仑山、昆仑山、祁连山、阿尔金山和柴达木盆地周围山地雪线的下移（郑本兴和张振拴，1983；郑本兴等，1990）为雪鸡扩散创造了条件。同时，生态隔离促进了暗腹雪鸡的物种形成（刘迺发，1999）。暗腹雪鸡分A和B两支扩散（图3-4），A支为柴达木支，向东扩散到祁连山地；B支为新疆支，自帕米尔高原沿南北天山向东扩散到斋桑泊南部塔尔巴哈台的萨吾尔山和南天山东部哈密的托木尔提。

4. 杂交物种形成——阿尔泰雪鸡

阿尔泰雪鸡形态上介于藏雪鸡与暗腹雪鸡之间，但其下胸和两胁羽毛白色镶窄条黑边，与藏雪鸡相似，因而之前将它与藏雪鸡分到同一种组，组内物种亲缘关系更近（Bianki，1898）。但是，阿尔泰雪鸡嘴淡角质褐色，鼻盖膜灰褐色，眼睑边缘石蓝色，眼周裸皮橘黄色，尾下覆羽白色，与暗腹雪鸡、里海雪鸡和高加索雪鸡更相似。形态上显示阿尔泰雪鸡可能是藏雪鸡与暗腹雪鸡祖先种杂交产生的物种。图3-4中，和田和肃北的两个单倍型是杂交基因型。杂交个体具有藏雪鸡线粒体基因，形态上接近暗腹雪鸡，线粒体基因具有母性遗传特征，应是藏雪鸡雌性与暗腹雪鸡雄性杂交结果，杂交发生在大约1.83Mya。上新世末期和更新世初期，青藏运动第一幕，青藏高原快速隆升期（Li et al.，2014），同时发生的早冰期和西夏邦玛冰期（孙殿卿等，1979；安芷生等，1998）使得藏雪鸡种群扩张并与暗腹雪鸡的祖先种在帕米尔高原、喀喇昆仑山、昆仑山和西祁连山次级相遇发生渐渗杂交，可能的杂交区见图3-4深灰色区域。

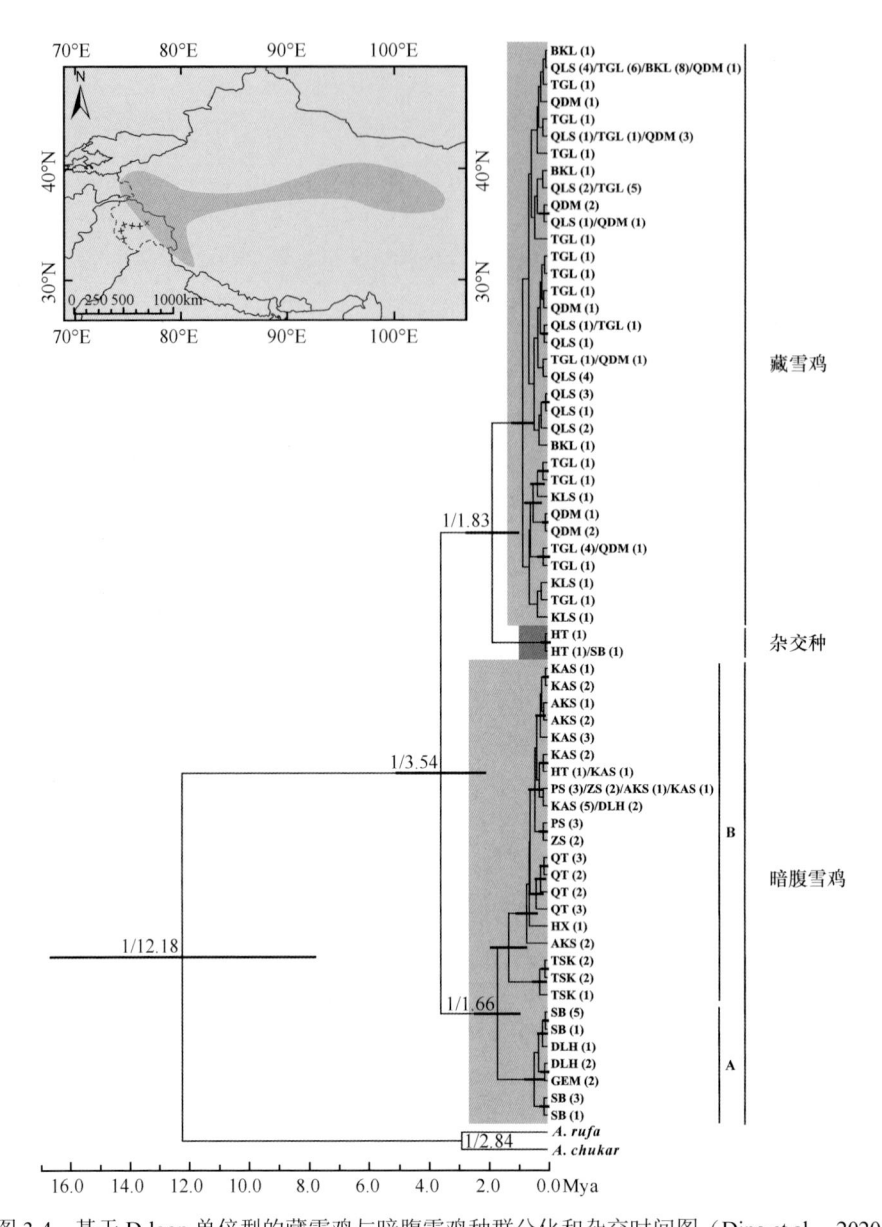

图 3-4　基于 D-loop 单倍型的藏雪鸡与暗腹雪鸡种群分化和杂交时间图（Ding et al.，2020）

Figure 3-4　A chronogram of population divergence and hybridization between Tibetan snowcock and Himalayan snowcock based on D-loop haplotypes (Ding et al., 2020)

渐渗杂交是指杂交后代与两个亲本物种或亲本物种之一反复回交，结果打破生殖隔离的障碍，把某一亲本的性状传递至另一亲本，实现基因转移（Anderson and Hubricht，1938）。依据阿尔泰雪鸡的形态，具有繁殖能力的杂交个体与两个亲本都能回交，其中有藏雪鸡的核基因渗入，少数基因座的渗入则可能促进适应性分化，因此促进物种形成（Abbott et al.，2013）。通常渐渗杂交不会产生新种，但是如果这些可育的杂交个体群不再与亲本群体回交，占据新的生境，就可能形成新的杂交种（Abbott，2003）。阿尔泰雪鸡定居于阿尔泰山新的环境，与两个亲本种之间被广阔的准噶尔盆地（古尔班通古特沙漠）和戈壁隔离，地理隔离限制了杂交个体与亲本回交，最终形成新种（图3-5）。

A：藏雪鸡　　　　B：暗腹雪鸡
C：阿尔泰雪鸡　　F：杂交种

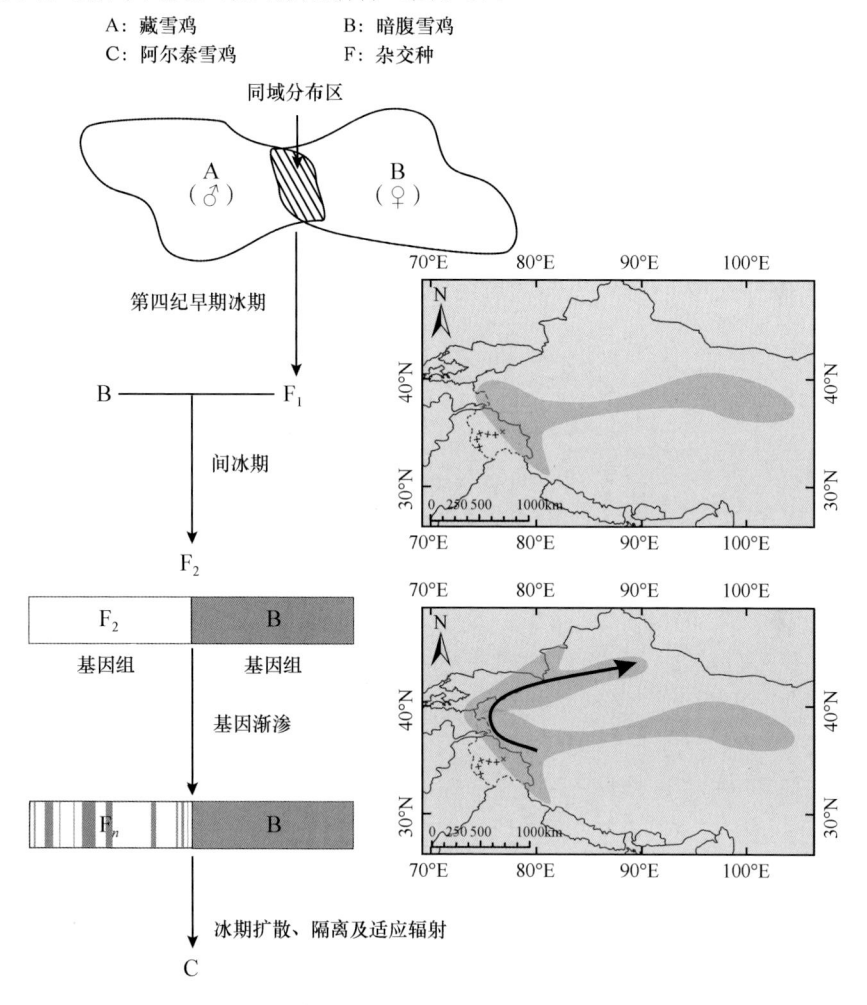

图 3-5　阿尔泰雪鸡物种形成模式（Ding et al.，2020）

Figure 3-5　Proposed speciation model of Altai snowcock (Ding et al., 2020)

阿尔泰雪鸡分布于阿尔泰山、萨彦岭及杭爱山（沈孝宙和王家骏，1963；刘迺发，1998），是雪鸡属分布最北的种类，接近亚寒带。燕山运动以来，阿尔泰山经历了数次隆升和夷平，最后一次夷平发生在上新世早期，8Mya～6Mya以来是阿尔泰山剥露最快的时期，这一阶段的隆升造就了现代阿尔泰山的地貌（徐芹芹等，

2015),现在的山脉是上新世晚期快速隆升的产物。分子钟结果显示,大约 1.94Mya(见图 3-2),阿尔泰雪鸡与暗腹雪鸡的祖先种发生遗传分化,这与阿尔泰山脉晚上新世的快速隆升期相一致。与此同时,又一次全球气候寒冷期发生于晚上新世—早更新世,可称为早冰期(孙殿卿等,1979)。在此期间阿尔泰雪鸡的祖先种种群沿天山山脉向北扩散到了阿尔泰山脉。

阿尔泰山脉耸立于亚洲腹地的干旱荒漠和半荒漠地带,但是西风环流携带的大西洋水汽顺额尔齐斯河谷地和哈萨克斯坦斋桑谷地长驱直入,受阿尔泰山脉的阻挡,区内降水较为丰富且随海拔增加递增,高山区的年均降水量可达 600mm 以上。这一高纬度地区的降雪量大于降雨量,而且积雪时间随海拔增加而延长,中高山区积雪时间长达 6～8 个月,低山区 5～6 个月,雪线降低至海拔 2800m 左右。阿尔泰山脉的降水、长积雪时间和广布的冰川选择了从藏雪鸡渗入的某些基因座,因此阿尔泰雪鸡与藏雪鸡在形态特征上具有许多相似之处。

3.4 种类和地理分布

1811～1876 年间发现和命名的 5 种雪鸡分别是:高加索雪鸡 *Tetraogallus caucasicus*(Pallas),1811;里海雪鸡 *T. caspius*(S. G. Gmelin),1874;暗腹雪鸡 *T. himalayensis* G. R. Gray,1843;阿尔泰雪鸡 *T. altaicus*(Gebler),1836;藏雪鸡 *T. tibetanus* Gould,1854。其中后三种雪鸡在我国境内有分布。

上述 5 种雪鸡的检索如下:

1. 初级飞羽大约一半为白色;具有暗色羽端;下体中部灰到淡褐色 ·················· 2
   初级飞羽或无白色或仅限于基部;下体淡灰白色。喉部带斑淡赤褐色以至灰色;次级飞羽白色大约是其长度的一半 ··· 3
2. 胸部具窄的黑色横斑;两肋更多棕色调 ············· 高加索雪鸡(*T. caucasicus*)
   胸部具稍淡的黑色点斑;两肋淡棕色 ······················ 里海雪鸡(*T. caspius*)
   喉部斑点带巧克力色;次级飞羽白色仅限于基部 ··
   ·· 暗腹雪鸡(*T. himalayensis*)
3. 两肋具黑色羽缘;初级飞羽无白色 ·························· 藏雪鸡(*T. tibetanus*)
   两肋无黑色羽缘;初级飞羽基部白色 ···················· 阿尔泰雪鸡(*T. altaicus*)

上述 5 种雪鸡多孤立分布于中亚地区的各大高原和山脉。高加索雪鸡留居于高加索山脉。里海雪鸡分布于里海南部、小亚细亚东部到伊朗高原以及里海东部的亚美尼亚高原(Jonhsgard,1988)。暗腹雪鸡分布于西喜马拉雅山、帕米尔高原、兴都库什山脉、阿赖山、天山、喀喇昆仑山、青海湖和柴达木盆地周围的山脉和祁连山(郑作新,1978;Jonhsgard,1988;刘迺发等,2013),此外甘肃河西走廊以北的龙首山、合黎山和内蒙古桃花乌拉山亦有分布(Liu,1994;刘迺发等,

2013）。藏雪鸡广泛分布于青藏高原及边缘广大地区，包括：藏北到新疆南部（塔什库尔干）；青海西部到新疆昆仑山、祁曼塔格山、西阿尔金山；西藏念青唐古拉山脉以南的拉萨、林芝和冈底斯山脉以南的日喀则、阿里；甘肃、青海祁连山、甘南、青海东南部和藏东北山地；四川西部山地；云南西北部（高黎贡山）（刘迺发，1998，2013）。阿尔泰雪鸡主要分布于横跨俄罗斯、中国新疆北部和蒙古国的阿尔泰山脉（Potapov，1987；马鸣等，1991；黄人鑫和邵红光，1991；黄人鑫等，1992）。暗腹雪鸡和藏雪鸡在帕米尔高原、西喜马拉雅山、喀喇昆仑山、昆仑山、阿尔金山、祁连山和青海湖周围山地具有重叠分布区（图3-6）。

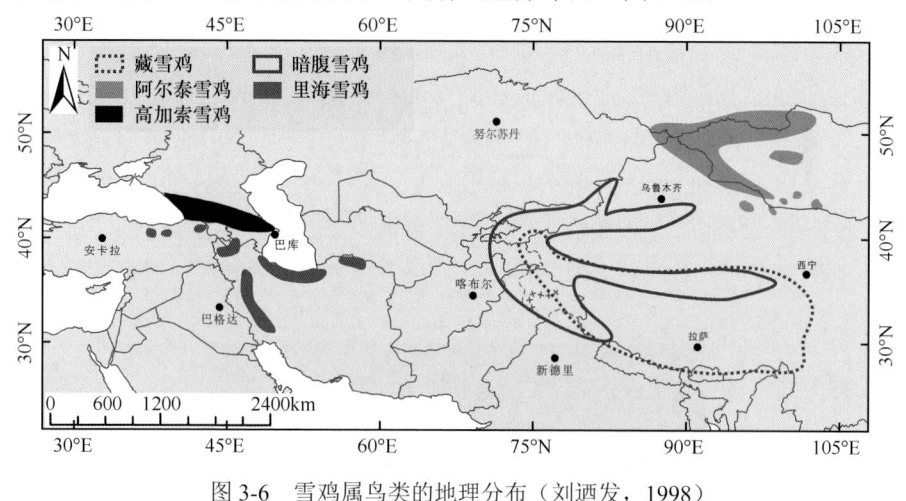

图 3-6 雪鸡属鸟类的地理分布（刘迺发，1998）

Figure 3-6　Geographic distribution of *Tetraogallus* species (Liu Naifa, 1998)

3.5　亚种分化

3.5.1　暗腹雪鸡 *Tetraogallus himalayensis* G. R. Gray

暗腹雪鸡的亚种分化意见不一。Vaurie（1966）最早记述暗腹雪鸡的 5 个亚种分别是：西疆亚种（*T. h. sewerzowi*）、阿富汗亚种（*T. h. incognitus*）、指名亚种（*T. h. himalayensis*）、青海亚种（*T. h. koslowi*）和疆南亚种（*T. h. grombczewskii*）；Dementiev 和 Gladkov（1967）记录了 3 个亚种——指名亚种、青海亚种和疆南亚种；Johnsgard（1988）记录的亚种与 Vaurie（1966）相同。Vaurie（1966）认为只有西疆亚种、青海亚种和疆南亚种 3 个亚种分布于我国；Johnsgard（1988）持相同的观点。郑作新（1978）虽同意上述观点，但之后认为中国还分布有指名亚种（郑作新，2000）；本书采用郑作新（1978）和郑光美（2005，2011，2017）的分类标准。

我国暗腹雪鸡 4 个亚种的分类检索如下：

1. 体色最暗灰 ··· 指名亚种 *T. h. himalayensis*
   体色较淡 ··· 2
2. 通体多为赤褐色和皮黄色，少灰色；头顶具栗色条纹；两肋条纹较红 ············
   ··· 西疆亚种 *T. h. sewerzowi*
   体色更淡，缺少上述特征 ··· 3
3. 体色最淡 ··· 疆南亚种 *T. h. grombczewskii*
   体色较疆南亚种暗，上体多灰色，带粗重的皮黄色条纹，背和翅上有肉桂色斑点 ·· 青海亚种 *T. h. koslowi*

（1）指名亚种 *T. h. himalayensis* G. R. Gray

Tetraogallus himalayensis himalayensis G. R. Gray，1843，Proc. Zool. Soc. London，10:105（1842）（模式产地：喜马拉雅山脉）

新疆西部克什米尔、西藏喜马拉雅山。国外分布于阿富汗西部兴都库什山，南至奴里斯坦，北到克什米尔，从西喜马拉雅山向东经拉达克到尼泊尔。

该亚种与青海亚种相似，但体色较暗，是暗腹雪鸡羽色最暗、最灰的亚种（图 3-7）。

图 3-7 暗腹雪鸡指名亚种（陈浩然摄于西藏吉隆）
Figure 3-7 *T. h. himalayensis* of Himalayan snowcock
(Photoed by Chen Haoran in Jilong County, Xizang)

（2）西疆亚种 *T. h. sewerzowi* Zarudny

Tetraogallus himalayensis sewerzowi Zarudny，1910，Messager Ornith.，2:108（模式产地：俄属土耳其斯坦）

在我国分布于天山山脉、准噶尔盆地周围的山脉，向东至哈密（92°30′E）；国外分布于斋桑泊周边山地、萨乌尔山和塔尔巴哈台。

该亚种较指名亚种多赤褐色和皮黄色，少灰色，头顶具栗色条纹，两肋栗色条纹较红（图 3-8）。西疆亚种身体量衡度见表 3-2。

表 3-2 暗腹雪鸡西疆亚种量衡度
Table 3-2 Measurements of *T. h. sewerzowi* of Himalayan snowcock

性别	体重 /g	体长 /mm	嘴峰 /mm	翅长 /mm	尾长 /mm	跗蹠 /mm
♂（n=2）	2095；2500	515；595	34；36	280；300	185；194	59；68
♀（n=1）	—	538	34	268	168	60

注：n 为测量个体数，下同。

图 3-8 暗腹雪鸡西疆亚种（刘璐摄于新疆塔什库尔干）
Figure 3-8 *T. h. sewerzowi* of Himalayan snowcock
(Photoed by Liu Lu in Taxkorgan, Xinjiang)

（3）疆南亚种 *T. h. grombczewskii* Bianchi

Tetraogallus himalayensis grombczewskii Bianchi，1898，Annuaire Mus. Zool. Acad. Zmp. Sci.，Se Peterobourg. 3:116，118（模式产地：西昆仑山）

国内分布于新疆南部昆仑山、西藏北部和新疆南部克里雅；只记录于我国。该亚种是暗腹雪鸡羽色最浅淡的亚种（图 3-9）。

图 3-9 暗腹雪鸡疆南亚种（努尔俊摄于新疆塔什库尔干）
Figure 3-9 *T. h. grombczewskii* of Himalayan snowcock
(Photoed by Nuerjun in Taxkorgan, Xinjiang)

（4）青海亚种 *T. h. koslowi* Bianchi

Tetraogallus himalayensis koslowi Bianchi，1898，Annuaire Mus. Zool. Acad. Zmp. Sci.，Se Peterobourg. 3:177，118（模式产地：阿尔金山、乌兰达坂山及青海湖南山）

仅见于我国阿尔金山、柴达木盆地、祁连山、党河南山、青海湖南山、布尔汗布达山、祁曼塔格山、西倾山、阿尼玛卿山、东昆仑山、可可西里山和巴颜喀拉山。

该亚种羽色较淡，较疆南亚种为暗，背上和翅上多点缀色暗且大的肉桂色斑点；上体多葡萄色（图3-10）。暗腹雪鸡青海亚种的身体量衡度见表3-3。

图 3-10　暗腹雪鸡青海亚种（张胜邦摄于青海湖）
Figure 3-10　*T. h. koslowi* of Himalayan snowcock
(Photoed by Zhang Shengbang in Qinghai Lake)

表 3-3　暗腹雪鸡青海亚种量衡度
Table 3-3　Measurements of *T. h. koslowi* of Himalayan snowcock

性别	体重/g	体长/mm	嘴峰/mm	翅长/mm	尾长/mm	跗蹠/mm
♂（*n*=3）	2500	416；595；515	34.9；34.1；29.4	299；245；305	185；190	68；54.4；61.6
♀（*n*=2）		510；508	34.5；34.4	276；275	180；179	59.7；61.4

3.5.2　藏雪鸡 *Tetraogallus tibetanus* Gould

藏雪鸡的亚种分类有一定争议。Vaurie（1966）认为该物种包括4个亚种，分别是指名亚种（*T. t. tibetanus*）、藏南亚种（*T. t. aquilonifer*）、四川亚种（*T. t. henrici*）和青海亚种（*T. t. przewalskii*），后3个亚种分布于我国；Dementiev 和 Gladkov（1967）记录本种的6个亚种分别是指名亚种、藏南亚种、疆南亚种（*T. t. tschimenensis*）、青海亚种、四川亚种（*T. t. henrici*）和 *T. t. centralis*（青海亚种的

同物异名），而且这 6 个亚种在中国均有分布；郑作新（1978）记录疆南亚种、藏南亚种、指名亚种、青海亚种和四川亚种分布于我国；Johnsgard（1988）认为中国只分布指名亚种、藏南亚种、青海亚种和四川亚种 4 个亚种；杨岚和徐延恭（1987）将采自云南中甸的藏雪鸡命名为藏雪鸡的云南亚种（*T. t. yunnanensis*）；之后刘迺发等（2013）、郑光美（2005，2011，2017）均承认云南亚种的存在，并认为藏雪鸡目前在中国分布 6 个亚种——指名亚种、疆南亚种、藏南亚种、青海亚种、四川亚种和云南亚种。

藏雪鸡胸部的带斑变异较大，成鸟、幼鸟的外形差别较大。

藏雪鸡 6 个亚种的分类检索如下：

1. 上体和上胸的灰黑色最暗；下喉和上胸的领斑灰黑色，无白斑 ················
   ··· 云南亚种 *T. t. yunnanensis*
   上体和上胸色淡；胸部领斑中部有白色 ··2
2. 头顶、后颈和背部较云南亚种稍淡；胸部黑色带斑中部具小块白斑
   ··· 四川亚种 *T. t. henrici*
   头顶、后颈和背部较四川亚种为淡；胸部黑色带斑中部全白 ··················3
3. 头顶、后颈和背部较上述两亚种色淡；尾羽红棕色 ································
   ··· 藏南亚种 *T. t. aquilonifer*
   头顶、后颈和背部更淡 ··4
4. 上背淡色带斑无灰色粉点；尾羽土棕色 ············· 青海亚种 *T. t. przewalskii*
   上背淡色带斑有灰色粉点；尾羽淡土棕色 ··5
5. 上背淡色带斑为葡萄皮黄色；有少量灰色粉状点斑 ································
   ··· 疆南亚种 *T. t. tschimenensis*
   上背淡色带斑多灰色粉点 ······························· 指名亚种 *T. t. tibetanus*

（1）指名亚种 *T. t. tibetanus* Gould

Tetraogallus tibetanus tibetanus Gould，1853（1854），Poc. Zool. Sco. London 21:47（模式产地：克什米尔东部）

分布于我国西昆仑山、喀喇昆仑山、帕米尔高原东部、新疆西南部和西藏西部、喜马拉雅山、中部的念青唐古拉山（采自班戈、改则）（中国科学院青藏高原综合科学考察队，1983）。

雄性成鸟头顶、颊、后颈和颈侧均灰色；耳羽皮黄色；颔和喉皮黄色；胸、腹以及尾下覆羽布以黑色细纹；上体、两翅覆羽均杂以皮黄色、灰色和黑色；尾上覆羽淡棕色，有暗褐色波状横斑；尾羽的内翈黑褐色，外翈与尾上覆羽相似（图 3-11）。藏雪鸡指名亚种身体量衡度见表 3-4。

表 3-4 藏雪鸡指名亚种量衡度
Table 3-4　Measurements of *T. t. tibetanus* of Tibetan Snowcock

性别	体重 /g	体长 /mm	嘴峰 /mm	翅长 /mm	尾长 /mm	跗蹠 /mm
♂（*n*=2）	1200；1400	460；530	25.3；26.7	257；270	163；188	50.5；52.0
♀（*n*=1）	1400	525	26.7	244	175	49

图 3-11　藏雪鸡指名亚种（刘璐摄于西藏吉隆县）

Figure 3-11　*T. t. tibetanus* of Tibetan snowcock

(Photoed by Liu Lu in Jilong County, Xizang)

（2）藏南亚种 *T. t. aquilonifer* R. et A. Meinertzhagen

Tetraogallus tibetanus aquilonifer R. et A. Meinertzhagen，1926，Bull. Brit. Cl. 46:99（模式产地：锡金）

分布于西藏喜马拉雅山吉隆县（采自加木拉、拉孜、尼木、江孜、尼木麻江）、冈底斯山；国外见于尼泊尔东部、印度（锡金）、不丹。

头顶、后颈均为暗石板灰色，羽色较青海亚种为暗，尾上覆羽和中央尾羽红棕色。颈和胸部相连的白色环带很大（图 3-12）。藏雪鸡藏南亚种身体量衡度见表 3-5。

表 3-5 藏雪鸡藏南亚种量衡度
Table 3-5　Measurements of *T. t. aquilonifer* of Tibetan snowcock

性别	体重 /g	体长 /mm	嘴峰 /mm	翅长 /mm	尾长 /mm	跗蹠 /mm
♂（*n*=5）	—	507±37.7 460～560	28.1±1.3 26.4～28.4	270.8±14.3 250～290	177.6±6.1 171～185	60.3±2.0 59～63.9
♀（*n*=2）	—	500；515	27.1；27.9	245；265	150；165	57.3；58
幼（*n*=1）	460	378	21	195	140	55

图 3-12 藏雪鸡藏南亚种（于晓平摄于西藏拉萨雄色寺）

Figure 3-12 *T. t. aquilonifer* of Tibetan snowcock

(Photoed by Yu Xiaoping in Xiongse Temple, Lhasa, Xizang)

（3）青海亚种 *T. t. przewalskii* Bianchi

Tetraogallus tibetanus przewalskii Bianchi，1907，Av. Exped. Koslowi 1899-1901. Izdanie Imp. Russk. Grogr. Obshch. 5:165（模式产地：青海空拉山口）

分布于甘肃祁连山、党河南山、阿尔金山、西倾山、岷山、四川西北部山地、新疆南部东昆仑山、西藏东念青唐古拉山、达马拉山（采自昌都，波密），以及青海境内各山脉。

雄性成鸟前额、眼先及耳羽土棕色，头顶、后颈的上面和侧面均灰褐色；背、腰和尾上覆羽土棕色，密布以黑褐色虫蠹状斑；胸白色，羽缘具黑色条纹（图 3-13）。藏雪鸡青海亚种身体量衡度见表 3-6。

图 3-13 藏雪鸡青海亚种（肉保摄于青海都兰县）

Figure 3-13 *T. t. przewalskii* of Tibetan snowcock

(Photoed by Roubao in Dulan County, Qinghai)

表 3-6　藏雪鸡青海亚种量衡度

Table 3-6　Measurements of *T. t. przewalskii* of Tibetan snowcock

性别	体重/g	体长/mm	嘴峰/mm	翅长/mm	尾长/mm	跗蹠/mm
♂（n=7）	1737.5±49.7 1700～1800	531.7±47.2 467～590	30.3±1.2 29.1～31.8	271.4±11.1 260～290	168.6±7.5 155～175	59.0±1.9 57.2～62.9
♀（n=2）		510；638	28.3；29	255；276	160；180	56；59
幼（n=3）	500；650；750	450；318；350	22.3；20.4；18	222；200；195	140；112；126	46；40.9；42.8

（4）四川亚种 *T. t. henrici* Oustalet

Tetraogallus tibetanus henrici Oustalet，1891，Ann. Sci. Nat.，Zool.，Ser 7（12）：296（模式产地：四川康定）

中国特有亚种。分布于四川大雪山、康定、西康、雀儿山（采自德格）、鲁理山（采自理塘）、岷山。

上体的黑褐色较云南亚种色淡，但较其他亚种色深。前胸的宽灰黑色领斑杂以大型白斑；尾上覆羽和中央尾羽染以棕红色（图 3-14）。藏雪鸡四川亚种身体量衡度见表 3-7。

图 3-14　藏雪鸡四川亚种（廖国庆摄于四川小金县巴朗山）

Figure 3-14　*T. t. henrici* of Tibetan snowcock

(Photoed by Liao Guoqing in Balang Mountains, Xiaojin County, Sichuan)

表 3-7　藏雪鸡四川亚种量衡度

Table 3-7　Measurements of *T. t. henrici* of Tibetan snowcock

性别	体重/g	体长/mm	嘴峰/mm	翅长/mm	尾长/mm	跗蹠/mm
♂（n=2）	1600	490；550	34；32.9	262；265	162；165	56；60.3
♀（n=1）	—	510	29.9	260	151	57.5

（5）云南亚种 T. t. yunnanensis Yang et Xu

Tetraogallus tibetanus yunnanensis Yang et Xu，1987，Acta Zootaxonomic Sinica，12（1）：104-109（模式产地：云南中甸）

中国特有亚种。分布于云南横断山脉（采自中甸、德钦）、西藏东部左贡和昌都，与青海亚种在西藏昌都地区有重叠分布。

与四川亚种相似，但头顶、上体黑灰褐色更为浓著；头顶、后颈无灰白色粉点。尾上覆羽和中央尾羽呈淡灰褐色，仅羽缘稍沾淡棕色。上胸暗灰色领带完整，其间无白色杂斑（图3-15）。藏雪鸡云南亚种身体量衡度见表3-8。

图 3-15 藏雪鸡云南亚种（刘璐摄于西藏芒康）

Figure 3-15 *T. t. yunnanensis* of Tibetan snowcock
(Photoed by Liu Lu in Mangkang County, Xizang)

表 3-8 藏雪鸡云南亚种量衡度（杨岚和徐延恭，1987）

Table 3-8 Measurements of *T. t. yunnanensis* of Tibetan snowcock (Yang Lan and Xu Yangong, 1987)

性别	体重/g	体长/mm	嘴峰/mm	翅长/mm	尾长/mm	跗蹠/mm
♂（n=3）	1675；1670；1680	530；528；544	27；31；33	263；276；276	188；196；190	60；63；70
♀（n=1）	1820	500	31	247	180	59
幼（n=1）	600	405	24	190	130	24

（6）疆南亚种 T. t. tschimenensis Sushkin

Tetraogallus tibetanus tschimenensis Sushkin，1926，B. B. O. C. 47:36（模式产地：新疆西北部，实为新疆南部）

中国特有亚种。分布于新疆南部昆仑山和阿尔金山西部、青海西部和祁曼塔格山。

与指名亚种比较，上体较淡而较多黄色，暗灰色雀斑较粗，特别是翅上覆羽。上背灰色带斑较淡，葡萄皮黄色，都有灰色粉点。前胸有双条灰色环带，其间白色。

胸、腹中央羽无黑色羽缘，同指名亚种（图 3-16）。藏雪鸡疆南亚种身体量衡度见表 3-9。

表 3-9 藏雪鸡疆南亚种量衡度

Table 3-9　Measurements of *T. t. tschimenensis* of Tibetan snowcock

性别	体重 /g	体长 /mm	嘴峰 /mm	翅长 /mm	尾长 /mm	跗蹠 /mm
♂（*n*=2）	1500；1755	490；520	29；32	262；271	171；174	61；62
♀（*n*=2）	1170；1600	470；510	28；30	250；270	170；169	58；60

图 3-16　藏雪鸡疆南亚种（闫旭光摄于新疆帕米尔高原慕士塔格峰）

Figure 3-16　*T. t. tschimenensis* of Tibetan snowcock

(Photoed by Yan Xuguang in Muztagh Ata in Pamirs, Xinjiang)

3.5.3 阿尔泰雪鸡 *Tetraogallus altaicus* Gebler

Potapov（1987）记录阿尔泰雪鸡分布于我国。Vaurie（1966）认为阿尔泰雪鸡无亚种分化；Dementiev 和 Gladkov（1967）、Johnsgard（1988）同意上述观点。马鸣（1991）认为阿尔泰雪鸡包括东方亚种（*T. a. orientalis*）和指名亚种（*T. a. altaicus*）。Ирйсов 和 Ирисова（1991）也记录了这两个亚种。郑作新（2000）认可马鸣等（1991）的观点，然而郑光美（2005，2011，2017）则认为该种为单型种。因缺少可对比的标本资料，本书作者暂按单型种对待（图 3-17）。

图 3-17　阿尔泰雪鸡（李建强摄于新疆阿尔泰山）

Figure 3-17　Altai snowcock (*Tetraogallus altaicus*) (Photoed by Li Jianqiang in Altai Mountains, Xinjiang)

3.6　形态地理变异

3.6.1　暗腹雪鸡的地理变异

暗腹雪鸡的地理变异错综复杂，分布于塔里木盆地南部边缘山地的疆南亚种上体羽色最浅；其次是分布于柴达木盆地周围山地的青海亚种，背部和两翼多点缀较暗的大型肉桂色斑点，上体不呈灰色或灰皮黄色；分布于喜马拉雅山西部、拉达克和阿富汗的指名亚种上体羽色灰色最浓，以其东部种群尤甚。分布于斋桑泊周围山地、塔巴尔高台、准噶尔阿拉套山脉、天山和萨乌尔山的西疆亚种，其上体羽色多赤褐色和皮黄色，少灰色，头顶具栗色条纹，两胁羽毛的条斑红色更加显著；分布于塔吉克斯坦南部和兴都库什山的阿富汗亚种较西疆亚种为淡，上体羽色多皮黄色而少栗色。

上述羽色变异与分布区的降水量和干旱程度有关。塔里木盆地南缘山地、柴达木盆地的年降水量 15.4～100mm，干燥度 4～16；天山和天山北部、准噶尔周边山地和萨吾尔山的年降水量 100～400mm，干燥度小于 4；喜马拉雅山西部年降水量 200～400mm。由此可见，分布于年降水量最低和干燥度最高地区的亚种上体羽色最淡，随着降水量的升高和干燥度的降低，所分布亚种两胁羽毛条纹的栗红色更深。

亚种是地方性种群在地理上划分的集合体，与该种中其他的集合体在分类上不同。亚种间可能相互杂交，即使地理屏障使其相互隔离时，它们仍有相互杂交的可能性。由于可能产生亚种间相互重叠地带的居间种群，一系列彼此相邻的亚种种群在性状上逐渐发生变化，从而形成地理变异。

3.6.2 藏雪鸡的地理变异

藏雪鸡主要分布于我国境内，其分布区位于干旱、半干旱、半湿润和湿润高寒气候区，年降水量从昆仑山、阿尔金山的不足 60mm 到喜马拉雅山东部的 1600～2000mm。从西藏高原西南部到北部，藏雪鸡上体的羽色逐渐变淡。分布区南部的云南亚种和四川亚种上体羽色最深，上体灰黑色较为浓著而少沙黄色渲染，由此向北至最干旱地区的南疆亚种羽色最淡。各亚种羽色由深至浅的顺序为：云南亚种→四川亚种→藏南亚种→青海亚种→指名亚种→疆南亚种。

除了上体羽色的变异之外，藏雪鸡上胸部带斑的变异规律也相当显著。云南亚种羽色最暗，呈灰黑色，其上无斑；四川亚种灰黑色但带斑中部具小块白斑；该小块白斑从藏南亚种开始变大，至分布最北部的新疆亚种上胸几乎完全被白斑占据。灰黑褐色胸部带斑的羽色深度及其白斑大小有下述规律：云南亚种→四川亚种→藏南亚种→青海亚种→指名亚种→疆南亚种，羽色依次由深变浅，白斑依次由小变大。

根据杨岚和徐延恭（1987）的描述，藏雪鸡的云南亚种、藏南亚种和青海亚种的幼鸟下喉至上胸的带斑均为灰黑色，其间无白斑，这说明藏雪鸡祖先类型的上胸均灰黑色且具斑点。云南亚种此特征最为显著，说明藏雪鸡可能起源于横断山区，这与 Kozlova（1952）的推测结果相符。

参 考 文 献

安芷生, 王苏民, 吴锡浩, 等. 1998. 中国黄土高原的风积证据: 晚新生代北半球大冰期开始及青藏高原的隆升驱动. 中国科学(D 辑), 26(6): 481-490.

安芷生, 张培震, 王二七, 等. 2006. 中新世以来我国季风 - 干旱环境演化与藏高原的生长. 第四纪研究, 26(5): 678-693.

包新康, 刘迺发, 顾海军, 等. 2008. 鸡形目鸟类系统发生研究现状. 动物分类学报, 33(4): 720-732.

高庆华, 聂高众, 刘惠敏. 2011. 中国第四纪气候变化与自然灾变发展趋势预测研究. 北京: 气象出版社.

黄人鑫, 米尔曼, 邵红光. 1992. 中国鸟类新纪录——阿尔泰雪鸡. 动物分类学报, 17(4): 501-502.

黄人鑫, 邵红光. 1991. 阿尔泰雪鸡生态的初步观察. 四川动物, 10(3): 36-36.

姜高磊, 张克信, 徐亚东. 2015. 青藏高原古高程定量恢复研究进展. 地球科学进展, 30(3): 334-345.

李吉均. 1999. 青藏高原的地貌演化与亚洲季风. 海洋地质与第四纪地质, 19(1): 1-12.

李世英. 1960. 昆仑山北坡植被的特点、形成及其与旱化的关系. 植物学报, 9(1): 16-31.

刘迺发. 1998. 雪鸡的系统发生. 台北: 第三届海峡两岸鸟类学术研讨会论文集: 235-243.

刘迺发. 1999. 西藏雪鸡和喜马拉雅雪鸡的隔离机制. 中国动物科学研究——中国动物学会第

十四届会员代表大会及中国动物学会65周年年会论文集.

刘迺发, 包新康, 廖继承. 2013. 青藏高原鸟类分类与分布. 北京: 科学出版社.

马鸣, 周永恒, 马力. 1991. 新疆雪鸡的分布及生态观察. 野生动物, (4): 15-16.

莫玲童, 张普, 李建星. 2017. 13.5~2.5 Ma索尔库里盆地沉积物碳氧同位素对古气候演化的记录. 地球与环境, 45(6): 620-627.

沈孝宙, 王家骏. 1963. 中国雪鸡的分类、地理分布和生态. 动物学杂志, 2: 67-68.

孙殿卿, 吴锡浩, 浦庆余. 1979. 中国第四纪冰期划分与第四纪地层层位关系的探讨. 科学通报, 24(7): 307-309.

孙儒泳. 2001. 动物生态学原理. 北京: 北京师范大学出版社.

王国灿, 曹凯, 张克信, 等. 2011. 青藏高原新生代构造隆升阶段的时空格局. 中国科学(地球科学), 41(3): 332-349.

西尼村BM, 杨郁华. 1956. 亚洲中部气候变迁中的大地构造因素. 地理科学进展, 4: 260-267.

徐芹芹, 季建清, 孙东霞, 等. 2015. 新疆阿尔泰青河—富蕴地区晚新生代隆升—剥露过程—来自磷灰石裂变径迹的证据. 地质通报, 35(5): 834-844.

阎顺, 许英勤. 1988. 天山北麓平原区晚第三纪晚期一更新世的孢粉组合及环境变迁. 新疆地质, 6(2): 62-68.

杨岚, 徐延恭. 1987. 藏雪鸡一新亚种——云南亚种. 动物分类学报, 12(1): 104-109.

姚培毅. 1999. 青藏高原北部生物古地理. 北京: 地质出版社.

张飚, 李乐意, 刘向东, 等. 2016. 晚中新世以来帕米尔高原生长过程及其与塔里木盆地气候变化可能的联系. 地球环境学报, 7(4): 346-356.

郑本兴, 焦克勤, 李世杰, 等. 1990. 青藏高原第四纪冰期年代研究的新进展——以西昆仑山为例. 科学通报, 35(7): 533-537.

郑本兴, 张振拴. 1983. 天山博格达峰地区与乌鲁木齐河源新冰期的冰川变化. 冰川冻土, 5(3): 133-142.

郑光美. 2002. 世界鸟类分类与分布名录. 北京: 科学出版社.

郑光美. 2005. 中国鸟类分类与分布名录(第一版). 北京: 科学出版社.

郑光美. 2011. 中国鸟类分类与分布名录(第二版). 北京: 科学出版社.

郑光美. 2017. 中国鸟类分类与分布名录(第三版). 北京: 科学出版社.

郑作新. 1978. 中国动物志 第四卷 鸟纲 鸡形目. 北京: 科学出版社.

郑作新. 2000. 中国鸟类种和亚种分类名录大全. 北京: 科学出版社.

中科学院青藏高原综合科学考察队. 1983. 西藏鸟类志. 北京: 科学出版社.

Abbott RJ. 2003. Sex, sunflowers, and speciation. Science, 301(5637): 1189-1190.

Abbott RJ, Albach D, Ansell S, et al. 2013. Hybridization and speciation. Journal of Evolutionary Biology, 26(2): 229-246.

Abdrakhmatov KY, Aldazhanov SA, Hager BH, et al. 1996. Relatively recent construction of the Tien Shan inferred from GPS measurements of present-day crustal deformation rates. Nature, 384(6608): 450-453.

An ZS, John EK, Warren LP, et al. 2001. Evolution of Asian monsoons and phased uplift of the Himalaya-Tibetan Plateau since Late Miocene times. Nature, 411(6833): 62-66.

Anderson E, Hubricht L. 1938. Hybridization in Tradescantia. III . The evidence for introgressive hybridization. American Journal of Botany, 25(6): 396-402.

Bar O, Zilberman E, Feinstein S, et al. 2016. The uplift history of the Arabian Plateau as inferred from geomorphologic analysis of its northwestern edge. Tectonophysics, 671: 9-23.

Bianki VL. 1898. The review of the species of genus *Tetraogallus* Gray. Museum, Emperor's Academy of Sciences, St. Petersburg, 3: 113-123.(Proceedings of 2001)

Courtillot V, Armijo R, Tapponnier P. 1987. Kinematics of the Sinai triple junction and a two-phase model of Arabia-Africa rifting. Geological Society Special Publications, 28(1): 559-573.

Dementiev GT, Gladkov NA. 1967. Birds of the Soviet Union. Vol.4. Jerusalen: Irael Program for Scientific Translations: 198-221.

Ding L, Liao J, Liu N. 2020. The uplift of the Qinghai-Tibet Plateau and glacial oscillations triggered the diversification of *Tetraogallus* (Galliformes, Phasianidae). Ecology and Evolution, 10:1722-1736.

Edward HB, Jann MI. 2004. Gloger's rule, feather-degrading bacteria, and color variation among song sparrows. The Condor, 106: 681-686.

Favre A, Packert M, Pauls SU, et al. 2015. The role of the uplift of the Qinghai-Tibetan Plateau for the evolution of Tibetan biotas. Biological Reviews of the Cambridge Philosophical Society, 90 (1): 236-253.

Gavillot Y, Axen GJ, Stockli DF, et al. 2010. Timing of thrust activity in the High Zagros fold-thrust belt, Iran, from (U-Th)/He thermochronometry. Tectonics, 29(4): 1-25.

Harrison TM, Copeland P, Kidd WS, et al. 1992. Raising Tibet. Science, 255: 1663-1670.

Johnsgard P. 1988. The Qualls, Partridges, and Francolins of the World. Oxford: Oxford University Press.

Johnson PR, Andresen A, Collins AS, et al. 2011. Late Cryogenian-Ediacaran history of the Arabian-Nubian Shield: A review of depositional, plutonic, structural, and tectonic events in the closing stages of the northern East African Orogen. Journal of African Earth Sciences, 61(3): 167-232.

Kozlova EV. 1952. Avifauna of Tibetan Plateau: family connections and history. Tr. Zool. Inst. Alad. Nauk SSSR, 9: 964-1028(in Russian).

Li JJ, Fang XM. 1999. Uplift of the Tibetan Plateau and environmental changes. Chinese Science Bulletin, 44(23): 2117-2124.

Li JJ, Fang XM, Song CH, et al. 2014. Late Miocene-Quaternary rapid stepwise uplift of the NE Tibetan Plateau and its effects on climatic and environmental changes. Quaternary Research, 81(3): 400-423.

Liao JC, Zhang ZB, Liu NF. 2006. Altitudinal variation of skull size in Daurian pika (*Ochotona daurica* Pallas, 1868). Acta Zoologica Academiae Scientiarum Hungaricae, 52(3): 319-329.

Liu NF. 1994. Breeding behaviour of Koslov's snowcock (*Tetraogallus himalayensis koslowi*) in Northwestern Gansu, China. Gibier Faune Sauvage, 11:167-177.

Liu XD, Dong BW. 2009. Influence of the Tibetan Plateau uplift on the Asian monsoon-arid environment evolution. Chinese Science Bulletin, 2013 (34): 4277-4291.

Ma X, Lu X, Merilä J. 2009. Altitudinal decline of body size in a Tibetan Frog. Journal of Zoology, 279: 364-371.

Macey JR, Schulte JA, Ananjeva NB, et al. 1998. Phylogenetic relationships among agamid lizards of the *Laudakia caucasia* species group: Testing hypotheses of biogeographic fragmentation and an area cladogram for the Iranian Plateau. Molecular Phylogenetics and Evolution, 10(1): 118-131.

Macey JR, Schulte JA, Larson A, et al. 2000a. Evaluating trans-tethys migration: An example using acrodont lizard phylogenetics. Systematic Biology, 49(2): 233-256.

Macey JR, Schulte JA, Kami HG, et al. 2000b. Testing hypotheses of vicariance in the agamid lizard *Laudakia caucasia* from Mountain Ranges on the Northern Iranian Plateau. Molecular Phylogenetics and Evolution, 14(3): 479-483.

Molnar P. 2005. The growth of the Tibetan Plateau and Mio-Pliocene evolution of east Asian climate. Palaeontologia Electronica, 8(1): 1-23.

Mouthereau F, Lacombe O, Vergés J. 2012. Building the Zagros collisional orogen: Timing, strain distribution and the dynamics of Arabia/Eurasia plate convergence. Tectonophysics, 532-535: 27-60.

Mulch A, Chamberlain CP. 2006. The rise and growth of Tibet. Nature, 439 (7077): 670-671.

Pik R, Marty B, Carignan J, et al. 2003. Stability of the Upper Nile drainage network (Ethiopia) deduced from (U-Th)/He thermochronology: implications for uplift and erosion of the Afar plume dome. Earth and Planetary Science Letters, 215(1): 73-88.

Potapov RL. 1987. Order Galliformes. *In*: Birds of the U.S.S.R., Galliformes-Gruigormes. Leningrad: Nauka: 7-260.

Potapov RL. 1992. Adaptation to mountain conditions and evolution in snowcocks (*Tetraogallus* spp.). Gibier Fauna snuvage, 9: 647-667.

Ruan LZ, An B, Backstrom N, et al. 2010. Phylogeographic structure and gene flow of Himalayan snowcock (*Tetraogallus himalayensis*). Animal Biology, 60(4): 449-465.

Serez M. 1992. Status, distribution and ecology of some phasianid species in Turkey. Gibier Faune Sauvage, 9: 523-526.

Smith RJ, Hines A, Richmond S, et al. 2000. Altitudinal variation in body size and population density of *Nicrophorus investigator* (Coleoptera: Silphidae). Environmental Entomology, 29(2): 290-298.

Stein RW, Brown JW, Mooers AØ. 2015. A molecular genetic time scale demonstrates Cretaceous origins and multiple diversification rate shifts within the order Galliformes (Aves). Molecular Phylogenetics and Evolution, 92: 155-164.

Sun JM, Gong ZJ, Tian ZH, et al. 2015. Late Miocene stepwise aridification in the Asian interior and the interplay between tectonics and climate. Palaeogeography, Palaeoclimatology, Palaeoecology, 421: 48-59.

Vaurie C. 1966. The Birds of the Palearctic Fauna. London: H.F. & G Witherby Limited.

Wang C, Zhao X, Liu Z, et al. 2008. Constraints on the early uplift history of the Tibetan Plateau. Proceedings of the National Academy of Sciences, 105(13): 4987-4992.

Wang X, Sun DH, Chen FH, et al. 2014. Cenozoic paleo-environmental evolution of the Pamir-Tien Shan convergence zone. Journal of Asian Earth Sciences, 80: 84-100.

Wang X, Wei H, Taheri M, et al. 2016. Early Pleistocene climate in western arid central Asia inferred from loess-palaeosol sequences. Scientific Reports, 6: 20560.

Wu ZH, Yang Y, Patrick JB, et al. 2014. Tectonics and topography of the Tibetan Plateau in early miocene. Acta Geologica Sinica, 88(2): 410-424.

Xue L, Alemu T, Gani ND, et al. 2018. Spatial and temporal variation of tectonic uplift in the southeastern Ethiopian Plateau from morphotectonic analysis. Geomorphology, 309: 98-111.

Yin A, Harrison TM. 2000. Geologic evolution of the Himalayan-Tibetan orogeny. Annual Review of Earth and Planetary Sciences, 28: 211-280.

Zhuang G, Brandon MT, Pagani M, et al. 2014. Leaf wax stable isotopes from Northern Tibetan Plateau: Implications for uplift and climate since 15 Ma. Earth and Planetary Science Letters, 390: 186-198.

Zhuang G, Hourigan JK, Koch PL, et al. 2011. Isotopic constraints on intensified aridity in Central Asia around 12Ma. Earth and Planetary Science Letters, 312(1): 152-163.

Ирйсов ЭА. Ирисова ИНЛ. 1991. Алмайский улар. Наука: Сибирское Отделение.

第4章 雪鸡形态学

雪鸡5个种外部形态相似；翅形稍圆，初级飞羽第1枚与第6枚等长，第2～4枚几乎等长，第7～9枚最长，通常组成翅尖；尾圆形，长度约为翅长的2/3，尾羽通常22枚，有时20枚；跗蹠短健粗壮，与中趾连爪等长，基部被羽；性二态不甚明显，羽色相似。雌雄差异主要表现为雄鸟个体较大，大约是雌鸟的1.2倍，且跗蹠具瘤状距。

4.1 体　　色

4.1.1 暗腹雪鸡

1. 成鸟

暗腹雪鸡雄性成体颈侧具大型白斑且缘以深栗色；上背棕黄色，下背至中央尾羽淡棕色，密布黑褐色虫蠹状波纹；翅上覆羽灰色沾棕，各羽缘深棕色；初级飞羽淡灰褐色，基部白色，尖端棕色，具褐色虫蠹状细纹；次级飞羽灰色，尖端棕色，杂以褐色虫蠹状细纹；三级飞羽棕色，具灰色或褐色细斑纹；颏、喉白色；上胸各羽尖端棕色，具黑色次端斑；下胸、腹和两肋暗灰色，各羽缘深栗棕色；尾下覆羽纯白色；眼周裸出部分鲜淡黄色；嘴角褐色，鼻盖膜鲜橙黄色；跗蹠和趾淡红色；爪黑色（图4-1）。雌性成鸟羽色和雄性成鸟相似，但跗蹠上距不如雄性成鸟明显，且体型相对较小。

图4-1　暗腹雪鸡（雄性）（马鸣 摄）
Figure 4-1　Male of Himalayan snowcock
(Photoed by Ma Ming)

2. 幼鸟

雏鸟嘴角黑色，卵壳齿银灰色，额白色，鼻孔后缘具一黑斑；头顶灰白色，具一黑栗色斑块，后头具黑色或栗褐色虫蠹状细纹，枕下有两行黑斑；上体沙棕色，绒羽端黑色；眼周白色，眼后裸出部分乳灰黄色；黑色贯眼纹伸达颈部；耳羽白色；颏、喉、前颈白色；胸部灰白色，腹污白色；覆腿羽污白色，羽端稍黑；跗蹠前缘1/2被羽，裸出部分及趾肉黄色；爪黄色；虹膜沙黄色（图4-2）。

图 4-2 暗腹雪鸡幼鸟（闫永峰 摄）

Figure 4-2 A chick of Himalayan snowcock (Photoed by Yan Yongfeng)

4.1.2 藏雪鸡

1. 成鸟

雄性成鸟前额、眼先和耳羽土棕色，眼先棕色较深；头、颈上部和侧面均褐灰色；背和腰土棕色，密布黑褐色虫蠹状点斑，上背棕色较深，呈淡色环带，下达至胸侧；尾上覆羽灰棕色，尾羽深棕色，均略缀以黑褐色点斑。两翅的覆羽与背同，但各羽两侧缘部白色或棕白色，形成显著的纵纹；初级飞羽和覆羽棕褐色；飞羽外翈均杂以黑褐色虫蠹状点斑，各羽端部有白缘，向外至外翈几全变白，成一大白斑。颏、喉及前颈均污白色，颏带土棕色，前颈有一灰褐色带环。上胸与背同，亦形成带状环；下胸以下乳白色，羽毛边缘黑色。尾下覆羽白色，内翈黑色（图4-3）。雌性与雄性成鸟体色相似，跗蹠红色，雄性成鸟体较大，有距，雌性成鸟较小，无距；雄性成鸟，嘴峰及眼周裸皮橘红色；雌性成鸟嘴、鼻盖膜呈灰绿色，眼周裸皮呈灰橘色。

图 4-3　藏雪鸡（左雄，右雌）（于晓平 摄）

Figure 4-3　Male (left) and female (right) of Tibetan snowcock (Photoed by Yu Xiaoping)

2. 幼鸟

全身绒羽黑麻黄色，嘴黑色，跗蹠淡黄色，几乎无尾，随着身体的生长发育，尾逐渐长出（图 4-4）。当年幼鸟嘴及眼周裸皮颜色类似雌性成鸟，但随着个体的发育，雄性个体嘴及眼周裸皮颜色逐渐变成橘红色，距也渐渐长出。在野外大约 3 月龄幼鸟即可区分雌雄。

图 4-4　2 月龄的藏雪鸡幼鸟（史红全 摄）

Figure 4-4　A two-month-old chick of Tibetan snowcock (Photoed by Shi Hongquan)

4.1.3　阿尔泰雪鸡

1. 成鸟

雄性成鸟的头、颈和后颈褐灰色；上体、中央尾羽呈暗灰色，且具赭色波纹图案；肩羽及大部分翼上覆羽具灰白色边缘；喉白；胸部褐灰色，具白色和黑色构成的图案;尾下覆羽白色;体侧、腹部中央和足羽黑褐色;飞羽暗灰色,具不大的白色翼斑;尾羽暗灰色,次端部发黑,端缘具狭窄淡色带;跗蹠褐红色;嘴角褐色,鼻盖膜和眼周裸皮鲜橘黄色;虹膜褐色(图4-5)。

雌性成鸟羽色与雄性成鸟相似,但距不如雄性成鸟明显,且体型较小。

图 4-5　阿尔泰雪鸡(李建强 摄)

Figure 4-5　Altai snowcock (Photoed by Li Jianqiang)

2. 幼鸟

依1990年6月24日和26日采集的雏鸟标本,除头下方和股内侧尚残存绒羽外,其余部位已完全换为稚羽。额、头顶和枕羽基部发白,羽端部黑色;颈项、下颈及翼上覆羽基部灰色,端部黑褐色,布以不规则赭色波状纹,沿羽轴正中嵌以倒三角形赭色斑;体背、腰和尾上覆羽与此相似,但羽端倒三角形较小;颏和喉羽浅灰色;胸羽同颈项羽,腹部和尾下覆羽基部灰色,端发白,略具赭色色调;初级飞羽基部白色,端部褐灰色,羽端具不规则虫纹状赭色图案;其余飞羽褐灰色,两侧密布不规则虫纹状赭色图案;尾羽色近似内侧飞羽;胫部羽毛基部灰色,端部赭色发灰;嘴角质黑色;跗蹠污黄色;虹膜褐色(图4-6)。

图 4-6　阿尔泰雪鸡幼鸟(Lukianov, 1992)

Figure 4-6　Chick of Altai snowcock (Lukianov, 1992)

4.2 性 二 态

4.2.1 体色的性二态

雪鸡属5种雪鸡雌、雄鸟上体的颜色均呈土棕色或红褐色且点缀黑褐色虫蠹状斑（郑作新，1978；Johnsgard，1988）。高加索雪鸡、里海雪鸡和暗腹雪鸡两性个体体色差异较小（Johnsgard，1988）；阿尔泰雪鸡也未见关于两性体色差异的报道。然而藏雪鸡雌、雄鸟身体裸出部位颜色差异相对明显，其嘴和眼周裸皮颜色明显不同。成体雄性嘴及眼周裸皮呈橘红色，而成体雌性嘴呈灰绿色，眼周裸皮呈灰橘色。未成年个体嘴及眼周裸皮颜色类似雌性，但随着个体的发育，雄性个体嘴及眼周裸皮颜色逐渐变成橘红色，也渐渐长出疣状距。野外观察显示大约3月龄的幼体即可区分雌雄。

4.2.2 量衡度的性二态

相比藏雪鸡西藏种群，青海种群分布海拔相对较低，两地海拔相差约300m，体型也相对较大（表4-1）。两地雄性成鸟个体体重差异显著（t=2.24，P=0.049，df=26），翅长差异不显著（t=0.78，P=0.440，df=26）。两地雌性个体相比较，体重差异不显著（t=0.52，P=0.610，df=19），翅长差异也不显著（t=0.26，P=0.800，df=19）。

表 4-1 藏雪鸡青海种群和西藏种群量衡度
Table 4-1 Measurements of Tibetan snowcock for Qinghai and Xizang population

地点	性别	体重/g	翅长/mm	海拔/m
青海	♂（n=7）	1806.43±207.78	271.29±13.61	4300
	♀（n=5）	1532.00±210.64	258.00±4.47	
西藏	♂（n=21）	1740.48±107.07	268.33±6.58	4600
	♀（n=16）	1497.50±98.22	257.19±6.57	

雪鸡雌雄体型大小是两性差异的主要特征之一。藏雪鸡性二态差异显著，雌雄成鸟体征包括体长、嘴峰长、翅长、尾长和跗蹠长都差异显著（$P<0.05$，df=15，表4-2），而只有体重差异不显著（t=1.74，P=0.057，df=15）。虽然暗腹雪鸡雄性体型稍大于雌性，但6项体征参数差异均不显著（$P>0.05$，表4-2）。其他3种雪鸡也是雄性体型稍大（Johnsgard，1988）。

表 4-2 藏雪鸡和暗腹雪鸡雌雄个体量衡度
Table 2-2 Measurements of Tibetan snowcock and Himalayan snowcock

种类	性别	体重	体长	嘴峰长	翅长	尾长	跗蹠长
藏雪鸡 Tetraogallus tibetanus	♂ (n=10)	1884.5g	541.2mm	30.8mm	271.4mm	177.2mm	55.7mm
	♀ (n=7)	1254.3g	458.6mm	26.8mm	243.1mm	149.9mm	50.4mm
差异检验		t=1.74 P=0.057	t=2.19 P=0.028	t=1.92 P=0.044	t=1.97 P=0.040	t=3.26 P=0.006	t=1.97 P=0.040
暗腹雪鸡 T. himalayensis	♂ (n=4)	2546.3g	607.5mm	30.7mm	302.5mm	200.0mm	65.3mm
	♀	2037.5g (n=2)	470.0mm (n=2)	29.3mm (n=2)	296.7mm (n=3)	189.0mm (n=2)	63.7mm (n=3)
差异检验		t=0.74 P=0.258	t=1.67 P=0.096	t=0.42 P=0.331	t=0.27 P=0.404	t=0.85 P=0.230	t=0.89 P=0.220

性选择和食物分化理论可以解释雌雄个体性二态的形成机制。性选择理论认为，雌性对优良基因的选择导致雄性个体体型大型化。因为强壮的雄性能够占有更大的领地和更多的资源，进而能够养活更多的后代。暗腹雪鸡雄性和雌性相比较，各项体征参数差异均不显著（表4-2）。而藏雪鸡雌雄个体的各项量衡度差异都极显著。同暗腹雪鸡比较，藏雪鸡在体形大小上具有更明显的性二型性。藏雪鸡分布海拔较暗腹雪鸡分布海拔更高，环境更严酷，食物匮乏且可利用性低；高山缺氧、低温、强太阳辐射等极端环境条件更不利于生存。不同于其他4种雪鸡，藏雪鸡雄鸟参与共同育雏，繁殖过程中付出的能量更多。因此，藏雪鸡更大的体型是对较高海拔环境状况的适应，从而可以占有更大的领地和更多的食物资源，以提高繁殖成功率。

4.3 换 羽

鸟类羽毛的定期更换称为换羽，这是其生活史中除繁殖外的另一个重要事件。每种鸟都有自己固定的换羽策略，使之能长年保持完好的羽饰，以适应飞翔生活的需要，并能应付如迁徙、求偶炫耀、孵化、育雏等剧烈活动对羽毛所造成的损伤（郑光美，2012）。同时，换羽也是为了改变羽毛的绝热性能而产生的适应对策。鸟类换羽通常可分为完全换羽和局部换羽，完全换羽是指体羽、飞羽和尾羽全部更换，如成鸟繁殖后换成冬羽大多属此类。雁鸭类繁殖后换羽完全失去飞翔能力，在河湖港汊植物丛中度过换羽阶段。局部换羽是指除飞羽或尾羽之外的羽毛更换，飞羽一般是不更换的。局部换羽可在一年中发生一次至多次，如柳雷鸟在一年中有3次局部换羽。大多数鸟类一年换羽2次，冬末春初繁殖前换成夏羽（替换羽），繁殖过后换成冬羽（基本羽）。

鸟类换羽是自然选择和性选择双重选择的结果。雪鸡是高山鸟类，高山低温环境可能是雪鸡换羽最主要的自然选择因素。高山鸟类性选择强度减弱（Badyaev and Ghalambor，2001），在换羽选择上意义可能较小，因此形成其换羽特点。雪鸡换羽的专门研究不多，常城等（1994）报道了雏鸟换羽，其他只能通过察看标本确定换羽规律。

4.3.1 雏鸟和幼鸟换羽

不同种雪鸡雏鸟换羽的规律十分相似（Ирйсов and Ирисова，1991），但是不同记录间仍具一定差异。本章分别介绍阿尔泰雪鸡、暗腹雪鸡、藏雪鸡的雏鸟和幼鸟换羽。

1. 阿尔泰雪鸡

阿尔泰雪鸡的初生雏鸟体被厚密的雏绒羽，几天后开始雏后换羽。5日龄的雏鸟，破卵齿退去，初级飞羽长出，尾羽顶开绒羽开始长出，黑色耳羽长出。雏鸟体外其他部位松散的绒羽或多或少有换羽迹象。

6日龄雏鸟，飞羽、翅上大覆羽和肩上小覆羽羽片展开，长度达到10～12mm。雏鸟上体的其他部分则全部是初生时的绒羽。臀部、额头和上胸新羽长出，长3mm。下胸部羽毛已从绒羽下伸出7～8mm，但仍被初生绒羽覆盖。尾下覆羽从绒羽下长出，长3～4mm，尾羽向心生出；尾上覆羽已从绒羽下开始长出。

11日龄雏鸟，额部和颈部绒羽已经更换，翅上小覆羽已经长成。

13日龄雏鸟，翅膀几乎已全部被新羽覆盖，下背和腰部绒羽被换，长4mm。

15日龄雏鸟，飞羽已经全部长出，中段白斑已经显现。尾羽显现出灰栗色和沙棕色横斑。下背羽毛也发育完成，上背仍有绒羽覆盖。体侧和额部的羽毛也已长成，腿部也被新羽覆盖，但新生羽仍有绒羽覆盖。

23日龄雏鸟，翅长138～146mm，初级飞羽白斑明显可见，雏鸟的第3枚初级飞羽长出，第1～3枚初级飞羽开始生长的时间远远迟于其他部位的羽毛。雏鸟上体基本完成了雏后换羽，但其头部仍被绒羽所覆盖，只有头顶绒羽下已长出展开羽片的羽毛。耳覆羽已经完全更换。眼部裸区皮肤颜色开始由灰白色逐渐变成黄色。尾羽已经更换，只有外侧和中央成对的羽毛尚未完全长成。尾羽的长度从外侧到中央分别为49mm、59mm、59mm、50mm、50mm、51mm、51mm、51mm、61mm、68mm和71mm。

25日龄雏鸟，背部和颈部已经长出具条状斑的新羽。眼下裸皮变黄。下体依然覆盖绒羽。

30日龄雏鸟，头部继续换羽。前颈和体侧仍保留有细条状绒羽。眼下方裸皮亮黄色，面积19mm×5mm。

37日龄雏鸟，翅长184～170mm，翅折起来时初级飞羽比次级飞羽长出11mm左右。幼鸟通体基本换成新生稚羽，但身体两侧还部分保留有绒羽。尾部仅在表面上还留有一些绒羽，其他部分的绒羽已经全部退掉，长出新羽。

40日龄幼鸟，翅长已达200mm。幼鸟通体都在换羽，标志着稚羽接替雏鸟绒羽的更换。下背羽毛已经有2/3都变为成年雪鸡羽毛的颜色，肩部覆羽已经更换1/4左右，额部羽毛则已换掉3/4。眼上部长着很细密的羽毛。眼下皮肤裸露面积17mm×5mm。第1～2枚初级飞羽正在生长，第3枚已脱落，第7～10枚已经长成。

7月中旬采自阿尔泰查根布尔加西（Chagan-Burgazy）地区的幼鸟（大小如石鸡）通体羽毛完全更换为稚羽，绒羽唯保留在头部和腹股沟处。在同一地区8月中旬采集的幼鸟（黑松鸡大小），完全换成了稚羽，背、尾上覆羽和两肋羽、所有尾羽都是第一年的冬羽，但尾羽仍在生长中。

2. 暗腹雪鸡

初生雏鸟体被纤细绒羽，第4～10枚初级飞羽有7枚长出，第1～3枚初级飞羽15日龄后长出。次级飞羽长出13枚，其中第9～13枚羽锥状，4～5日龄羽端放缨。总的顺次是初级飞羽离心长出、次级飞羽向心长出，这与成鸟换羽顺序相反（常城等，1994）。

初生雏鸟小翼羽长出4枚，顺序是由外向内。初级覆羽和大覆羽羽片已经形成，尾羽羽锥长出。3～4日龄尾羽片绽开。尾羽22枚，由中央向两侧长出。

5～6日龄肩羽开始由后向前长出。颈部羽区，由中部向前后同时长出。尾上覆羽由中央向两侧生长。8～9日龄，腹部羽区羽毛由中部的前后方向长出，羽毛生长的整个顺序呈对称状（图4-7）。

绒羽完全更换，长齐第一次稚羽的幼鸟上体与成鸟相似，但腹羽和尾羽具横斑。至8月中旬第一次稚羽开始更换。8月7日、9日所获幼鸟上体羽与成鸟相似，下体一部分羽毛已脱换长出，具深栗色羽缘，仍有部分羽毛没有脱换，仍具有横斑。尾羽从中央

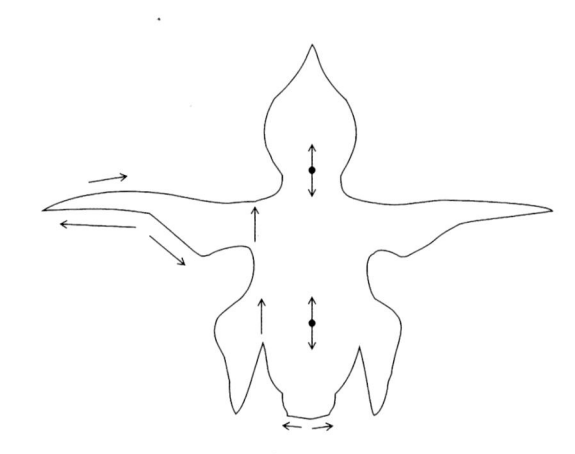

● 示最先生羽点
↑ 示羽毛生长及雏期后换羽顺序

图4-7 暗腹雪鸡雏鸟羽毛生长顺序

Figure 4-7　Feather growth order of chicks of Himalayan snowcock

换起，最外侧一对尾羽仍为旧羽，栗灰色，具褐色横斑。9月底、10月初幼鸟换上第一次冬羽，与成鸟羽色完全相似，但最后3枚次级飞羽和前2枚初级飞羽仍保持稚羽状，羽片内翈上有明显横斑，直至翌年春季开始更换。

3. 藏雪鸡

5日龄藏雪鸡已长出尾羽、初级飞羽、次级飞羽和覆羽，但都呈绒羽状。胸、腹部羽毛仍是绒羽状。喙黑色而尖白色，头、颈、背、翅上有大量黑色和褐色斑纹，黑色较1日龄变浅。

10日龄时，体色同上，尾羽、初级飞羽、次级飞羽、小翼羽开始换为正羽，羽片展开。

15日龄时，飞羽和翼上覆羽已长齐，飞羽上有褐色斑点，末端花白。尾羽呈棕褐色，上有黑白斑纹。

20日龄时，尾羽增至19～20枚。

30日龄时，翅上、下覆羽和尾上、下覆羽已丰满。大部分雏鸡能飞上80 cm的高台。

45日龄，初级飞羽暗褐色，下胸和腹完成稚后换羽，白色具黑色纵纹。尾羽达22枚。

60日龄时，通体换为稚羽，上体接近成鸟，胸、腹呈白色且点缀黑色斑纹。初级飞羽和覆羽呈棕褐色，具黑褐色斑点，各羽端都有白斑。

初生绒羽退掉后初级飞羽开始生长，随后是次级飞羽。同时第4枚初级飞羽开始生长，第1～3枚初级飞羽在3周后才开始生长。初级飞羽离心生长，次级飞羽向心生长。根据尾羽的长出顺序，尾羽的更换由中央向外侧进行。

4.3.2 成鸟换羽

1. 阿尔泰雪鸡

阿尔泰雪鸡在6月中旬成鸟依然身着旧羽衣，8月中旬获得的雄鸟头、颈和大腿仍没有换羽，但是其他部位具有更换的小羽并且部分已生长，更换的中央尾羽几乎达到最大长度。同一时间获得的雌鸟（无孵卵斑）羽衣甚至更旧，孵卵的雌鸟除了孵斑处，其他部分远没有开始换羽（Sushkin, 1938）。7月13日采自查根布尔加西山的一只雌鸟（莫斯科大学动物博物馆）通体具有被更换的羽毛，尾上覆羽正处于更换过程中，尾羽是旧羽，第1～5枚保持旧羽状，第6～10枚脱落并被稍微绽开尖端的针状羽替换。10月和11月采集的鸟通体为新羽。

目前对成年雪鸡的换羽还没有进行过完整细致研究，仅对两只捕到的雪鸡做了一些描述。8月10日,雌雪鸡的廓羽脱落严重。次级飞羽是新长出的。初级飞羽的第7枚长142mm,第8枚90mm,第9枚30mm,第10枚是旧羽,其余的羽毛都已长成。9月1日,雄雪鸡大部分的廓羽都是新羽,并在腹部、头部、颈部和翅膀下部都长出了新羽被。尾羽也是新羽。次级飞羽是新长出的。初级飞羽的第7枚长175mm,第8枚145mm,第9枚80mm,第10枚20mm,其余的羽毛也都已长成。跗蹠上面所覆盖的羽毛也是新羽,在脚趾上的旧羽毛则已脱落。

2. 暗腹雪鸡

暗腹雪鸡成鸟夏秋季进行一次完全换羽。换羽发生在6月中下旬,雄鸟较雌鸟早,换羽可延续到10月中旬。6月18日观察的一只雄鸟处在旺盛换羽阶段,头、上胸部和背部小羽皆换过;第1～5枚初级飞羽为旧羽,第6枚仍为羽锥尚未放缨,第7枚达其全长一半,第8～10枚达其全长的3/4;尾羽部分达其全长。7月18日雄鸟通体几乎都是新羽,第1枚初级飞羽仍为旧羽,第2枚较其全长稍短,第3和4枚达其全长的3/4,第5枚接近其全长,第6至10枚达全长;最外尾羽为新羽,达其全长,中间的尾羽达其长度的1/3到3/4,中央一对为旧羽;尾上和尾下覆羽几乎全部更换,尚未长齐。9月10日获得的3只成鸟换羽较一致。小翼羽从外向内脱换,已均为新羽。初级飞羽第4～10枚已经脱换,长出新羽,其中第5枚达全长的85%,仅尖端羽片绽开;第4枚达全长的41%。第1～3枚仍为旧羽。初级飞羽更换顺序由内向外离心更换,次级飞羽由外向内向心更换,暗腹雪鸡有13枚次级飞羽,9月的个体第1～11枚已经更换,第12枚虽也脱落但新羽尚未长出;第13枚仍为旧羽。其中第1、第2枚达到最大长度的95%和87%,约与初级飞羽的第6或第5枚同时更换。第7枚至第10枚分别达到最大长度的94%、90%、81%和64%,第11枚为羽锥。虽然次级飞羽从外向内更换,但第2枚更换较迟。三级飞羽换羽顺序不太规则,在查看的标本中,变化颇大。尾羽已经全部换为新羽,换羽顺序自中央向两侧进行,这种换羽方式是鹑类的典型特征,但中央一对尾羽更换较迟,羽髓尚为黑色,仅达最大长度的70%。最外侧一对尾羽更换最迟,其长度仅达最大长度的40%。

9月14日标本的体羽各羽区均处于换羽状态,背部羽区沿中线隔行脱换。尾下覆羽先从一侧换起,再换另一侧。各羽区换羽逐步更换,长出一部分,另一部分再脱换,既保证了羽毛的更换,又不失飞行和保温性能(见图4-7)。

1988年9月16日获得3只成体标本,3只标本换羽同步。第1～4枚小翼羽脱换为新羽。初级飞羽换羽顺序为离心更换,第10～4枚初级飞羽已经脱换为新羽,第10～6枚已达满长,第5枚仅为最大长度的85%,第4枚接近最大长度的41%,第3～1枚仍为旧羽。次级飞羽更换顺序由外向内,次级飞羽第1～12枚已换为新羽,第13枚仍为旧羽;第1枚和第2枚分别达最大长度的95%和89%,

约与第 3～6 枚同时脱换；第 7～10 枚分别达最大长度的 94%、90%、81% 和 64%；第 11 枚刚长出羽锥，第 12 枚脱落，但尚未长出。尾羽呈离心型脱换，9 月 16 日标本尾羽全为新羽，除中央一对尾羽长是羽毛全长外，其余尾羽均不足全长。3 只标本体羽各羽区都处于换羽阶段，沿生长线一行行间隔换羽，左右对称。尾下覆羽右侧先大片脱换为新羽，左侧仍为旧羽，呈不对称换羽（图 4-8）。

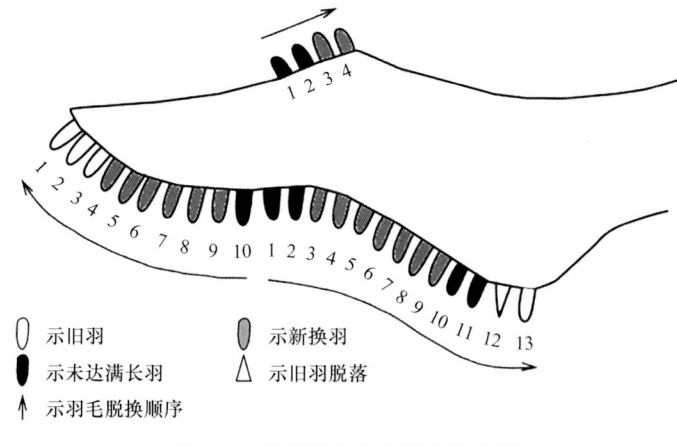

图 4-8　暗腹雪鸡秋季换羽示意图

Figure 4-8　Autumn molting Himalayan snowcock

参 考 文 献

常城, 刘迺发, 王香亭. 1994. 暗腹雪鸡青海亚种活动规律及雏鸟羽毛生长和成体秋季换羽. 甘肃科学学报, 20(1): 77-81.

郑光美. 2012. 鸟类学. 北京: 北京师范大学出版社.

郑作新. 1978. 中国动物志 鸟纲 第四卷 鸡形目. 北京: 科学出版社.

Badyaev AV, Ghalambor CK. 2001. Evolution of life histories along elevational gradients: trade-off between parental care and fecundity. Ecology, 82: 2948-2960.

Johnsgard PA. 1988. The Quails, Partridges, and Francolins of the World. New York: Oxford University Press: 103-110.

Lukianov Y. 1992. Ecology of the Altai snowcock (*Tetraogallus altaicus*) in the Altai Mountains. Gibier Faune Sauvage, 9: 633-640.

Sushkin P P. 1938. Birds of the Soviet Altai and neighbouring parts of Northwestern Mongolia. Vol.1. Moscow-Leningrad. In Russian.

Ирйсов ЭА, Ирисова ИНЛ. 1991. Алтайский улар. Наука: Сибирское Отдедеиие.

第 5 章 雪鸡解剖学

动物体是由多种细胞共同组成的复杂有机体。不同类型的细胞，以一种细胞为主体分别组成不同的组织，各种组织构成器官，完成共同生理机能的器官又联合组成系统。因此，广义的解剖学包括解剖学、组织学、细胞学和胚胎学。随着新技术和新方法的出现而不断发展，20 世纪 30 年代电子显微镜的发明被用于细胞超微结构和三维构筑的研究，使解剖学研究进入细胞和亚细胞水平。本章依据现有文献总结了雪鸡属鸟类的内脏器官解剖和卵壳及其超微结构。

5.1 内脏器官

内脏器官是动物执行多种生理功能的关键组分，包括消化系统、呼吸系统、泌尿系统和生殖系统等。吾热力哈孜等（2001）报道了暗腹雪鸡内脏器官的主要结构；周菊萍等（2004a）报道了藏雪鸡消化系统的形态结构。本节依据这些资料介绍暗腹雪鸡和藏雪鸡的消化系统，以及暗腹雪鸡的泌尿生殖系统。

5.1.1 消化系统

食物为动物体提供了组织构建的材料，同时也提供了活动的能量。消化系统的主要功能是获取食物并从中摄取营养物质。脊椎动物在由水生到陆生的过程中，环境刺激因子大量增加。为了适应陆上的复杂环境，动物体的运动量、速度、范围、方式及新陈代谢都有了大幅度的提高，因而对食物的需求量也相应增加，促进了消化系统的进化（杨国华和程红，2001）。

1. 喙

暗腹雪鸡喙较大，呈尖端向前的圆锥形。上喙长 41mm，基部宽 22mm；下喙长 35.5mm，基部宽 21mm。上喙尖端下弯包住上喙。人工饲养情况下，暗腹雪鸡 3 个月左右上喙伸长 6.2mm，并下弯包住下喙而影响啄食（吾热力哈孜等，2001）。藏雪鸡上喙长 32mm，略向下弯曲，外观呈圆锥状。嘴角紫色，嘴基橙红色（周菊萍等，2004a）。

2. 舌

暗腹雪鸡的舌比藏雪鸡的稍长，达到30mm。暗腹雪鸡舌尖游离度大，舌背中沟有40多个乳头，呈横向排列，最后4～6枚最大。在舌基部咽底壁横排舌乳头后方的黏膜内有形如瓶状的味蕾30余个（吾热力哈孜等，2001）。藏雪鸡的舌呈细长的三角形，长23.9mm，最宽处8.2mm，舌前端尖细，后端分叉，在分叉的黏膜上有排列为倒"V"形的尖端指向后方发栉状突，共15枚，长度1～2mm。其后方还有数排"一"字形的尖端指向后方的栉状突，共10枚，长度0.6～2mm。舌根外侧各有4枚尖端后指的栉状突，舌根左外侧的栉状突长度0.4～1.3mm，舌根右外侧的栉状突长度0.4～1.4mm（周菊萍等，2004a）。

3. 咽

咽是消化管从口腔到食管之间的必经之路，成鸟咽部是食物入食道与呼吸介质入肺的共同通路，位于口腔与食管之间，又称咽交叉。口咽顶壁为硬腭，暗腹雪鸡正中有长24mm的纵行腭裂，硬腭上有4排角质乳头，最后一排细长呈横向排列，为口腔和咽的分界线（吾热力哈孜等，2001）。藏雪鸡的咽长约16.5mm，咽底壁后方为喉，喉中央有前宽后窄的喉门，长约7.6mm（周菊萍等，2004a）。

4. 食管和嗉囊

食管位于咽与腺胃之间，管径较细，以嗉囊为界分成颈、胸两段。食管颈段位于气管背侧，后部偏于气管右方。暗腹雪鸡的食管明显长于藏雪鸡，达290～320mm，其中颈段长150～160mm；胸段长160～190mm，宽为10～15mm（吾热力哈孜等，2001）。藏雪鸡食管长107.1mm，宽9.2mm，壁厚0.9～1.2mm，且内壁有7条纵行皱褶，高为1.0～1.7mm；食管胸段长81.3mm，宽8.4mm，壁厚1.0～1.1mm，胸段近嗉囊处内壁有14条纵行皱褶，高0.9～1.5mm，其后皱褶逐渐变疏，在其与腺胃相接处有7条粗大的皱襞，高为1.0～1.9mm（周菊萍等，2004a）。雪鸡的食管壁比家鸡（*Gallus domesticus*）厚，可能是与其吞食较大的食团相适应。

嗉囊位于颈、胸段交界处的腹外侧，是食物的暂时储存器，其内储满食物时呈椭圆形。暗腹雪鸡嗉囊长71mm，基部宽41mm，中部宽52mm，重量约15～18g（吾热力哈孜等，2001）；藏雪鸡嗉囊长63.7mm，宽55.7mm（周菊萍等，2004a）。

5. 胃

雉类的胃包括腺胃和肌胃（图5-1）。腺胃位于胸段食管与肌胃之间，略偏于体中线左腹侧，呈纺锤形。暗腹雪鸡腺胃壁厚6.0mm，长34～40mm，宽

15~18mm，重量 3~5g（吾热力哈孜等，2001）。黏膜层有矮而宽的乳头约 60 个，其中央有乳白色黏稠的分泌物。藏雪鸡腺胃长 19.4~43.3mm，宽 19.4mm，壁厚 5.7mm，黏膜层乳突较多，达 80~90 枚。

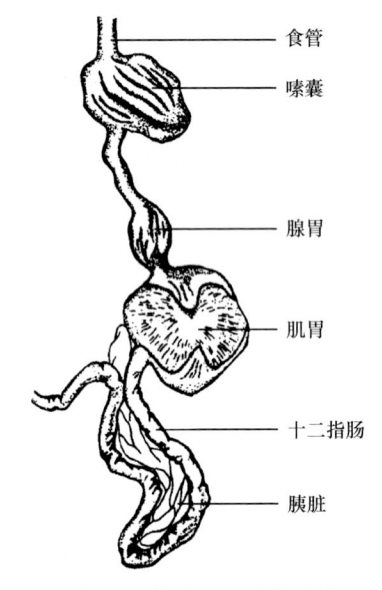

图 5-1 雉类部分消化系统

Figure 5-1 Part of digestive system of pheasants

肌胃以狭部紧接后方，呈近椭圆形的双凸体，暗红色。在两侧发达的肌肉间由白色的肌腱相连，肌胃内壁有金黄色的"鸡内金"紧贴。暗腹雪鸡肌胃长 75~80mm，宽 50~55mm，重 50.7g；肌层发达，腹侧肌厚 34~40mm，背侧肌厚 30~40mm（吾热力哈孜等，2001）。藏雪鸡肌胃长 62.7mm，宽 34.6~44.1mm，壁厚 1.3~27.2mm（周菊萍等，2004a），明显较暗腹雪鸡薄。雪鸡肌胃内有沙砾以助消化。

鸟类的肠可明显分为小肠和大肠，其中小肠是消化道最长的一段，分为十二指肠、空肠和回肠三段。雪鸡小肠长约为体长的 1.9~2.5 倍，盲肠位于小肠和大肠交界处，大肠即直肠。

十二指肠表面呈淡灰红色，起始于肌胃，沿肌胃右侧和右腹壁形成一长"U"形袢，可分为降部和升部。在长"U"形袢间为胰腺，胆管和胰管均开口于十二指肠终部，肠管内有密集的长绒毛。暗腹雪鸡的十二指肠长为 400~450mm，直径约为 18~25mm（吾热力哈孜等，2001）；藏雪鸡十二指肠比暗腹雪鸡短得多，仅 195mm，宽为 10.2~12.7mm（周菊萍等，2004a）。

空肠起始于胆管、胰管的开口处，与回肠在外观上无明显分界，二者在体腔内形成许多环形肠袢，由肠系膜悬吊于腹腔背壁。暗腹雪鸡空肠长 700～900mm，直径为 20～25mm；回肠长 210～300mm，直径约 19mm（吾热力哈孜等，2001）。藏雪鸡空、回肠共长 852mm，空肠宽 9～11.5mm，回肠宽 9.4～9.6mm（周菊萍等，2004a）。

雪鸡盲肠起始于回肠和直肠结合部的两侧，反向前行，发达，较粗大。暗腹雪鸡的盲肠长约 380～450mm，直径 25～35mm（吾热力哈孜等，2001）。藏雪鸡左侧盲肠长 227.6mm，右侧的长 249.5mm。直肠是一直形管道，前接回、盲、直肠结合部，向后逐渐变粗，通向泄殖腔，黏膜上有短而宽的绒毛，有 4 条明显的纵行黏膜褶，黏膜乳头大而扁，呈网状排列。暗腹雪鸡直肠长约 170～180mm，直径 23～25mm（吾热力哈孜等，2001）；藏雪鸡直肠长 105mm，宽 7.4～12.9mm（周菊萍等，2004a）。

6. 泄殖腔

泄殖腔是鸟类消化、泌尿和生殖的共同通道，位于盆腔后端，呈囊状，内腔有三个横向的环行黏膜褶，将泄殖腔分为三部分。前部叫粪道，与直肠相通；中部叫泄殖道，输尿管、输精管或输卵管开口于此；后部叫肛道，向后通泄殖孔。雪鸡的泄殖腔比家鸡大，雄雪鸡泄殖腔最宽部位的横径约 30mm。

7. 消化腺

胰腺位于十二指肠升袢和降袢之间的肠系膜内（见图 5-1），细长条形，呈浅黄色，通常分为三个叶，即背叶、腹叶和中间叶。暗腹雪鸡胰腺背叶长 180～190mm，宽 12mm；腹叶长 150～160mm，宽 7mm；中间叶长 130～140mm，宽 5mm，总重量约 2.27g（吾热力哈孜等，2001）。藏雪鸡背叶长 76mm，宽 60mm；腹叶长 80mm，宽 14mm；中间叶长 110mm，宽 11mm（周菊萍等，2004a）。

肝脏位于腹腔前端，是鸟类体内最大的消化腺，分左、右两叶。藏雪鸡左叶长 56～57mm，宽 30mm，分三小叶；右叶长 53～54mm，宽 42mm，分两小叶（周菊萍等，2004a）。暗腹雪鸡左叶长 72.8mm，宽 39.4mm；右叶长 77.6mm，宽 41.2mm；重约 38.5g（吾热力哈孜等，2001）。胆囊呈椭圆形，位于肝右叶脏面、脾脏的下方。胆汁呈墨绿色。肝右叶的肝管与胆囊管汇合成胆管，肝左叶的肝管直接与肝右叶的胆管共同开口于十二指肠升袢末端。暗腹雪鸡胆囊长 33～35mm，宽 12.3～18.8mm（吾热力哈孜等，2001）。

5.1.2 鸟类消化系统的形态比较

1. 鸡形目鸟类的比较

藏雪鸡腺胃黏膜面有 80～90 枚低而宽的乳突；暗腹雪鸡有 60 枚乳突；绿尾虹雉有 75～90 枚（王育章等，2007）；雉鸡（*Phasianus colchicus*）有 50 枚（王丽萍等，1991）；家鸡有 30～40 枚圆形短而宽的乳突（刘凌云和郑光美，1997）。这说明两种雪鸡腺胃消化能力强，与绿尾虹雉的接近。藏雪鸡肌胃发达，长 62.7mm，宽 34.6～44.1mm；暗腹雪鸡的肌胃长 75～80mm，宽 50～55mm，均大于雉鸡（长 44.5mm，宽 39mm；王丽萍等，1991）、家鸡（长 50mm，宽 25mm；刘凌云和郑光美，1997）的肌胃，但小于绿尾虹雉的肌胃（长 82.4mm，宽 60.6mm；王育章等，2007）。白冠长尾雉的肌胃（长 125mm，宽 10mm；路纪琪等，2002）虽然长于藏雪鸡的肌胃，但宽度却窄于藏雪鸡。以上几种雉类肌胃内壁均有类角质膜。

藏雪鸡肠道长约为体长的 3 倍，比雉鸡肠道（其肠道长为体长的 2 倍；王丽萍等，1991）稍长，比家鸡肠道（其肠道长为体长的 6 倍；刘凌云和郑光美，1997）和绿尾虹雉肠道（3.46 倍；王育章等，2007）短。藏雪鸡小肠占肠道总长 64%；雉鸡的小肠占 71%（王丽萍等，1991）；白冠长尾雉的小肠占 79%（路纪琪等，2002）；绿尾虹雉的小肠占总长的 72%（王育章等，2007）；松鸡科三种鸟类 [花尾榛鸡、黑嘴松鸡（*Tetrao urogalloides*）和黑琴鸡] 的小肠占肠道总长 45%～49%（张淑云，1989）。可见，藏雪鸡及雉鸡科的其他鸟类小肠相对较长，有利于营养物质的充分吸收。与雉鸡科不同，松鸡科鸟类小肠较短。

藏雪鸡盲肠长 477.1mm，占肠道总长 29.2%；暗腹雪鸡盲肠长 380～450mm，占肠道总长 29.9%；雉鸡盲肠长 250～300mm（王丽萍等，1991），占肠道总长 24%；鹌鹑盲肠长 70～80mm（彭克美等，1996），占肠道总长 16.3%～17.7%；白冠长尾雉盲肠长 140mm（路纪琪等，2002），占肠道总长 12.7%；绿尾虹雉盲肠长 645mm，占肠道总长 24.1%（王育章等，2007）；而松鸡科三种鸟类盲肠长占肠道总长 45%～49%（张淑云，1989）。雪鸡盲肠较发达，但不如松鸡科三种鸟类发达。鸟类盲肠的发育程度也反映了食性特征。植食性鸟类通常盲肠较为发达，但由于雪鸡主要以球茎、块茎、根等含淀粉较多的植物性食物为食，所以其盲肠不及主要以植物嫩枝、嫩叶、芽苞、果实等含纤维成分较多的植物性食物为食的松鸡科鸟类发达。

2. 与其他食性鸟类的比较

通过消化系统的形态学比较研究，能够正确掌握鸟类食性与消化系统的关系，并为野生鸟类人工饲养、繁殖和疾病预防提供依据，同时也为鸟类的分类和生态学方面研究提供参考（韩芬茹，2004b）。

鸟类的消化道与食性密切相关。从表5-1中可以看出，植食性鸟类如鸽形目鸟类和山斑鸠（*Streptopelia orientalis*）肌胃发达；而食虫性鸟类如北红尾鸲（*Phoenicurus auroreus*）、大山雀（*Parus cinereus*）、白鹡鸰（*Motacilla alba*）、灰椋鸟（*Spodiopsar cineraceus*）、灰背伯劳（*Lanius tephronotus*）、肉食性大白鹭（*Ardea alba*）和猛禽类的肌胃相对不太发达；杂食性鸟类肌胃的发达程度介于两者之间。植食性、杂食性、食虫性鸟类的肌胃内壁有明显易剥离的角质膜，而肉食性鸟类的肌胃内壁无明显易剥离的角质膜（韩芬茹，2004b）。

肉食性鸟类和植食性鸟类的小肠都比较发达，均超过体长。小肠长度/体长的比值最大的是勺鸡，达到3.30，藏雪鸡和暗腹雪鸡的值分别是1.90和2.50（表5-1）。白头鹎（*Pycnonotus sinensis*）、北红尾鸲、大山雀、白鹡鸰、灰椋鸟、灰伯劳的小肠最短，为体长的0.5～1.12倍。植食性鸟类的肌胃壁厚，而肉食性鸟类的肌胃壁薄（表5-1）。植食性的雉科鸟类盲肠比较发达，而肉食性鸟类盲肠则趋于退化（表5-1）。通过比较可以发现，雪鸡和其他鸡形目鸟类的消化系统具有典型的植食性鸟类的特征。

表 5-1 雪鸡与其他鸟类消化道的比较　　　　（单位：mm）

Table 5-1　Comparison of digestive tracts between snowcocks and other birds (Unit: mm)

物种	肌胃（长×宽）	肌胃壁厚	小肠长度	大肠长度	盲肠长度	小肠长度/体长	大肠长度/体长	盲肠长度/体长	文献
藏雪鸡 *Tetraogallus tibetanus*	(19.4～43.3)×19.4	5.7	1047	238	477.1	1.90	0.43	0.87	周菊萍等，2004a
暗腹雪鸡 *T. himalayensis*	(34～40)×(15～28)	6	1310～1650	170～180	380～450	2.50	0.30	0.70	吾热力哈孜等，2001
石鸡 *Alectoris chukar*	38×28	9	567	347	280	1.23	0.75	0.60	韩芬茹，2006
环颈雉 *Phasianus colchicus*	60×44	3	1038.5	627	530	1.26	0.76	0.64	韩芬茹，2006
绿尾虹雉 *Lophophorus lhuysii*	82.4×60.5	2.6～25.0	1920	113	645	2.48	0.14	0.83	王育章等，2007
蓝孔雀 *Pavo muticus*	75×60	—	1185	80	360	2.30	0.16	0.70	刘自逵等，2004

续表

物种	肌胃（长×宽）	肌胃壁厚	小肠长度	大肠长度	盲肠长度	小肠长度/体长	大肠长度/体长	盲肠长度/体长	文献
白冠长尾雉 *Syrmaticus reevesii*	125×10	—	871	89	140	—	—	—	路纪琪等，2002
勺鸡 *Pucrasia macrolopha*	55×35	22	957	97	376	3.30	0.31	1.20	韩芬茹，2004a
大白鹭 *Ardea alba*	89×24	3	2166	66	3	1.89	0.58	0.003	韩芬茹，2006
骨顶鸡 *Fulica atra*	（690~700）×（48~50）	—	1150	140	210~230	—	—	—	赵晓玲等，2006
山斑鸠 *Streptopelia orientalis*	28×23	9	420	195	—	1.19	0.55	—	韩芬茹，2006
灰背伯劳 *Lanius tephronotus*	26×18	2	309	14	—	1.12	0.05	—	韩芬茹，2006
北红尾鸲 *Phoenicurus auroreus*	12×10	4	108	10	6	0.80	0.74	0.44	韩芬茹，2006
大山雀 *Parus cinereus*	11×8	3	89	14	3	0.64	0.10	0.22	韩芬茹，2006
白鹡鸰 *Motacilla alba*	12×10	3	102	6	2	0.55	0.03	0.01	韩芬茹，2006
灰椋鸟 *Spodiopsar cineraceus*	19×15	2	195.5	17	10	0.89	0.08	0.05	韩芬茹，2006
灰胸薮鹛 *Liocichla omeiensis*	15.6	0.99~6.1	143.4	9.6	5.1	0.88	0.54	0.37	徐会和郭延蜀，2006
黑鸢 *Milvus migrans*	39×32	—	1292	70	17	2.18	0.12	0.02	周菊萍等，2004b
秃鹫 *Aegypius monachus*	70×55	7	2055	90	退化	2.00	0.09	—	路纪琪等，2001
雕鸮 *Bubo bubo*	71.0×59.0	1.8~2.5	970.5	95.4	216.1	1.55	0.07	0.34	郝海邦等，2006

续表

物种	肌胃（长×宽）	肌胃壁厚	小肠长度	大肠长度	盲肠长度	小肠长度/体长	大肠长度/体长	盲肠长度/体长	文献
大鵟 Buteo hemilasius	(47.0～52.3)×(32.3～33.5)	1.1～1.4	962.1～974.4	56.7～58.6	5.7～6.3	1.50	0.09	0.02	孟德荣等，2006
红隼 Falco tinnunculus	32×32	1	325	80	20	0.97	0.24	0.06	牛红星等，2004b
小鸮 Athene noctua	25.3×15	—	261	15	74.5	1.2	0.07	0.34	牛红星等，2004d
普通鵟 Buteo buteo	38.5×33.1	3.7	796.5	40	退化	1.52	0.08	—	牛红星等，2004a
蛇雕 Spilornis cheela	35×20	—	675	30	10	1.03	0.05	0.02	牛红星等，2004c

5.1.3 生殖系统

1. 雄性生殖系统

暗腹雪鸡的睾丸呈椭圆形，左侧比右侧稍大。进入繁殖季节时，左侧睾丸长度约为28～36mm，背腹径23mm，重7.2g；右侧睾丸长度为24～28mm，宽17mm，重约6.1g（吾热力哈孜等，2001）。繁殖季节过后，睾丸体积逐渐缩小，附睾管腔变细，输精管内难以找到成熟的精子细胞。

雪鸡的输精管为一对乳白色导管，伸直长度约为135mm。前接附睾管，进入骨盆部伸直的一端形成输精管乳头。雪鸡的交配器类似家鸡，也无副性腺。

2. 雌性生殖系统

雪鸡的卵巢只有一个，其体积和外形随生理机能状态的变化而变化。进入产卵季节时，卵巢直径长达50～60mm，重约55～69g，接近排卵的卵泡直径大约28～33mm。雪鸡产卵期约持续1个月，产卵期结束后，卵巢上仍布满大小不等未成熟的、形如黄豆大小的卵泡，约250多个，持续一段时间后随即萎缩，卵巢的体积恢复到静止期的形状和大小。这期间的卵巢最大直径为10～15mm（吾热力哈孜等，2001）。

雪鸡仅保留左侧输卵管，形态类似家鸡，产卵期伸直长度为480～550mm。蛋白分泌部宽约18～24mm，壁很厚，黏膜层为高而宽的纵行皱褶。雪鸡输卵管的分泌机能不如家鸡旺盛，而且活动期也较短，产卵过后，输卵管迅速萎缩，分泌功能逐渐消退，要持续到翌年 3～4 月才能恢复。

5.1.4 泌尿系统

雪鸡的肾脏位于愈合荐椎的凹窝内，左右各一，呈褐色长条状。前端略圆，中间狭长而后部变大；纵长 75mm，最大横径 15mm。每侧肾按其位置可分为前、中和后三部分，中部和后部区分不明显。肾的总重量约为体重的 1.2%～1.8%。

雪鸡的输尿管近似家鸡，两侧对称，可分为肾部和骨盆部两段。输尿管骨盆部长约 60～80mm，直径约 2.2mm，开口于粪道背面两侧的泄殖腔顶壁内。

5.2 卵壳和壳膜超微结构

卵是鸟类生殖和生长发育的起点，产卵、孵化是鸟类的基本特征之一（郑光美，1995）。长期以来，鸟卵的形态、结构与功能一直是鸟类学家感兴趣的研究内容。自 19 世纪开始便有学者对鸟卵的形态、结构进行研究，陆续出版了多部描述鸟卵的专著，并形成了鸟类学的一个分支学科——鸟卵学（oology；Gill，1994）。

卵壳是鸟卵外部的一个钙质硬壳。不同鸟类的卵壳既赋予卵以特有的形态结构和色泽特征，又可使胚胎在一个相对独立封闭的微环境中发育，免受外界不良环境因素的侵害，保护胚胎进行正常发育（赛道建，1998）。各种鸟类卵壳的组分、形态和结构等均具有较稳定的特异性。因此，对卵壳结构的研究可为鸟类的地理分布、系统演化和分类等领域的研究提供有价值的科学资料（李湘涛，1994；刘迺发等，1994b；乔建芳等，2000）。随着电子显微镜的出现，鸟类卵壳的超微结构也为鸟类系统分类提供了新的依据。国内学者利用显微镜对鸟类卵壳和壳膜进行了大量研究（卢汰春等，1992；甘雅玲等，1992；李湘涛，1994；刘迺发等，1994a，b；雷富民和甘雅玲，1996；李金录等，1996；赵广英等，1996；赛道建等，1997；张琳和胡灏，1997；黎红辉和刘志玲，2003；常崇艳等，2006；麻常昕等，2006；王佳月等，2007）。

5.2.1 卵壳厚度和卵壳重量

测定 10 枚藏雪鸡卵，其卵壳平均厚度为 0.55±0.40 mm（n=10）（表 5-2）。藏雪鸡卵壳平均重量为 6.73±0.46 g（n=10）（表 5-2）。

表 5-2 藏雪鸡卵壳的厚度和重量
Table 5-2 Thickness and weight of egg shell of Tibetan snowcock

试验组别	编号	厚度 /mm	重量 /g
一组	1	0.60	7.2
	2	0.56	7.0
	3	0.52	6.9
	4	0.50	7.0
	5	0.50	6.7
	6	0.54	7.1
	7	0.50	7.1
二组	10	0.60	6.0
	11	0.60	6.2
	12	0.57	6.1
平均（$\bar{x} \pm$ SD）		0.55 ± 0.40	6.73 ± 0.46

5.2.2 卵壳的超微结构

暗腹雪鸡卵壳主要由 5 层结构构成（图 5-2），这与石鸡的卵相似（刘迺发和黄族豪，2007），但与白冠长尾雉的卵（4 层）不同（常崇艳等，2006）。其中，护膜层（cuticle）位于卵壳最外层表面，是半透明的有机质层，由卵经输卵管后端形成，对卵有保护作用，以免细菌通过呼吸孔污染卵；护膜层下面为结晶层（crystal layer），质地致密，内无气泡，以此与下部栅栏层区别；栅栏层（palisade layer）是卵壳的主要成分，为方解石结构，结构较松，内有气泡（图 5-2：5）；栅栏层下为乳突层（cone layer）（图 5-2：4）；乳突下是镶嵌于壳膜中的基帽层（basal caps），是卵壳钙化的起点（图 5-2：7）。

卵壳外表面有裂纹（图 5-2：1），是由结晶层龟裂而成。卵壳内表面是排列整齐的乳突头（图 5-2：4），卵壳钙化形成乳突，放大 800 倍可见钙化层（图 5-2：7），放大 6400 倍可见钙化桥（calcification bridge），是引导栅栏层形成的结构（图 5-2：6）。

卵壳气道贯通栅栏层（图 5-2：4）和结晶层，其内气孔开口于乳突之间（图 5-2：12），外气孔开口于边面裂纹间，有盖层，经盖层周缘与外界相通（图 5-2：11）。气道是胚胎发育过程中与外界进行气体交换的通道（刘迺发等，1994a）。

Board（1982）依据 150 种鸟类壳的超微结构将卵壳分为多气泡卵壳和少气泡卵壳两大类。少气泡卵壳又可分为两类：一类卵壳表面覆盖有机质保护膜层，另一类栅栏层表面覆盖网状层。大多鸟类卵壳栅栏层均有气泡（vesicle），但密度不同。依此将 8 种鸡形目鸟类卵壳分为 3 类：高原山鹑（*Perdix hodgsoniae*）的卵壳属 2 层多气泡卵壳(图 5-3：2)；斑尾榛鸡、两种石鸡和血雉属 3 层多气泡卵壳(图 5-3：3、5、6)；雪鸡、蓝马鸡（*Crossoptilon auritum*）和家鸡属 3 层少气泡卵壳（图 5-3：1、4）。气泡主要减轻卵的重量，是与飞行相适应的结构（表 5-3）。

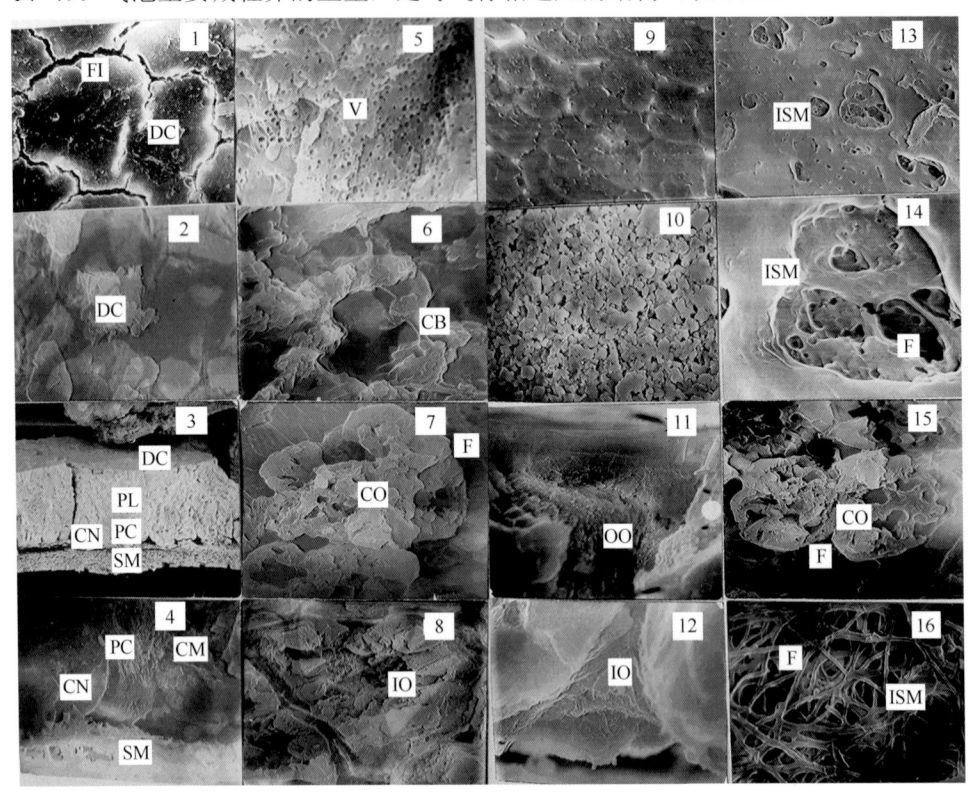

图 5-2　暗腹雪鸡卵壳和壳膜超微结构（刘迺发等，1994a）

Figure 5-2　Ultrastructure of egg shell and shell membrane of Himalayan snowcock (Liu Naifa et al., 1994a)

1. 卵壳外表面，FI 示裂纹，DC 示卵壳外护膜结晶层（×1200）；2. 卵壳外表面半透明结晶（DC）和结晶形成的情况（×3200）；3. 卵壳和壳膜的横断面，DC 示卵壳外护膜，PL 示栅栏层，PC 示卵壳气道，CN 示乳突层，SM 示卵壳膜（×100）；4. 卵壳的乳突层，CM 示方结石结构，PC 示气道，CN 示乳突，SM 示卵壳膜及纤维结构（×3200）；5. 卵壳栅栏层，V 示气泡结构（×6400）；6. 卵壳方结石结构的形成，CB 示钙化桥结构（×6400）；7. 乳突基帽和钙化层（CO），F 示卵壳膜外层纤维（×800）；8. 卵壳内乳突基帽，IO 示气道断面（×800）；9. 卵壳内表面结构（×200）；10. 卵壳内表面结构（×1600）；11. 卵壳气道外孔（OO）（×1200）；12. 卵壳气道内孔（IO）（×1200）；13. 卵壳膜内膜（ISM）（×3200）；14. 卵壳膜内膜（ISM）放大图示内膜纤维（F）（×12 500）；15. 卵壳膜外表面，示纤维（F）和乳突核（CO）（×8000）；16. 卵壳膜内膜（ISM）纤维（F）结构（×1600）。

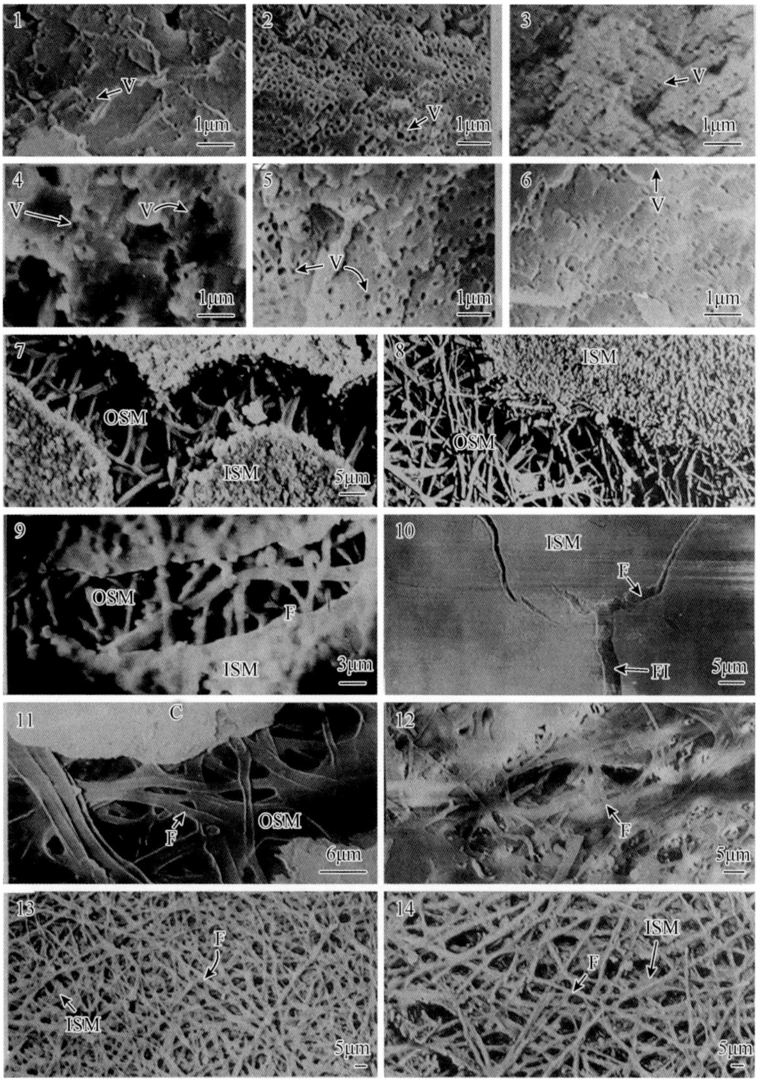

图 5-3　几种鸡形目卵壳栅栏层适应飞行的气泡结构和壳膜纤维结构（刘迺发等，1994b）

Figure 5-3　The bubble structure and shell membrane fiber structure adapted to flight of several species in Galliformes (Liu Naifa et al., 2994b)

1. 暗腹雪鸡卵壳栅栏层, 示气泡（V），×6400; 2. 高原山鹑卵壳栅栏层, 示气泡（V），×6400; 3. 大石鸡卵壳栅栏层, 示气泡（V），×6400; 4. 蓝马鸡卵壳栅栏层, 示气泡（V），×6400; 5. 石鸡卵壳栅栏层, 示气泡（V），×6400; 6. 斑尾榛鸡卵壳栅栏层, 示气泡（V），×6400; 7. 斑尾榛鸡的卵壳膜, 示内膜（ISM）、外膜（OSM），×520; 8. 蓝马鸡卵壳膜, 示内膜（ISM）、外膜（OSM），×520; 9. 家鸡卵壳膜, 示内膜（ISM）、外膜（OSM）和外膜纤维（F），×2000; 10. 暗腹雪鸡卵壳内膜内表面, 示内膜（ISM）裂纹（FI）和露出的外膜纤维（F），×800; 11. 暗腹雪鸡卵壳外表面, 示外膜（OSM）、外膜纤维（F）和乳突核放射出的钙化层（C），×1600; 12. 高原山鹑卵壳膜, 示内膜纤维（F），×520; 13. 血雉卵壳膜, 示内膜（ISM）和内膜纤维（F），×520; 14. 大石鸡卵壳膜, 示内膜（ISM）和内膜纤维（F），×520

气泡密度与单位翅长承担的体重显著负相关（r=-0.8691，P < 0.01）。这说明单位翅长承受体重小，即飞行能力强、速度快的种类产卵壳气泡密度高的卵，反之产卵壳气泡密度低的卵。

表 5-3　鸡形目鸟类卵壳气泡密度和雌鸟体重与翅长比（刘迺发等，1994b）
Table 5-3　Egg shell bubble density and the ratio of female body weight to wing length in Galliformes species(Liu Naifa et al., 1994b)

种类	卵壳气泡密度 /（个 /cm²）	体重 / 翅长 /（g/mm）
斑尾榛鸡 Tetrastes sewerzowi	11.33±0.46（n=18）	1.65（n=6）
暗腹雪鸡 Tetraogallus himalayensis	1.60±0.24（n=25）	9.17（n=5）
高原山鹑 Perdix hodgsoniae	13.21±0.42（n=19）	2.84（n=4）
石鸡 Alectoris chukar	8.82±0.46（n=19）	2.58（n=20）
大石鸡 Alectoris magna	7.11±0.39（n=19）	3.02（n=10）
蓝马鸡 Crossoptilon auritum	1.50±0.23（n=23）	6.36（n=15）

5.2.3　壳膜的结构和功能

1. 壳膜的超微结构

壳膜由三层膜构成，外层和中层为网状纤维膜，内层为非纤维结构的光滑薄膜（见图 5-2：13、14），卵壳的基帽嵌于外壳膜中，膜纤维长于基帽（见图 5-2：7），使壳膜与卵壳紧密结合，不易使膜与壳脱离。中膜和外膜在卵的钝端被空气分开，形成气室，其他部位紧贴在一起，不易分开。外膜、中膜纤维纵横交错，使膜有相当好的耐拉力和弹性，以保护卵细胞和胚胎；光滑的内膜很薄，贴于中膜内表面，是胚胎代谢气体的交换膜，也是 Ca^{2+} 的渗透膜，其上有小孔（见图 5-2：13）。

卵壳钙化起始于基帽，基帽生长发育形成乳突，乳突如何生长发育融合在一起从而形成栅栏层一直不为人知。在以前卵壳超微结构的研究中，国内外都没有发现钙化桥（calcification bridge），它的发现有助于揭开谜底。乳突是基帽上不断形成的钙化层（见图 5-2：4、6）生长发育而成，在生长过程中钙化层长出钙化桥，桥生长互相搭接、扩展，使相邻乳突层的钙化层连接在一起，这样在乳突层的基础上逐渐形成栅栏层，形成完整的卵壳。

2. 壳膜的生物学功能

鸡形目鸟类壳膜有内、外两层，均为网状纤维结构（图 5-3：7～14）。外层较厚，内层较薄，在气室外由空气将两层分开，其他地方紧贴在一起（图 5-3：7、8）。

外膜的一些纤维长入乳突内，使膜与卵壳紧密结合（图5-3：11）。

根据膜内表面不同，所有鸡形目鸟类分为3类：①家鸡、雪鸡壳膜内表面附加一层光滑的薄膜，有裂缝或孔（图5-3：9、10），供气体代谢；②斑尾榛鸡和蓝马鸡的壳膜内表面覆盖粗糙的片状薄膜（图5-3：7、8）；③血雉、两种石鸡和高原山鹑无上述结构，膜纤维外缘外延（图5-3：12～14）。

膜外表面结构一致，有乳突核及其放射出的结晶体（图5-3：11）。乳突核是卵壳钙化的起点。

壳膜在保证胚胎正常发育方面起重要作用，胚胎发育过程中的代谢气体（O_2和CO_2）、水分，以及由卵壳供应建造骨骼的Ca^{2+}均通过壳膜渗透转运。来自卵壳的Ca^{2+}在电位（或浓度）梯度作用下，经壳膜渗透到与壳膜内表面相接触的动脉血液中，形成血钙，从而逐渐建造雏鸟的骨骼。这些物质转运速度取决于膜纤维的粗细和密度，因而壳膜有控制孵化期的功能（表5-4）。

表5-4　几种鸡形目鸟类卵壳膜纤维的粗细、密度、卵的体积和孵化期
（刘廼发等，1994b）

Table 5-4　Thickness, density, egg volume and incubation period of egg shell membrane fibers in several Galliformes species (Liu Naifa et al., 1994b)

种类	膜纤维粗细/μm	膜纤维密度/（条/100μm²）	理论孵化期/d	实际孵化期/d	卵的体积/cm³
高原山鹑 Perdix hodgsoniae	1.198±0.07（57）	7.930±0.19（36）	22.07[①]	20.4*	13.69[②]
大石鸡 Alectoris magna	2.272±0.11（89）	4.225±0.21（20）	23.35	23.0[③]	22.63
暗腹雪鸡 Tetraogallus himalayensis	1.446±0.14（22）	12.910±0.75（23）	30.49	29.0[④]	66.78
血雉 Ithaginis cruentus	1.743±0.07（68）	7.846±0.22（13）	25.60	24.0[⑤]	30.96
家鸡 Gallus gallus domesticus	1.062±0.07	6.400±0.15（30）	26.65	21.0*	50.02
蓝马鸡 Crossoptilon auritum	1.422±0.06（99）	5.730±0.05（23）	27.72	26.0*	50.60
斑尾榛鸡 Tetrastes sewerzowi	2.379±0.015（51）	1.571±0.15（14）	23.64	25.0[⑥]	22.25

* 人工孵化。

①依$I=12.03EW^{0.217}$（Rahn，1974）计算孵化期，EW为卵的鲜重（g）；②依$V=0.507LB^2$（Hoyt，1979）计算卵的体积，L为卵长径，B为卵短径（cm）；③刘廼发（1982）；④刘廼发（1990）；⑤ Liu（1990）；⑥王香亭（1987）。

依表5-4，孵化期与纤维密度呈正相关（$r=0.34$），纤维密度与卵的体积呈正相关（$r=0.59$），纤维粗细与卵的大小呈负相关（$r=-0.47$），即卵越大，纤维越细、越密。纤维越细，密度越高，孵化期有相对缩短的趋势。膜纤维密度高而细的高原山鹑、暗腹雪鸡和血雉的实际孵化期较理论值缩短1.49～1.96天，而纤维粗、密度最低的斑尾榛鸡则延长1.36天。家鸡纤维最细、最密，孵化期缩短5.65天。

参 考 文 献

常崇艳, 陈晓瑞, 李维超. 2000. 哈曼马鸡卵壳的超微结构和元素成分. 动物学研究, 21 (5): 383-386.

常崇艳, 张正旺, 陈晓端, 等. 2006. 白冠长尾雉(*Syrmaticus reevesii*)卵壳的超微结构及元素组成研究. 北京师范大学学报(自然科学版), 42(1): 78-82.

甘雅玲, 卢汰春, 刘如笋, 等. 1992. 中国特产雉类——褐马鸡、藏马鸡和蓝马鸡卵壳的电镜观察. 动物学报, 38(2): 124-127.

韩芬茹. 2004a. 勺鸡消化系统的形态学研究. 天水师范学院学报, 24(5): 26-28.

韩芬茹. 2004b. 几种鸟类消化系统的比较研究. 陇东学院学报(自然科学版), 16(2): 58-61.

韩芬茹. 2006. 10种鸟消化系统的比较研究. 经济动物学报, 10(1): 35-38.

郝海邦, 张鹏, 郭延蜀, 等. 2006. 雕鸮消化系统形态学的初步研究, 四川动物, 25(4): 845-847.

雷富民, 甘雅玲. 1996. 纵纹腹小鸮、雕鸮及长耳鸮的卵壳超微结构研究(鸮形目: 鸱鸮科). 动物分类学报, 21(4): 488-492.

黎红辉, 刘志玲. 2003. 白枕鹤、东方白鹳、雪雁卵壳的超微结构. 湖南师范大学学报(自然科学版), 26(1): 69-72.

李金录, 程彩云, 张正旺. 1996. 绿尾虹雉卵壳超微结构和化学成分的研究. 动物学报, 42(增): 133-134.

李湘涛. 1994. 褐马鸡卵壳的扫描电镜观察. 野生动物, 82:45-47.

刘凌云, 郑光美. 1997. 普通动物学. 北京: 高等教育出版社: 188-250.

刘迺发, 高金城, 李柏年. 1994a. 喜马拉雅雪鸡卵壳壳膜超微结构的观察. 兰州大学学报(自然科学版), 30(2): 101-105.

刘迺发, 高金城, 李伯年. 1994b. 八种鸡形目鸟类卵壳及壳膜超微结构观察. 动物学研究, 15 (1): 23-28.

刘迺发, 黄族豪. 2007. 中国石鸡生物学. 北京: 中国科学技术出版社.

刘迺发, 王香亭. 1990. 喜马拉雅雪鸡繁殖生态研究. 动物学研究, 11(4): 299-302.

刘迺发, 杨友桃. 1982. 石鸡青海亚种的生态研究. 动物学研究, 3(1): 69-76.

刘自逵, 向建洲, 刘进辉, 等. 2004. 蓝孔雀消化系统的解剖观察. 经济动物学报, 8(2): 92-94.

卢汰春, 甘雅玲, 何芬奇. 1992. 红腹锦鸡和白腹锦鸡卵壳的超微结构. 动物学研究, 13(30): 223-226.

路纪琪, 吕九全, 朱家贵, 等. 2002. 白冠长尾雉消化系统的形态学研究. 河南师范大学学报(自然科学版), 30(1): 85-87.

路纪琪, 牛红星, 吕九全, 等. 2001. 秃鹫消化系统形态学研究. 河南师范大学学报(自然科学版), 29(1): 78-80.

麻常昕, 周同, 陈小麟, 等. 2006. 岩鹭卵壳的超微结构及其元素组成. 电子显微学报, 25(5): 441-445.

孟德荣, 张莉, 王寿敬. 2006. 大鵟消化系统的形态学研究. 经济动物学报, 10(2): 80-82.

牛红星, 卜艳珍, 卢全伟, 等. 2004a. 普通鵟消化系统形态学研究. 河南师范大学学报(自然科学版), 32(3): 73-76.

牛红星, 卜艳珍, 卢全伟, 等. 2004b. 红隼消化系统形态学研究. 河南师范大学学报(自然科学版), 32(1): 81-83.

牛红星, 卜艳珍, 卢全伟, 等. 2004c. 蛇雕消化系统形态学研究. 四川动物, 23(1): 45-46.

牛红星, 艳梅, 余燕. 2004d. 纵纹腹小鸮 Athene noctua 消化系统形态学研究. 四川动物, 24(2): 181-183.

彭克美, 冯悦平, 张登荣, 等. 1996. 鹌鹑消化器官的形态学研究. 中国兽医学报, (4): 411-414.

乔建芳, 高行宜, 杨维康. 2000. 波斑鸨与大鸨卵壳的超微结构比较. 动物学研究, 21 (6): 463-467.

赛道建. 1998. 大苇莺卵壳的扫描电镜观察. 河北大学学报(自然科学版), 18 (2): 144-147.

赛道建, 孙京田, 李六文, 等. 1997. 三种海鸟卵壳的超微结构和无机成分的研究. 动物学杂志, 32(1): 33-37.

王佳月, 唐思贤, 王洁, 等. 2007. 四种鸟类卵壳的扫描电镜观察. 华东师范大学学报(自然科学版), (2): 65-71.

王丽萍, 刘玉堂, 肖向红. 1991. 雉鸡消化系统解剖. 野生动物, (4): 35-37.

王香亭, 刘廼发. 1987. 斑尾榛鸡的生态研究. 动物学报, 33(1): 73-81.

王育章, 岳兴建, 胡锦矗, 等. 2007. 绿尾虹雉消化系统形态学的初步研究. 西华师范大学学报(自然科学版), 28(1): 7-10.

吾热力哈孜, 米来, 周自动, 等. 2001. 高山雪鸡的内脏器官解剖. 四川畜牧兽医杂志, 28(7): 26-28.

徐会, 郭延蜀. 2006. 灰胸薮鹛消化系统形态的初步研究. 四川动物, 25(4): 841-845.

杨国华, 程红. 2001. 脊椎动物消化系统的比较. 生物学通报, 36(6): 8-9.

俞伟东, 唐仕华. 2000. 白琵鹭卵壳超微结构研究. 华东师范大学学报(自然科学版), (动物学专辑): 56-61.

张琳, 胡灏. 1997. 藏马鸡卵壳的扫描电镜观察. 四川动物, 16(3): 127-129.

张淑云. 1989. 松鸡科三种消化系统的比较. 野生动物, (4): 27-28.

赵广英, 田秀华, 黄守华. 1996. 孔雀卵壳成分分析及超微结构观察. 动物学报, 42(增): 135-136.

赵晓玲, 田发益, 巴平. 2006. 骨顶鸡消化系统的解剖. 畜牧兽医杂志, 25(5): 20-21.

郑光美. 1995. 鸟类学. 北京: 北京师范大学出版社.

周菊萍, 郭延蜀, 米志平, 等. 2004a. 藏雪鸡消化系统形态的初步研究. 西华师范大学学报(自然科学版), 25(4): 415-417.

周菊萍, 郭延蜀, 米志平, 等. 2004b. 黑鸢消化系统形态学的初步研究. 四川动物, 23(4): 346-348.

朱曦, 杨士德, 邵小平. 2000. 四种鹭卵壳的超微结构. 动物分类学报, 25(1): 116-119.

Board RG. 1982. Properties of avian eggshells and their adaptive value. BioRev, 57:1-28.

Gill FB. 1994. Ornithology (2nd Edition). New York: W. H. Freeman and Company.

Rahn H. 1974. The avian egg: incubation time and water loss. Condor, 76(2): 147-152.

第 6 章 雪鸡细胞生物学

本章包括染色体和血细胞两部分内容。染色体是细胞分裂时 DNA 存在的特定形式，其数量、大小和形态有种属特异性。本章主要基于曾养志和何芬奇（1993）、李红燕（2006）及李红燕等（2006）等研究成果介绍雪鸡的染色体结构并探讨其进化过程。血细胞分为红细胞和白细胞，各类细胞的数量乃至形态都与环境有关。雪鸡是地球上分布海拔最高的鸟类之一，十分适应缺氧环境。因此，研究雪鸡的血液在禽类生理学领域具有重要科学意义。我国学者研究了新疆暗腹雪鸡的血液生理特征（王轮等，1995）。本章以上述研究为基础，参照国内外研究对雪鸡和其他禽类的染色体及血液生理进行比较。

6.1 染 色 体

显微镜技术的出现和改进，不仅使人类认识到微观世界的生物多样性，而且帮助人们建立染色体核型和带型分析技术来鉴别物种的分类及核型演化。染色体是遗传物质的载体，是基因的携带者。由于其受进化选择压力的影响，作为遗传物质的载体，表现出高度的稳定性和物种特异性。与形态学变异不同，染色体变异必然导致遗传变异的发生，是生物遗传变异的重要来源。任何生物类群的天然种群中都存在或大或小的染色体变异，这些变异在进化过程中起着十分重要的作用（Merrell，1981）。开展动物染色体的研究对于探讨动物起源、进化、亲缘关系、远缘杂交不育和孤雌生殖的机制等问题具有重要意义。

染色体变异主要体现为染色体组型特征的变异，包括染色体数目变异（整倍性或非整倍性）和染色体结构变异（缺失、重复、易位等）。染色体核型标记常用参数有 4 个：染色体相对长度、臂比值、着丝粒指数和染色体基本臂数。核型及其各种带型是动物、植物和真菌在染色体水平上的表型。研究与比较各种真核生物的核型和带型有助于对种、属、科的亲缘关系作出判断，揭示核型的进化过程和机制。

6.1.1 雪鸡染色体数目

李红燕等（2006）统计了 100 个中期分裂相的染色体，发现暗腹雪鸡的染色体数为 $2n=78$（表 6-1，图 6-1），染色体基本臂数 AF=85，前 10 对为大型染色体（macrochromosome），后 29 对为微小染色体（microchromosome），雄性个体的性染色体组成为 ZZ，雌性个体的性染色体组成为 ZW。暗腹雪鸡前 10 对染色体常规核型模式见图 6-2。

表 6-1　暗腹雪鸡染色体 $2n$ 数目（李红燕等，2006）
Table 6-1　The diploid chromosome of Himalayan snowcock (Li Hongyan et al., 2006)

染色体 $2n$ 数目							细胞总数	$2n$ 众数	百分数 /%
< 75	75	76	77	78	79	80	100	78	78
（1）	（4）	（5）	（7）	（78）	（3）	（2）			

注：括号中的数字代表个体数。

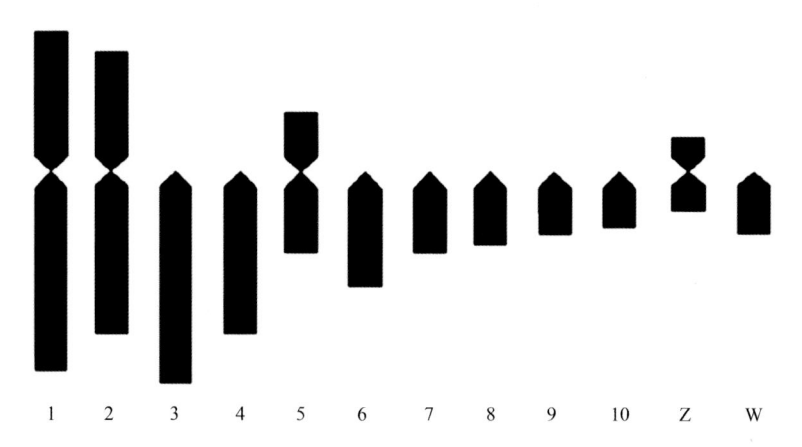

图 6-1　暗腹雪鸡的中期分裂相及核型图（李红燕等，2006）

Figure 6-1　Metaphase figure and ideogram of Himalayan snowcock (Li Hongyan et al., 2006)

对暗腹雪鸡前 11 对染色体（包括一对 ZW 性染色体）长短臂进行测量，并计算出其相对长度、臂比值和着丝粒指数（表 6-2）。29 对微小染色体都为端着丝粒（t）染色体。对照 Levan 等（1964）的标准进行着丝粒定位，1、2、5、Z 染色体为中着丝粒（m）染色体，其余染色体均为端着丝粒（t）染色体。性染色体雄性为同配 ZZ 型，雌性为异配 ZW 型，Z 染色体为第八大染色体，W 染色体大小介于 8 号和 9 号染色体之间。

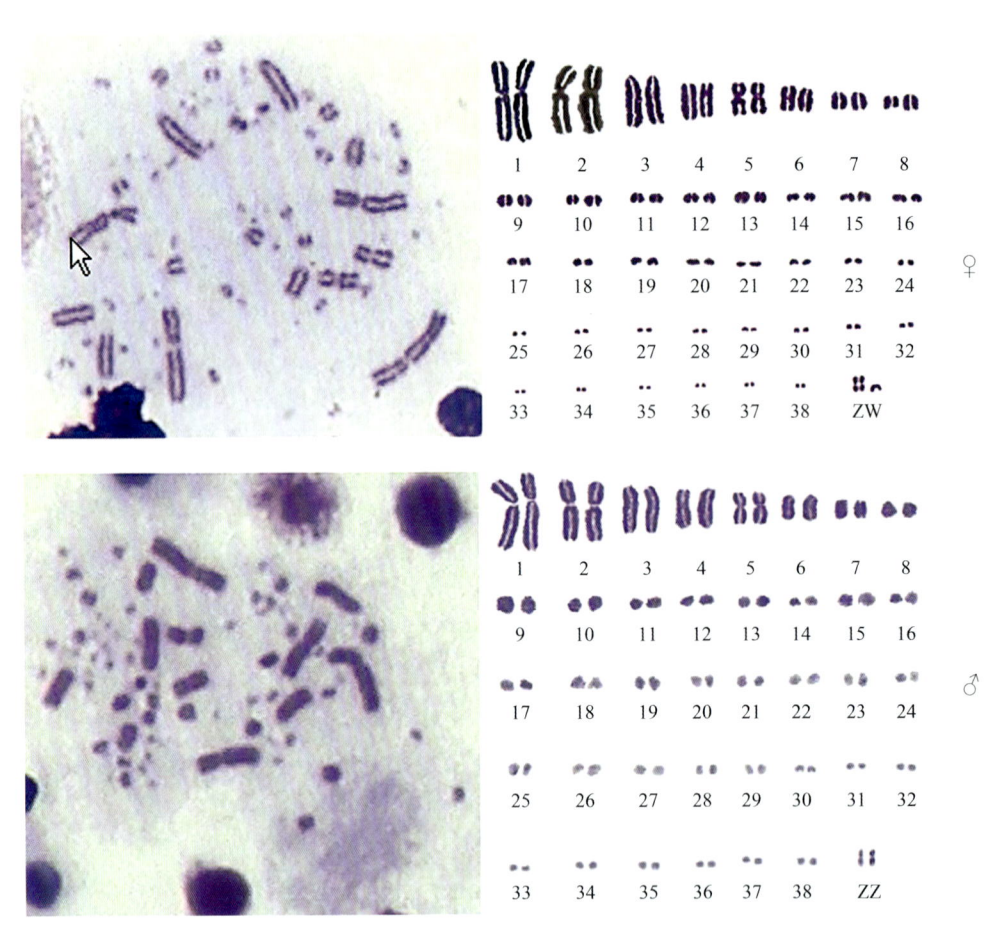

图 6-2　暗腹雪鸡的染色体核型模式图（李红燕等，2006）

Figure 6-2　The karyotype model map of Himalayan snowcock (Li Hongyan et al., 2006)

表 6-2　暗腹雪鸡的大型染色体参数（$\bar{X}\pm SD$）（李红燕等，2006）

Table 6-2　The parameter of macrochromosomes of Himalayan snowcock (Li Hongyan et al., 2006)

染色体号	相对长度 /%	臂比值	着丝粒指数 /%	着丝粒位置
1	21.35±1.57	1.42±0.21	41.59±3.51	m
2	17.86±1.69	1.40±0.17	41.81±0.85	m
3	13.28±1.06	∞	0	t
4	10.43±0.43	∞	0	t
5	9.00±0.42	1.31±0.08	43.38±1.44	m
6	6.99±0.32	∞	0	t

续表

染色体号	相对长度 /%	臂比值	着丝粒指数 /%	着丝粒位置
7	5.13±0.44	∞	0	t
8	4.55±0.67	∞	0	t
9	3.85±0.72	∞	0	t
10	3.66±0.91	∞	0	t
Z	4.83±0.42	1.22±0.18	43.56±2.18	m
W	3.72±0.45	∞	0	t

6.1.2 雪鸡G-带带型分析

李红燕等（2006）采用BSG法（Barium hydroxide/Saline/Giemsa，氢氧化钡/盐溶液/吉姆萨）分析了暗腹雪鸡的G-带。

1. 雪鸡中期染色体G-带带型特征

雪鸡前10对染色体中期G-带带型特征（图6-3）如下。

1号：短臂共分布5条深带，近着丝粒处的1条较宽，远端的4条较窄。长臂8条深带，近着丝粒处为4条较宽的深带，2区为2条较窄的深带，3区为2条窄带。

2号：短臂分布5条深带，近着丝粒处为2条较宽的深带，远端为3条较窄的深带，2.4和2.6有时融合。长臂8条深带，近着丝粒处为1条宽带和4条窄带，远端均匀分布了3条窄带。

3号：长臂分布9条深带，近着丝粒处为1条较宽的深带，中部均匀分布4条深带，远端2条宽带、2条窄带。

4号：长臂分布6条深带，近着丝粒处为3条带中等宽度和1条宽带，远端为2条较窄的深带。

5号：短臂分布3条深带，近着丝粒处为2条较宽的深带，远端为1条较窄的深带。长臂分布4条深带，近着丝粒处为1条较宽的深带和2条窄带，远端为1条较窄的深带。

6号：长臂分布4条深带，近着丝粒处为2条宽带和1条窄带，远端为1条窄带。

7号：长臂分布3条深带，3条带宽度相近。

8号：长臂分布3条深带，近端的1条较宽，远端均匀分布2条深带。

9号和10号：长臂分布1条深带。

Z：短臂均匀分布2条深带，长臂均匀分布2条深带。

W：长臂分布2条深带，近着丝粒处一条宽带，远端一条窄带。

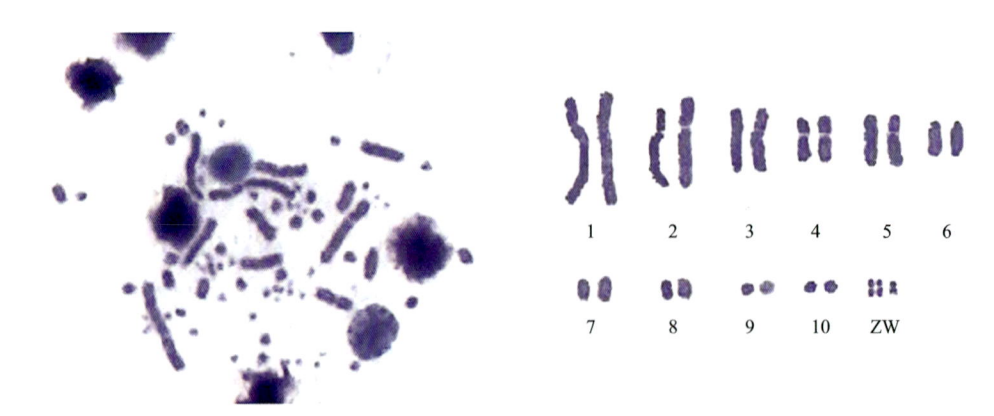

图 6-3　暗腹雪鸡的 G-带染色体分裂相及核型图（李红燕，2006）

Figure 6-3　Chromosome G-banding pattern and ideogram of Himalayan snowcock (Li Hongyan, 2006)

2. 雪鸡 G-带核型图与 G-带模式图

根据各染色体 G- 带带纹特征进行同源染色体的准确配对，制成 G- 带核型图（图 6-3）。关于区带的划分，按照巴黎会议的规定，一个中期染色体以着丝粒末端和两臂上呈现出的某些特别显著的带为界标，划分为两臂（p、q）和两臂上的若干区域（染色体区是指染色体上处于两个邻近界标的中线之间的部分），从邻近着丝粒起，到臂端为止，沿着染色体臂依次编为 1 区、2 区、3 区等。同一区内，除 1 号带标定是界标带外，其他各带不分深浅，均由近及远依次编为该区 2 号、3 号、4 号等。如果着丝粒将一个带切成两半，这个带就被当成两个带，各划归相应臂的一侧，应为 1 区 1 带。根据雪鸡各号染色体特异性 G-带带纹分布及表 6-2 的结果，绘制了包括前 10 号常染色体和 Z、W 性染色体在内的 G-带模式图（图 6-4），共分为 32 个区、143 条深浅带。

图 6-4　暗腹雪鸡染色体 G-带模式图（李红燕，2006）

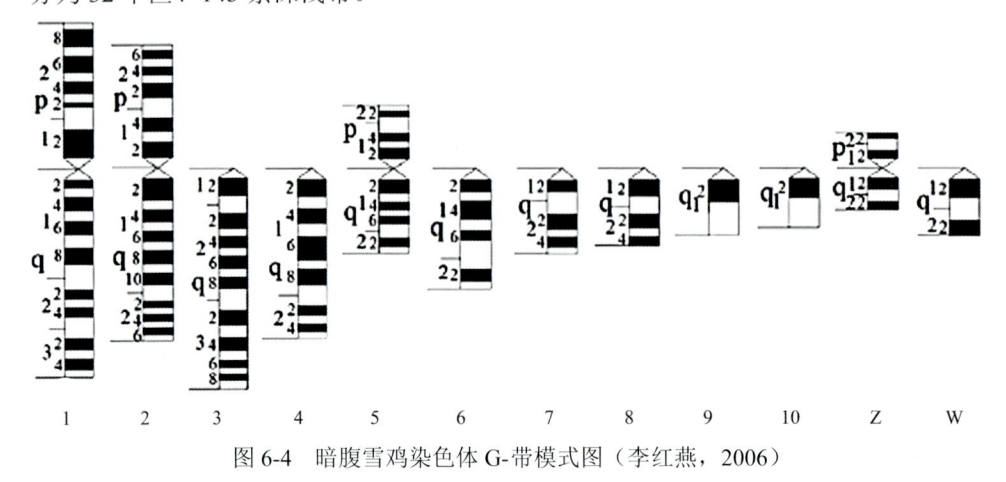

Figure 6-4　The G-banding model of chromosome of Himalayan snowcock (Li Hongyan, 2006)

3. 雪鸡染色体 G-带规律

随着有丝分裂时期的延续，染色体上的 G-带带纹逐渐减少。有丝分裂中期染色体 G-带带纹数目虽比早中期、晚前期少，但较稳定清晰，且着丝粒可见。GTG 法显带成败的关键取决于胰蛋白酶的浓度与处理时间的搭配，若消化不够，则 G-带带纹模糊，界线不清，整个染色体呈蠕虫状；若消化时间过度延长，G-带带纹就会逐渐消失，继而出现 G-带直至整个染色体消融。

4. 雉科鸟类的染色体进化

曾养志和何芬奇（1993）比较了我国 12 种鸡形目鸟类雉科染色体的差异，但雪鸡属鸟类除外。鸟类核型在进化中具有较强的保守性，近缘种之间往往有着相似的核型。有人认为鸟类第 1 对大染色体 1 亿年来没有发生变化，其同源性可以追溯到鸟类祖先——爬行动物（Takagi et al.，1972）。由于鸟类核型在进化中较少变化，以至于近缘种间常常具有相同或相似的表型核型，即使有所变化也容易找出它们之间的进化关系，并不像其他一些类群那样已经进化得面目皆非，故有人将鸟类染色体称为"活化石"（李庆伟，1993）。

李庆伟（1993）根据鸡形目 43 种鸟类的核型比较，可将该类群核型大致分为三类：一是保持原始核型的基本特征，在核型中有少量的染色体重排，如珠鸡科、凤冠雉科和雉科部分种属，即大染色体未发生分裂的类群；二是原始的第 1 对染色体着丝点分裂；三是原始的第 2 对染色体着丝点分裂，如松鸡科和雉科部分种属。鸡形目的原始核型包括 5 对大的常染色体，第 1 对是 m 型，第 2 对是 sm 型，第 3～5 对通常是 t 型，Z 染色体为 t 型，长度介于第 3、4 对常染色体之间，二倍体数目约为 80（李庆伟，1993）。这些特征同 Takagi 和 Sasaki（1974）在比较鸟纲 12 目 48 种核型基础上提出的鸟类原始核型十分相似。

比较 13 属 19 种雉科鸟类的核型（表 6-3），可以看出某些属间或种间存在核型差异。首先，从染色体二倍体数目看，2n=78 的有 10 种，其中鹑族有 5 属 6 种，即暗腹雪鸡、石鸡、鹧鸪（*Francolinus pintadeanus*）、鹌鹑、棕胸竹鸡（*Bambusicola fytchii*）和灰胸竹鸡（*Bambusicola thoracica*），雉族有 1 属 2 种，即原鸡（*Gallus gallus*）和家鸡（*Gallus gallus domesticus*）；其余雉族 7 属 12 种，2n 数分别是 80[白鹇（*Lophura nycthemera*）和白腹锦鸡（*Chrysolophus amherstiae*）] 和 82[环颈雉（*Phasianus colchicus*）、绿孔雀（*Pavo muticus*）、白马鸡（*Crossoptilon crossoptilon*）、蓝马鸡、褐马鸡（*Crossoptilon mantchuricum*）、红腹锦鸡（*Chrysolophus pictus*）、绿尾虹雉、白尾梢虹雉（*Lophophorus sclateri*）、黑长尾雉（*Syrmaticus mikado*）和白冠长尾雉（*Syrmaticus reevesii*）]。这一结果不仅反映了种间和属间二倍体数目的差异，且染色体数目在类群间存在差异，即传统分类上的鹑类二

倍体数均为78，而雉类大部分为82和80。其次，从染色体的形态结构看，鹑类5属6种的1号、2号大型染色体为双臂的近中着丝粒染色体或中着丝粒染色体（鹧鸪的1号染色体除外），雉类原鸡属和长尾雉属4种与鹑类相似，其余6属10种的2号染色体均为端着丝粒染色体。几乎所有鸡类的3号、7号染色体均为端着丝粒染色体（表6-3）。

表6-3 19种雉科鸟类的核型比较
Table 6-3 Karyotypes of 19 phasianidae species

物种	1	2	3	4	5	6	7	2n	文献
暗腹雪鸡 Tetraogallus himalayensis	m	m	t	t	m	t	t	78	李红燕等，2006
石鸡 Alectoris chukar	sm	sm	t	t	st	st	t	78	曾养志和何芬奇，1993
鹧鸪 Francolinus pintadeanus	st	sm	t	st	t	sm	st	78	曾养志和何芬奇，1993
鹌鹑 Coturnix coturnix	sm	sm	t	t	t	t	t	78	徐琪等，2004
灰胸竹鸡 Bambusicola thoracica	sm	sm	t	t	t	st	t	78	曾养志和何芬奇，1993
棕胸竹鸡 Bambusicola fytchii	sm	sm	t	t	t	st	t	78	曾养志和何芬奇，1993
原鸡 Gallus gallus	sm	sm	t	t	t	st	t	78	曾养志和何芬奇，1993
家鸡 Gallus gallus domesticus	sm	sm	t	st	t	st	t	78	曾养志和何芬奇，1993
白鹇 Lophura nycthemera	sm	t	t	m	t	t	t	80	Yamashina，1950
白腹锦鸡 Chrysolophus amherstiae	sm	t	t	t	st	t	t	80	曾养志和何芬奇，1993
环颈雉 Phasianus colchicus	sm	t	t	t	st	t	t	82	曾养志和何芬奇，1993
绿孔雀 Pavo muticus	sm	t	t	t	t	t	t	82	曾养志和何芬奇，1993
白马鸡 Crossoptilon crossoptilon	m	m	t	t	sm	t	t	82	石兴娣等，2001
蓝马鸡 Crossoptilon auritum	m	m	t	t	sm	t	t	82	石兴娣等，2001
褐马鸡 Crossoptilon mantchuricum	m	m	t	t	sm	t	t	82	石兴娣等，2001
红腹锦鸡 Chrysolophus pictus	sm	t	t	t	t	t	t	82	Becak et al.，1971
绿尾虹雉 Lophophorus lhuysii	m	m	t	m	t	t	t	82	邹昭芬和尚克刚，1985
白尾梢虹雉 Lophophorus sclateri	sm	t	t	t	st	t	t	82	Zeng and He，1989
黑长尾雉 Syrmaticus mikado	m	m	t	m	sm	sm	sm	82	Yamashina，1950
白冠长尾雉 Syrmaticus reevesii	m	sm	t	m	t	sm	t	82	Iton et al.，1969

注：染色体形态区分是根据着丝粒位置决定，m，中着丝粒染色体；sm，近中着丝粒染色体；st，近端着丝粒染色体；t，端着丝粒染色体；2n，物种染色体数目。

从核型比较可以看出，雪鸡与鹌鹑在染色体数目、分组、形态等方面比较相近，说明两者有较近的亲缘关系。这一结果进一步支持了鸟类核型在进化过程中有较强的保守性，往往出现不同种甚至不同属间具有相似的核型（陈爱葵等，1999）。

基于线粒体 DNA Cyt-b、ND2 基因构建的系统树，以及用 c-mos、Cyt-b 序列构建的系统树，结果均表明鹌鹑是比雪鸡更为原始的种属，在系统发生树上，雪鸡与鹌鹑聚在一起，也说明它们之间的亲缘关系比其他雉科种类较近（Bao et al.，2010）。

6.2 血 细 胞

6.2.1 红细胞

1. 红细胞形态和数量

禽类的红细胞为卵圆形，与哺乳类不同，有核，细胞体积较大。红细胞数受年龄、性别、激素、缺氧和其他因素的影响。雪鸡与一些已测定的禽类的红细胞数比较见表 6-4。

表 6-4　成体雪鸡红细胞数与其他禽类的比较　　（单位：10^{12} 个/L）

Table 6-4　Erythrocyte count of adult snowcock and other birds　（Unit: 10^{12} ind./L）

种类	雄性	雌性	文献
家鸡 Gallus gallus domesticus	3.80	3.00	Lucas and Jamroz, 1961
来亨鸡	3.91	2.95	Sturkie and Textor, 1960
家养火鸡	2.38	2.24	Groebbels, 1932
印第安鸡	2.92	2.42	Surendranathan et al., 1968
北京鸭	2.71	2.46	Halaj, 1967
野鸽	3.04	2.99	Riddle and Braucher, 1934
雉鸡 Phasianus colchicus	2.69	2.39	陈玉琴和俞诗源，2007
石鸡 Alectoris chukar	2.27	2.09	陈玉琴和俞诗源，2007
鹌鹑	4.14	3.86	Nirmalan and Robinson，1971
雪鸡	3.51	2.43	王轮等，1995
红腹锦鸡 Chrysolophus pictus	3.15	3.58	陈玉琴和俞诗源，2007
黄腹角雉 Tragopan caboti	2.21	2.13	李立等，2003
灰胸竹鸡 Bambusicola thoracica	3.50	3.42	韩庆等，2004
褐马鸡 Crossoptilon mantchuricum	3.10	2.98	唐朝忠等，1997

与所有比较的禽类一致，雪鸡也是雄性红细胞数多于雌性。雪鸡虽然生活在高海拔缺氧环境，但其红细胞数并不较其他的禽类高。可见红细胞的数量并不完全与生活环境有关，另外，性激素作用较大（Nirmalan and Robinson，1972）。

2. 血细胞容积

与其他禽类相比,雪鸡血细胞容积比所有其他禽类的都小,且两性基本一致(表6-5)。高山环境缺氧,禽类与哺乳类相似,以增加血细胞容积和红细胞数来适应,鸡、鸽和鹌鹑在海拔3510m时血细胞容积和红细胞数分别增加27%和33%(Burton and Smith,1971)。当它们返回海平面3个月后,上述数据与生活在海平面的禽类没有不同。雪鸡虽然生活于高海拔缺氧环境,但王轮等(1995)实验所用的雪鸡已在人工条件下饲养了一年以上,因此它们的红细胞数并不比其他种类的高,而血细胞容积又低于所有比较的种类。禽类血细胞生存期因种类而不同,平均为50～60天(Nirmalan and Robinson,1972),经一年多低海拔的人工饲养,其红细胞数和血细胞容积下降。

表 6-5 雪鸡与其他禽类血细胞容积比较 (单位: %)

Table 6-5 Blood cell volume of snowcock and other birds (Unit: %)

种类	雄性	雌性	文献
褐马鸡 Crossoptilon mantchuricum	46.86	45.4	唐朝忠等,1997
火鸡	38.5	33.5	Hunsaker,1969
北京鸭	46.7	44.2	Halaj,1967
雉鸡 Phasianus colchicus	41.5	34.0	Balasch et al.,1973
鹌鹑	42.0	37.0	Atwal et al.,1964
黄腹角雉 Tragopan caboti	35.7	36.4	李立等,2003
灰胸竹鸡 Bambusicola thoracica	48.9	50.6	韩庆等,2004
暗腹雪鸡 Tetraogallus himalayensis	37.5	28.2	王轮等,1995

3. 红细胞抵抗力

根据红细胞对已知浓度和渗透压溶液的抵抗力测定红细胞脆性,常用的是钠溶液,可用红细胞在已知浓度的NaCl溶液中溶血的百分比表示抵抗力。雪鸡雄性红细胞抵抗力为0.25%～0.325%,雌性为0.23%～0.30%(王轮等,1995)。鸵鸟的血液在0.4%～0.48% NaCl溶液中开始溶解,在0.27%～0.28% NaCl溶液中全部溶解(Sturkie,1976),雪鸡与之相似。家鸡在0.20%～0.30% NaCl溶液中溶血90%～97%,雪鸡也与之相似。这可能说明禽类红细胞抵抗力相似。

4. 红细胞沉降率

关于禽类的红细胞沉降速率了解较少,平均沉降速率报道为0.5～9.0mm/h(Sturkie,1976),多数是1.4～4mm/h。王轮等(1995)测定雪鸡红细胞沉降速率雄性高于雌性（表 6-6）。这与已报道鸡、鹅不同，这些家禽均是雌性沉降速率高于雄性。但何种原因导致这种现象尚有待研究。

表 6-6　雪鸡红细胞沉降速率与其他雉类比较　（单位：mm/min）

Table 6-6　Erythrocyte sedimentation rate of snowcock and other pheasants (Unit: mm/min)

种类	性别	10	15	30	45	60	120	文献
暗腹雪鸡 Tetraogallus himalayensis	♂	—	1.125	1.352	1.55	2.00	3.25	王轮等，1995
	♀		0.25	0.50	0.75	1.00	2.00	
褐马鸡 Crossoptilon mantchuricum	♂		0.23	0.62	—	1.84	—	唐朝忠等，1997
	♀		0.24	0.74		1.98	—	
家鸡* Gallus gallus domesticus	♂	0.80	—		2.06	3.86	7.00	Sturkie and Textor, 1958
	♀	1.35		5.30		10.56	18.00	
鹅*	♂	—				10.10		Dobsinská, 1972
	♀					21.90		
勺鸡 Pucrasia macrolopha						3.73	—	周天林和韩芬茹，2006
石鸡 Alectoris chukar						3.93		
雉鸡 Phasianus colchicus	♀					3.32	—	

* 与雪鸡测定方法不同，沉降管倾斜 45°角，降速最快，可用于种内雌雄间对比。"—"表示无数据。

6.2.2　白细胞

1. 白细胞的形态

白细胞包括一系列形态各异的细胞。禽类的白细胞简单介绍如下：①中性粒细胞，鸡的中性粒细胞经常是圆形，直径 10～15μm，细胞特征为原生质中存在许多棒状或针状嗜酸性晶状小体。②嗜酸性粒细胞，多形核，嗜酸性的颗粒细胞，颗粒呈球形，比较大。禽类的中性粒细胞和嗜酸性粒细胞一般难于区分。③嗜碱性粒细胞，细胞核呈弱碱性反应，圆形或卵圆形，有时分叶。④淋巴细胞，该细胞在禽类血液中占白细胞多数，其形态变化较大。⑤单核细胞，胞核较大，外形不规则，胞质丰富，呈灰蓝色。

2. 白细胞数

白细胞存在性别和年龄差异，也受饲料、环境、激素、药物、疾病等影响。王轮等（1995）测定了雪鸡的白细胞数（表 6-7），结果表明雄性的白细胞数多于雌性。同灰胸竹鸡和褐马鸡相比，雪鸡的白细胞数均较高，再加上高的淋巴细胞组成，推测实验用的雪鸡可能在饲养过程中受到某种细菌感染。

表 6-7 雪鸡与其他雉类白细胞数、嗜碱性粒细胞（B）、嗜酸性粒细胞（E）、中性粒细胞（N）、淋巴细胞（L）和单核细胞（M）的占比

Table 6-7 Description of leucocyte, including basophils, eosinophils, neutrophils, lymphocytes and monocytes, in snowcocks and other pheasants

种类	♂白细胞数/(10^9/L)	占比/% B	E	N	L	M	♀白细胞数/(10^9/L)	占比/% B	E	N	L	M
灰胸竹鸡 *Bambusicola thoracica*	21.10	5.26	6.43	35.34	49.34	3.05	22.90	6.12	8.11	31.35	51.29	3.13
褐马鸡 *Crossoptilon mantchuricum*	26.20	4.86	6.02	35.39	50.54	3.14	26.00	5.78	8.01	30.28	52.40	3.22
雪鸡	69.00	1.00	0.30	41.15	55.30	3.25	28.00	9.00	1.00	33.00	55.20	2.00
鹌鹑	19.70	0.40	2.50	20.8	73.60	2.70	23.10	0.20	4.30	21.80	71.60	2.10
家鸡 *Gallus gallus domesticus*	19.00	1.70	1.90	27.2	59.10	10.20	19.80	1.70	1.90	22.80	64.60	8.90

参 考 文 献

陈爱葵, 冯肇松, 李爱群. 1999. 鹌鹑与石鸡的核型及 C 带研究. 华南师范大学学报(自然科学版), (2): 95-99.

陈玉琴, 俞诗源. 2007. 红腹锦鸡、石鸡和雉鸡的部分血液生理生化指标. 动物学报, 53(4): 674-681.

韩庆, 张彬, 夏维福, 等. 2004. 笼养灰胸竹鸡血液生理生化指标的测定. 经济动物学报, 8(3): 148-150.

李红燕. 2006. 雪鸡的染色体核型与 G- 带、C- 带分析. 石河子: 石河子大学硕士学位论文.

李红燕, 王金富, 刘凯. 2006. 暗腹雪鸡染色体的核型分析. 石河子大学学报, 24(3): 294-298.

李立, 朱开明, 段文武, 等. 2003. 黄腹角雉血液生理生化指标的测定. 动物学杂志, (6): 94-96.

李庆伟. 1993. 鸡形目鸟类核型及其种系发生研究. 见: 卢汰春, 张万福. 中国珍稀濒危鸟类雉科、松鸡科鸟类生活史与保育. 台北: 中国台湾科学技术出版社: 490-498.

石兴娣, 张正旺, 刘凌云. 2001. 三种马鸡的核型及染色体 G 带带型. 动物学报, 47(3): 280-284.

唐朝忠, 温伟业, 杨爱玲, 等. 1997. 褐马鸡血液生理生化指标及雏鸟矿物元素含量测定. 动物学报, (1): 49-54.

王轮, 王正己, 陈宁, 等. 1995. 雪鸡血液和生理参数的测定与分析. 石河子大学学报(自科版), (1): 63-64.

徐琪, 陈国宏, 张学余, 等. 2004. 鹌鹑的核型及 G 带分析. 遗传, 26(6): 865-869.

周天林, 韩芬茹. 2006. 3 种雉科鸟类血液生理指标的比较研究. 经济动物学报, 10(2): 85-87.

邹昭芬, 尚克刚. 1985. 鸟类染色体的制备方法. 见: 中国科学院动物研究所. 动物学集刊·第三集. 北京: 科学出版社.

曾养志, 何芬奇. 1993. 中国鸡形目雉科 11 种鸡类的染色体研究. 见: 卢汰春, 张万福. 中国珍稀濒危鸟类雉科、松鸡科鸟类生活史与保育. 台北: 中国台湾科学技术出版社, 499-505.

Atwal OS, McFarland LZ, Wilson WO. 1964. Hematology of *Coturnix* from birth to maturity. Poultry Science, 43(6): 1392-1401.

Balasch J, Palacios L, Musquera S, et al. 1973. Comparative hematological values of several Galliformes. Poultry Science, 52:1531-1534.

Bao XK, Liu NF, Qu JY, et al. 2010.The phylogenetic position and speciation dynamics of the genus *Perdix* (Phasianidae, Galliformes). Molecular Phylogenetics and Evolution, 56(2): 840-847.

Becak ML, Becak W, Roberts FL, et al. 1971. Chromosome Atlas: Fish, Amphibians, Reptiles and Birds. Vol.1. Berlin Heidelberg-New York: Springer.

Burton RR, Smith AH. 1971. The hematology of domestic fowl native to high altitude. Environmental Physiology, 4:155-163.

Dobsinská E. 1972. Hematological values in the ontogenic development of the pheasant chicks. Veterinární Medicína, 17(8): 475-482.

Groebbels F. 1932. Der Vögel. Erster Band: Atmungswelt and Nahrungswelt. Berlin: Verlag von Gebrüder Borntraeger.

Halaj M. 1967. A contribution to the study of the blood picture in some kind of breeds of ducks. Acta Zootech Univ Agric Nitra (Czechoslavakia), 16: 91.

Hunsaker WG. 1969. Species and sex differences in the percentage of plasma trapped in packed cell volume determinations on avian blood. Poultry Science, 48(3): 907-909.

Iton M. 1969. Comparative karyotype study in fourteen species of birds. Japanese Journal of Genetics, 44:163-170.

Levan A, Fredga K, Sandberg A. 1964. Nomenclature of great horned owls (*Bubo virginianus*). Cytogenetics and Cell Genetics, 28 :79-86.

Lucas AM, Jamroz C. 1961. Atlas of avian hematology. Agriculture Monograph, 25:271.

Merrell DJ. 1981. Ecological Genetics. London: Longman.

Nirmalan GP, Robinson GA. 1971. Haematology of the Japanese quail (*Coturnix coturnix japonica*). British Poultry Science, 12(4): 475-481.

Nirmalan GP, Robinson GA. 1972. Hematology of Japanese quail treated with exogenous *Stilbestrol dipropionate* and *Testosterone propionate*. Poultry Science, 51(3): 920-925.

Riddle O, Braucher PF. 1934. Hemoglobin and erythrocyte differences according to sex and season in doves and pigeons. American Journal of Physiology-Legacy Content, 108(3): 554-566.

Sturkie PD. 1976. Avian Physiology. 4th Ed. New York: Springer-Verlag.

Sturkie PD, Textor K. 1958. Sedimentation rate of erythrocytes in chickens as influenced by method and sex. Poultry Science, 37(1): 60-63.

Sturkie PD, Textor K. 1960. Further studies on sedimentation rate of erythrocytes in chickens. Poultry Science, 39(2): 444-447.

Surendranathan KP, Nair SG, Simon KJ. 1968. Haematological constituents of duck. Indian Vet J, 45(4): 311-318.

Takagi N, Itoh M, Sasaki M. 1972. Chromosome studies in four species of Ratitae (Aves). Chromosoma, 36(3): 281-291.

Takagi N, Sasaki M. 1974. A phylogenetic study of bird karyotypes. Chromosoma, 46(1): 91-120.

Yamashina Y. 1950. On the phylogeny of the gallinaceous birds based on the cytological evidence. Oguma Commemoration Volume on Cytology and Genetics: 4-8.

Zeng YZ, He FQ. 1989. A study of chromosome complement of the Sclater's monal (*Lophophorus sclateri*). Proc 4th internal Pheas, (China 1989): 37-40.

第7章 雪鸡生理生化

开展禽类的生理生化研究旨在预防疾病、增加存活率、提高生产力。近年来包括雪鸡在内的野生雉类的研究报告有所增加。王轮等（1995）报道了雪鸡血液和生理参数，其研究对象是经人工养殖一年以上的暗腹雪鸡雌、雄各2只。王正己等（1995）报道了暗腹雪鸡氨基酸和微量元素含量，其研究对象包括人工饲养（3只）、野外捕捉成体（1只）和人工育成的幼鸟（2只）。姜玲玲等（2013，2016）先后报道了野生暗腹雪鸡血液生理参数和肌肉营养指标。杨乐等（2015）报道了藏雪鸡营养分析结果。20世纪90年代以来，又有一些野生或饲养的雉类血液生理生化指标被测试并发表，为与雪鸡进行比较提供了资料。本章主要依这些报道介绍雪鸡的生理生化指标，并将雪鸡的生理生化指标与其他禽类进行比较。

7.1 雪鸡的一般生理特征

王轮等（1995）首次报道了经人工养殖一年以上的暗腹雪鸡（2♀2♂）的心率、呼吸频率、体温和血压等一般生理参数。试验用的暗腹雪鸡雌雄体重、呼吸频率相差不大，雌性体温、心率和血压显著高于雄性。鸟类种内雌、雄个体之间一般均存在生理差异，暗腹雪鸡也遵循这一规律（表7-1）。

表7-1 暗腹雪鸡雌雄个体的生理参数比较（王轮等，1995）

Table 7-1 Physiological parameters comparison between male and female Himalayan snowcock (Wang Lun et al., 1995)

性别	体重/kg	心率/（次/min）	呼吸/（次/min）	体温/℃	血压/mmHg	体表面积/m²
雄性（2）	2.5	75	24	41	75*/100**	0.137
雌性（2）	2.38	87	24.5	42.3	81/100	0.165

* 舒张压；** 收缩压。

雪鸡的血压低于家鸡（*Gallus gallus domesticus*，雄性154/191、雌性133/162）、家鸽（*Columba livia domestica*，雄性136/182、雌性132/178）、鹌鹑（雄性

152/158、雌性 147/156）和北美鹑（雄性 135/149、雌性 129/145）（Ringer，1955，1957，1968）。心脏和主动脉内的压力在收缩期射血时达到最高，舒张压（终末舒张压）最低，两者之差为脉压（PP）。依此计算雪鸡的脉压（PP），雄性为 25、雌性为 19，雄性高于雌性。与其他雉类比较，雪鸡属于低血压鸟类。雪鸡分布海拔高，选择低血压无疑是对高海拔环境的一种适应。降低血压和心率，血液在体内流动的速度变缓，有利于将氧气输入各组织，同时将二氧化碳排出体外，从而更有效地利用高海拔地区有限的氧气。

比较鸟类的心率和血压，发现心率和血压间相关性不显著，甚至在同种个体间亦如此。暗腹雪鸡心率较家鸡（雄性 307、雌性 378）、绿头鸭（*Anas platyrhynchos*，雄性 175、雌性 185；Jones and Johansen，1972）和大石鸡（*Alectoris magna*，雄性 309.8、雌性 364.4；李仁德等，1998）低得多，这可能与雪鸡高海拔生活有关。雪鸡心率比较低，应该是生理性窦性心动过缓。雄性与雌性相比，血压较高而心率较慢，雪鸡心率亦符合这一规律。

雪鸡的体温与野生的褐马鸡（*Crossoptilon mantchuricum*，雄性 41.9℃、雌性 41.6℃）相近（唐朝忠等，1997），与家鸡（41.5℃）和家火鸡（41.2℃）相似（McNab，1966；Richards，1970），但是高于寒带地区的柳雷鸟（39.9℃；West，1972）。一般来说，禽类的深部体温比哺乳类要高，禽类较高的体温可能与它们的羽毛绝热效能好、产热量较高有关。鸟类飞行产生大量的热量，提高体温能更好地适应飞行。这种差异一般认为符合贝格曼规律，与体型大小有关，身体表面积越大，体温越低，故大型鸟类的体温偏低（McNab，1966），小型鸟类新陈代谢速率快，能产生更多的热量（Sturkie，1976），这正是雪鸡雌性体温高于雄性的原因所在。雪鸡是适应高海拔地区生活的鸟类，随着海拔的升高，气温逐渐下降，中亚山地海拔每升高 100m，环境温度大约下降 0.6～0.7℃。暗腹雪鸡栖息地的平均海拔为 2500～4500m，最高可达到 5000m。暗腹雪鸡由雌性单独孵卵和育雏，在高海拔、低温条件下需要缩小体型以维持较高的体温，从而保证合适的孵化和暖雏温度。因此，雪鸡雌雄个体体型的差异是长期自然选择的结果。

7.2 血液生理

王轮等（1995）报道暗腹雪鸡（2♀2♂）一般生理特征的同时，也报道了部分血液生理特征，包括血红蛋白和血细胞计数。姜玲玲等（2013）报道了 4 只野外捕捉的雌性暗腹雪鸡血液生理生化指标，其内容包括红细胞形态、血液生理和生化。下文将暗腹雪鸡的相关生理指标与其亲缘关系较近的大石鸡（陈玉琴和俞诗源，2007）和同属高海拔环境栖息的绿尾虹雉进行对比（表 7-2）。

7.2.1 红细胞形态

雪鸡的红细胞呈不规则的椭圆形、楔形、长棒形等多种形态，平均长径 12.69μm、短径 7.05μm，均大于海兰褐鸡（*Gallus gallus domesticus* 'Hyline'）（图 7-1）。与其他鸟类相比（长径 10.7～18 μm、短径 5.96～8.7μm；Sturkie，1976），雪鸡红细胞量度在正常范围之内。

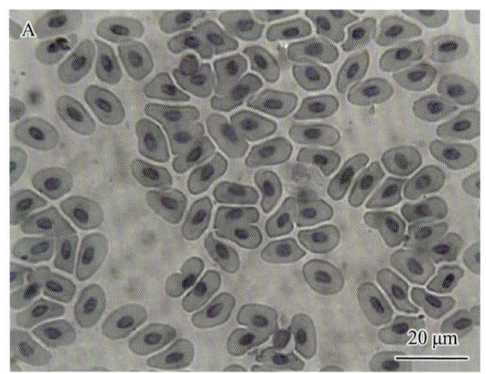

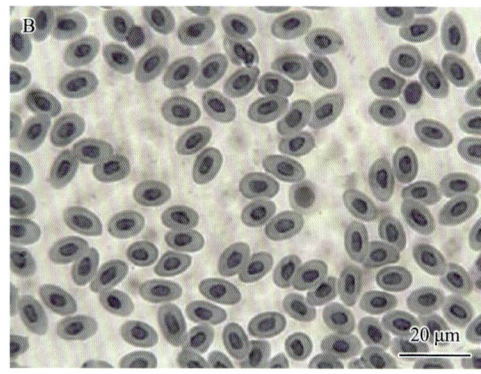

图 7-1 暗腹雪鸡（A）和海兰褐鸡（B）血红细胞比较（×100）（姜玲玲等，2013）

Figure 7-1 Blood smear of Himalayan snowcock and hyline variety crown chicken (Jiang Lingling et al., 2013)

7.2.2 血液生理指标

雪鸡的红细胞体积小，其数量、平均红细胞血红蛋白含量及平均红细胞血红蛋白浓度都明显高于大石鸡和绿尾虹雉（表 7-2），也高于蓝马鸡和藏马鸡（王勇和卢福山，2004），更高于其他成年家鸡和饲养的雁鸭类（Sturkie，1976），这说明雪鸡更适应高海拔环境。红细胞中含有的血红蛋白能和空气中的氧结合，红细胞通过血红蛋白将吸入肺泡中的氧运送给组织，而组织中新陈代谢产生的二氧化碳也通过红细胞运到肺部并被排出体外。雪鸡红细胞体积小，上述运转速率更高，气体代谢效率更高，更有利于雪鸡在高海拔地区运动。

红细胞比容是指红细胞占全血容积的百分比，它反映红细胞和血浆的比例，是影响血黏度的主要因素。野生雪鸡红细胞比容低于低海拔驯养的雪鸡和分布海拔较低的大石鸡，与高海拔分布的绿尾虹雉、蓝马鸡和藏马鸡（王勇和卢福山，2004）相近。这可能是一种规律,即高海拔雉类红细胞比容都比较低,而且基本相似。野生雪鸡、绿尾虹雉、蓝马鸡和藏马鸡红细胞比容处于正常值范围，说明血黏度正常。正常血黏度范围内红细胞数量增加，加之平均红细胞血红蛋白含量和平均红细胞血红蛋白浓度都明显高，可使红细胞气体代谢功能增加。整合雪鸡这些血液生理指标，揭示了雪鸡适应高海拔生活的血液生理机制。

表 7-2　暗腹雪鸡与大石鸡、绿尾虹雉血液生理指标比较（王勇和卢福山，2004）

Table 7-2　Blood physiological index of Himalayan snowcock, rusty-necklaced partridge and Chinese monal (Wang Yong and Lu Fushan, 2004)

指标	暗腹雪鸡（野生）*Tetraogallus himalayensis* 4 雌	暗腹雪鸡（驯养）*Tetraogallus himalayensis* 2 雄	2 雌	大石鸡 *Alectoris magna* 3 雄	3 雌	绿尾虹雉 *Lophophorus lhuysii* 4 雄	5 雌
体重 /kg	1.7	2.5	2.38	0.48	0.45	3	2.91
红细胞数（RBC）/（$\times 10^{12}$ 个 /L）	2.6	3.51	2.45	2.27	2.09	1.83	1.76
白细胞数（WBC）/（$\times 10^{9}$ 个 /L）	17.17	69	28	180.2	176.52	82.32	79.59
中性粒细胞（NEUT）/%	8.83	—	—	29.09	27.37		
单核细胞（MONO）/%	6.33	32	20	13.09	11.15		
淋巴细胞（LYM）/%	84.8	25	22	55.26	53.99		
红细胞比容（HCT）	0.35	37.45	28.2	35.57	31.18	0.36	0.34
血红蛋白（HGB）/（g/L）	165.83	76	95	157	155	97.5	89.4
平均红细胞体积（MCV）/fL	136.44	—	—	157	155	196.4	194.8
平均红细胞血红蛋白含量（MCH）/pg	63.94	—	—	—	—	53.32	50.94
平均红细胞血红蛋白浓度（MCHC）/（g/L）	470.92	—	—	377.67	365.67	271.25	261.4
凝血细胞 CT/（$\times 10^{9}$ 个 /mm³）	—	95	29	13.71	9.59		
嗜酸性粒细胞 AC/%	—	0.3	0.1	4.7	4.1		
嗜碱性粒细胞 BC/%	—	10	0.9	2.38	2.08		

注："—"表示未测此项。

白细胞是血液中的一类细胞，参与机体的防御反应。当病菌侵入机体内时，白细胞能通过变形而穿过毛细血管壁，集中到病菌入侵部位，将病菌包围、吞噬。如果体内的白细胞数量高于正常值，很可能是身体有了炎症。野生雪鸡白细胞数低于 19 种禽类的白细胞数（$18.2\times 10^{9} \sim 35.8\times 10^{9}$ 个 /L）（Sturkie，1976），也低于饲养的雪鸡和其他种类（表 7-2），说明野生雪鸡机体没受病菌感染，机体较健康，抗病力较强。正常成熟的白细胞分为五类：中性粒细胞、嗜酸性粒细胞、嗜碱性粒细胞、淋巴细胞和单核细胞，各类细胞数量变化很大。淋巴细胞是一种免疫细胞，当绝对值高时，机体免疫力就会低下，很容易感染一些疾病。野生雪鸡淋巴细胞数高于饲养的雪鸡、大石鸡。野生雪鸡易受某些疾病感染（如禽流感）可能与中性粒细胞数量很低有关。而饲养雪鸡淋巴细胞数低于大石鸡,也低于 Sturkie（1976）给出的范围值（31～81.5），淋巴细胞百分比偏低,可能主要是由中性粒细胞百分比偏高引起。饲养雪鸡的单核细胞数高于大石鸡,也高于 Sturkie（1976）给出的范围值（1.0～16.5）。饲养雪鸡的嗜酸性粒细胞数低于大石鸡,也低于 Sturkie（1976）所列的种类（0.4～10.2）。雪鸡嗜碱性粒细胞数低于大石鸡,落入 Sturkie（1976）所列的范围（0.2～10）。嗜酸性粒细胞和嗜碱性粒细胞与其他粒细胞一样起源于骨髓造血多能干细胞,嗜酸性粒细胞具有杀伤细菌、寄生虫的功能,也是免疫反应和过敏反应过程中极为重要的细胞。整合这些数据,说明无论野生的还是饲养环境下,雪鸡的灭菌消炎和防控寄生虫系统都比较强,这一结果为雪鸡人工饲养防病治病的检测提供了参考。

7.2.3 血液生化

血清总蛋白可分为白蛋白和球蛋白两类,在禽类机体中具有重要的生理功能。血清总蛋白具有维持血液正常胶体渗透压和 pH、运输某些代谢物质、调节被运输物质的生理作用并解除其毒性等作用,另有免疫和营养等多种功能。白蛋白具有营养补给、解毒、运输、提供热量和稳定血液中免疫球蛋白等作用。如果免疫球蛋白缺少了这种保护,免疫力就会变得不稳定,特别容易引起各种疾病（Sturkie,1976）。可见,血清总蛋白和白蛋白可用于禽类机体营养与疾病状态的监测。暗腹雪鸡的总蛋白和白蛋白高于红腹锦鸡（*Chrysolophus pictus*），低于大石鸡、海兰褐鸡和绿尾虹雉（表 7-3）。这说明实验中采自东帕米尔高原塔什库尔干的暗腹雪鸡血液总蛋白和白蛋白含量适中,营养良好,身体基本健康。

表 7-3 暗腹雪鸡与其他几种雉类的雌性个体血液生化指标比较
Table 7-3 Blood biochemical index of female Himalayan snowcock and other female pheasants

指标	暗腹雪鸡（4雌）*Tetraogallus himalayensis*	大石鸡（3雌）*Alectoris magna*	海兰褐鸡（4）*Gallus gallus domesticus* 'Hyline'	绿尾虹雉（5雌）*Lophophorus lhuysii*	红腹锦鸡（8雌）*Chrysolophus pictus*
总蛋白（TP）/（g/L）	37.67	38.7	40.07	50.36	31.83
白蛋白（ALB）/（g/L）	12.89	14.84	13.58	20.84	10.4
丙氨酸氨基转移酶（ALT）/(U/L)	53.03	44.56	42.78	4.4	28.13
天冬氨酸氨基转移酶（AST）/(U/L)	748	467	147.6	183.9	539
γ-谷氨酰胺转移酶（γ-GT）/(U/L)	20.48		28.41	5	
葡萄糖（Glu）/（mmol/L）	4.22	20.09	3.88		20.1

续表

指标*	暗腹雪鸡（4 雌）*Tetraogallus himalayensis*	大石鸡（3 雌）*Alectoris magna*	海兰褐鸡（4）*Gallus gallus domesticus* 'Hyline'	绿尾虹雉（5 雌）*Lophophorus lhuysii*	红腹锦鸡（8 雌）*Chrysolophus pictus*
总胆红素（TBIL）/（μmol/L）	3.34		2.54	1	
直接胆红素（DBIL）/（μmol/L）	0.58		0.56		
尿素氮（Bun）/（mmol/L）	3.57	0.41	4.18	0.63	1.55
肌酐（Cre）/（μmol/L）	40.72	83.51	36.43	3.2	26.49
胆固醇（CHO）/（mmol/L）	5.72	3.98	2.48	4.04	3.96

* 由于缺少雄性雪鸡，只选择雌性数据进行比较。大石鸡和红腹锦鸡（*Chrysolophus pictus*）引自陈玉琴和俞诗源（2007），绿尾虹雉引自陈冬梅等（2018），暗腹雪鸡和海兰褐鸡引自姜玲玲等（2013）。

丙氨酸氨基转移酶（简称转氨酶）是一种机体蛋白质新陈代谢的催化剂，起加快氨基酸在体内转化的作用，它广泛存在于机体各种组织、器官、肌肉和骨骼中，以肝脏细胞胞浆中最多。肝脏病变或发炎时，血清转氨酶显著增高。因此，血清转氨酶数量是禽类肝脏病变程度的重要指标。家禽正常血清转氨酶，肉鸡为 70～315U/L，蛋鸡为 130～270U/L，雪鸡和表 7-3 中所列的种类都低于家禽，这说明实验用雪鸡和其他雉类肝脏没有发生病变。天冬氨酸氨基转移酶存在于机体各种组织中，以心肌含量最丰富，其次是肝脏，是测定心肌、肝、肾组织损伤程度的同工酶。天冬氨酸氨基转移酶增高，常常伴随着上述组织患有急性或慢性炎症。正常情况下此酶在人体中含量很少，禽类中几乎没有报道。表 7-3 所列雉类的天冬氨酸氨基转移酶都很高，雉鸡雌性的天冬氨酸氨基转移酶平均值也达到 465.0U/L（陈玉琴和俞诗源，2007），这种现象可能是禽类所特有，并不预示雪鸡肝部染病或其他组织炎症病变。γ- 谷氨酰胺转移酶肾内最多，其次为胰和肝，可用于鉴别肝脏系统疾病。依照禽类血检标准，谷氨酰胺转移酶参考值肉鸡为 8.0～25.0U/L，蛋鸡为 5.0～25.0U/L，雪鸡谷氨酰胺转移酶处于禽类正常值范围内，说明野生雪鸡肝脏系统正常，未受疾病感染。

总胆红素和直接胆红素直接与肝胆有否病变有关。直接胆红素增高，在禽类标志着严重溶血综合征。禽类正常值为肉鸡 0.10～2.20μmol/L、蛋鸡 06～31.0μmol/L。雪鸡虽较表 7-3 所列雉类都高（总胆红素 3.34μmol/L，直接胆红素 0.58μmol/L），仍在蛋鸡正常范围内。

肝脏解毒功能之一是将氨基酸代谢生成的有毒的氨，水解为无毒的尿素氮，由肾小球过滤排出。尿素氮升高称氮质血症，见于肾功能不全。野生雪鸡尿氮素的含量为 3.57mmol/L，低于表 7-3 中的海兰褐鸡，高于其他 3 种野生雉类，也高于高海拔分布的蓝马鸡（2.41mmol/L）和藏马鸡（2.35mmol/L），肉鸡和蛋鸡的正常值均为 0.18～0.65mmol/L。这并不意味着野生雪鸡肾功能不全。影响尿素氮的因素很多，例如，海兰褐鸡尿氮素的高含量与高蛋白的饲料有关，而豆科植物是野生雪鸡的主要食物之一，这种高蛋白食物可能影响雪鸡的尿素氮含量。

血中的肌酐来源包括外源性和内源性两部分。血肌酐几乎全部经肾小球滤过进入原尿，并且不被肾小管重吸收。因此，测定血肌酐浓度可以反映肾小球的滤过功能。禽类血肌酐参考值范围，肉鸡为 15.0～37.0mmol/L，蛋鸡为 19.0～37.0mmol/L，雪鸡为 40.72mmol/L。实际上，肌酐在禽类变化很大，最低的绿尾虹雉为 3.20mmol/L，最高的石鸡为 83.51mmol/L（表 7-3）。

胆固醇是动物构成细胞所不可缺少的重要物质，它参与形成细胞膜，是合成胆汁酸、维生素 D 和甾体激素的原料。胆固醇经代谢转化为胆汁酸、类固醇激素、7-脱氢胆固醇，后者经紫外线照射会转变为维生素 D_3，所以胆固醇并非是对动物有害的物质。野生雪鸡胆固醇的含量为 5.72mmol/L，高于表 7-3 中的其他雉类。

7.3 营养状况

7.3.1 雪鸡肉的一般营养成分

将海兰褐鸡（姜玲玲等，2016）、家鸽（*Columba livia domestica*）和花尾榛鸡（李训德等，1991）与雪鸡进行比较（表 7-4），结果表明，雪鸡粗蛋白含量稍高于花尾榛鸡，显著高于家鸽，但低于海兰褐鸡。雪鸡粗脂肪含量最低，灰分稍高。杨乐等（2015）实验用的藏雪鸡和姜玲玲等（2016）实验用的暗腹雪鸡均为野生个体，粗脂肪含量低可能与雪鸡野外高强度的活动有关。

表 7-4 暗腹雪鸡和其他几种鸟类肉的一般营养成分 （单位：%）
Table 7-4 General nutrients of Himalayan snowcock and other several birds (Unit: %)

一般营养成分	水分	粗蛋白	粗脂肪	灰分
藏雪鸡 *Tetraogallus tibetanus*	70.8	24.9	0.8	2.0
暗腹雪鸡 *Tetraogallus himalayensis*	73.56	23.3	1.18	1.27
海兰褐鸡 *Gallus gallus domesticus* 'Hyline'	72.63	25.4	4.26	1.03
花尾榛鸡 *Bonasa bonasia*	71.73	23.23	2.20	1.04
家鸽 *Columba livia domestica*	72.71	21.68	3.18	1.45

7.3.2 氨基酸及其含量

氨基酸是构成动物营养所需蛋白质的基本物质，在鸟类体内通过系列代谢过程合成蛋白质，或通过分解代谢氧化产生能量。王正己等（1995）测定 6 只暗腹雪鸡的氨基酸和微量元素，其中 1 只临时捕捉于野外（1 号），3 只（2 号、3 号和 5 号）养殖 15 个月以上，2 只（4 号和 6 号）幼雏，以下称为混合组；姜玲玲等（2016）报道了 4 只野生雌性暗腹雪鸡的氨基酸和微量元素；杨乐等（2015）报道了采用国标测定的 3 只藏雪鸡营养成分。

王正己等（1995）混合组样品中，17 种氨基酸总含量如下：1 号为 19.87%，2 号、3 号和 5 号为 18.77%，4 号和 6 号为 20.18%，混合组平均为 19.92%。姜玲玲等（2016）测得 4 只野生雌性暗腹雪鸡 17 种氨基酸总百分含量为 22.48%。藏雪鸡 17 种氨基酸总百分含量为 22.22%。野生雌性暗腹雪鸡肌肉氨基酸含量最高，其次是藏雪鸡，都高于暗腹雪鸡混合组。混合组中雏鸟最高，其次是野生的，饲养的最低。人体 8 种必需氨基酸的含量在混合组暗腹雪鸡样本中除色氨酸未测定外，其余 7 种含量为 7.83g/100g；野生雌性暗腹雪鸡的含量为 8.91 g/100g，稍低于藏雪鸡的 8.96 g/100g（包括色氨酸应该为 9.14 g/100g），都高于混合组样本的含量（表 7-5）。混合组中野生的为 7.80 g/100g，饲养的 7.48 g/100g，雏鸟的 8.49 g/100g，雏鸟最高，均低于野生雌性和藏雪鸡的含量。测定的 17 种氨基酸中天冬氨酸、谷氨酸、甘氨酸和丙氨酸是鲜味氨基酸，以谷氨酸为主，含量最高。野生雌性暗腹雪鸡氨基酸含量最高，其次是藏雪鸡，混合组经驯养的样品最低（表 7-5）。综上所述，人工驯养既无法提高雪鸡的营养价值，也无法提高雪鸡肉的鲜味。

表 7-5 暗腹雪鸡与藏雪鸡肌肉氨基酸含量对比 （单位：g/100g）

Table 7-5 Amino acid content in muscles of Himalayan snowcock and Tibetan snowcock (Unit: g/100g)

氨基酸	暗腹雪鸡[1] *Tetraogallus himalayensis* 野生（1）	饲养（3）	雏鸟（2）	平均	藏雪鸡 *Tetraogallus tibetanus* （3）	暗腹雪鸡[2] *Tetraogallus himalayensis* （4）
天冬氨酸	1.95	1.83	2.19	1.96	2.26	2.22
苏氨酸	0.85	0.99	1.04	0.94	1.07	0.95
丝氨酸	0.87	0.81	1.04	0.9	0.96	0.95
谷氨酸	3.43	3.15	3.56	3.33	3.65	4.49
甘氨酸	0.96	0.94	1.02	0.97	0.99	1.14
丙氨酸	1.22	1.16	1.37	1.24	1.31	1.31
胱氨酸	0.24	0.26	0.32	0.28	0.28	0.12
缬氨酸	0.94	0.92	1.04	0.97	1.11	1.21
甲硫氨酸	0.59	0.49	0.56	0.53	0.56	0.64
异亮氨酸	0.9	0.85	0.94	0.89	1.07	1.12

续表

氨基酸	暗腹雪鸡[1] *Tetraogallus himalayensis*				藏雪鸡 *Tetraogallus tibetanus* (3)	暗腹雪鸡[2] *Tetraogallus himalayensis* (4)
	野生（1）	饲养（3）	雏鸟（2）	平均		
亮氨酸	1.7	1.61	1.87	1.71	2.01	1.93
酪氨酸	0.7	0.85	0.75	0.69	0.82	0.74
苯丙氨酸	1.02	0.98	1.18	1.05	1.04	0.97
赖氨酸	1.8	1.64	1.86	1.74	2.1	2.09
组氨酸	0.57	0.54	0.67	0.59	0.64	1.15
精氨酸	1.36	1.27	1.46	1.35	1.48	1.6
脯氨酸	0.77	0.78	0.8	0.78	0.69	0.87
色氨酸					0.18	
总百分比/%	19.87	18.77	20.18	19.92	22.22	22.48

注：1 王正己等（1995）混合组，2 姜玲玲等（2016）。括号中的数字为样本数。

三种家禽与雪鸡比较，家鸡、鹌鹑和乌鸡17种氨基酸总百分比分别为16.92%、13.23%和18.92%；必需氨基酸分别是6.70 g/100g、5.38 g/100g和6.91 g/100g；鲜味氨基酸分别是6.22 g/100g、4.60 g/100g和6.64 g/100g（王正己等，1995），都低于雪鸡相应的值。雪鸡肉营养价值和鲜味并非高于其他所有家禽，如海兰褐鸡，总氨基酸含量为23.43%，必需氨基酸9.25%，鲜味氨基酸11.35%，指标都高于雪鸡（姜玲玲等，2016）。据以上研究结果，不可盲目宣传雪鸡的营养价值超过家鸡。为保护雪鸡资源，建议培育更多类似海兰褐鸡的家禽品种。

7.3.3 肌肉脂肪酸含量

脂肪酸具有多种功能和营养价值，不同种类的脂肪酸具有不同的生物活性。亚油酸和亚麻酸是生物体所必需，其代谢产物能降低胆固醇，调节免疫和抗癌，受食品、药品和保健品开发行业青睐。杨乐等（2015）和姜玲玲等（2016）报道了雪鸡肌肉脂肪酸含量，但是他们用的相对计量单位不同，本书作者进行了科学转换。表7-6的雉类共同特点是肉豆蔻酸和亚麻酸含量都很低，藏雪鸡甚至未检出肉豆蔻酸。暗腹雪鸡油酸含量最高，棕榈酸次之；藏雪鸡花生四烯酸含量最高，硬脂酸次之，而暗腹雪鸡未检出花生四烯酸，两种雪鸡肌肉脂肪酸含量差异明显。花生四烯酸是一种高度不饱和脂肪酸，有研究表明，高度不饱和脂肪酸可调节机体使之对低温产生耐受性，为动物提供更好的保护（Prins，1981）。实验用藏雪鸡采自西藏定结县，平均海拔4500m以上（杨乐等，2015），暗腹雪鸡采自新疆塔什库尔干县，平均海拔4000m（姜玲玲等，2013）。为适应高海拔地区的寒冷气候，藏雪鸡肌肉含丰富的花生四烯酸。雉鸡亚油酸含量最高，棕榈酸次之；狼山鸡（张学余等，2009）硬脂酸含量最高，油酸次之；家鸡和文昌鸡（施力光等，2018）油酸含量最高，亚油酸次之。家鸡之间的差异可能与饲料结构有关，也可能与测试手段有关。

表 7-6　雪鸡肌肉脂肪酸与几种家禽比较（王毅等，2013）（单位：%）
Table 7-6　Muscle fatty acids of snowcocks and several poultry species
(Wang Yi et al., 2013)　(Unit: %)

脂肪酸	暗腹雪鸡 *Tetraogallus himalayensis*	藏雪鸡 *Tetraogallus tibetanus*	雉鸡* *Phasianus colchicus*	家鸡	狼山鸡	文昌鸡
肉豆蔻酸（C14:0）	0.55		0.3	1.28	0.27	0.09
棕榈酸（C16:0）	26.22	13.64	20.33	16.48	5.56	24.02
硬脂酸（C18:0）	14.43	25	0.33	15.73	36.94	6.79
十四碳烯酸（C14:1）			0.08		23.16	
油酸（C18:1n9c）	34.65	9.09	20.34	24.25	19.49	33.08
亚油酸（C18:2n6c）	18.78	20.45	33.69	16.97	0.91	25.75
亚麻酸（C18:3n3）	0.35	2.27	0.99	0.65	1.34	0.27
花生四烯酸（C20:4n6）		27.27	0.98	8.35	1.59	1.74
二十二碳六烯酸（C22:6n3）		2.27	2.8			0.19
SFA	41.2	38.64	22.98	33.49	43.26	30.9
MUFA	34.65	9.09	25.59	24.25	42.65	33.08
PUFA	19.13	52.26	51.43	26.12	12.69	27.95
EFA	19.13	49.99	35.16	25.97	3.84	27.76

* 刘操，2014。

自然界存在多种脂肪酸，按其饱和度不同分为三大类：饱和脂肪酸（saturated fatty acid，SFA）、单不饱和脂肪酸（monounsaturated fatty acid，MUFA）和多不饱和脂肪酸（polyunsaturated fatty acid，PUFA）（表 7-6）。两种雪鸡饱和脂肪酸含量都比较高，过多食用可能导致血胆固醇、甘油三酯、低密度脂蛋白（LDL-C）升高，继发动脉管腔狭窄，形成动脉粥样硬化，增加患冠心病的风险。两种不饱和脂肪酸都对机体健康有很大益处，其中，多不饱和脂肪酸即必需脂肪酸（essential fatty acid，EFA），是指维持机体正常代谢不可缺少而自身又不能合成，或合成速度慢而无法满足机体需要，必须通过食物供给的脂肪酸。必需脂肪酸主要包括两类：一类是 ω-3 系列的 α-亚麻酸（18:3），一类是 ω-6 系列的亚油酸（18:2），都是多不饱和脂肪酸，其中以亚油酸最为重要。机体可利用亚油酸和 α-亚麻酸合成花生四烯酸（AA）、二十碳五烯酸（EPA）、二十二碳六烯酸（DHA）等机体不可缺少的脂肪酸。它们在体内具有降血脂、改善血液循环、抑制血小板凝集、阻抑动脉粥样硬化斑块和血栓形成等功效，对心脑血管病有良好的防治效果。暗腹雪鸡必需脂肪酸含量高于狼山鸡，但低于表7-6所列其他雉类；藏雪鸡必需脂肪酸最高，其次是雉鸡，应作为优质禽类利用。实际上，雉鸡类脂肪酸含量受饲料结构影响很大，为了保护野生动物资源，可科学调整饲料结构饲养优质肉用家禽，满足人类对优质禽肉需求。

7.3.4 微量元素含量

微量元素对于机体生命活动至关重要，例如，锌是多种金属酶的组成成分或激活剂，与锌有关的酶不下20种。最新研究证实锌与RNA、DNA和蛋白质的生物合成关系密切。暗腹雪鸡和藏雪鸡肉中铁和锰含量最少，而钾最高（表7-7）。暗腹雪鸡的镁和钾含量高于藏雪鸡，尤其钾含量是藏雪鸡的3倍，而藏雪鸡其他微量元素含量都显著高于暗腹雪鸡，尤其锌含量最高，也高于雉鸡和白胸黑珠鸡（*Agelastes meleagrides*）。

表 7-7 雪鸡和其他雉类肌肉的微量元素含量 （单位：mg/100g）

Table 7-7 Contents of trace elements of muscle in snowcocks and other pheasants (Unit: mg/100g)

微量元素	暗腹雪鸡 *Tetraogallus himalayensis* 幼鸟（2）	饲养（3）	野生（1）	平均	藏雪鸡 *Tetraogallus tibetanus* （3）	雉鸡 *Phasianus colchicus* （雌性）	白胸黑珠鸡 *Agelastes meleagrides* （雌性）
铜 Cu	0.33	0.17	0.08	21	0.29	18.78	24.8
铁 Fe	3.04	3.53	4.08	3.4	7.77	4.07	7.19
锰 Mn	0.06	0.04	0.08	0.055	0.2	9.52	15.59
锌 Zn	1.33	1.4	1.31	1.35	8.1	2.31	3.18
磷 P	229	209	251	223		213.4	117.5
钙 Ca	12.8	7.41		10.99	25.66	16.4	13.51
镁 Mg	24.4	19.3		21.0	20.92	35.61	25.36
钾 K	440	382		411	136.49	557.9	553.9
钠 Na					142.08	172	132.9

注：括号中的数字为样本数。

参 考 文 献

陈冬梅, 何松, 张龙, 等. 2018. 笼养绿尾虹雉血液生理生化指标分析. 动物学杂志, 53(3): 354-359.

陈玉琴, 俞诗源. 2007. 红腹锦鸡、石鸡和雉鸡的部分生理生化指标. 动物学报, 53(4): 674-681.
姜玲玲, 何宗霖, 姚刚. 2013. 暗腹雪鸡与海兰褐鸡血液生理生化指标的比较. 动物学杂志, 48(4): 215-219.
姜玲玲, 张晓红, 姚刚. 2016. 新疆暗腹雪鸡肌肉营养成分测定分析. 畜牧与兽医, 48(10): 47-50.
李仁德, 陈强, 刘迺发, 等. 1998. 大石鸡心电活动的研究. 兰州大学学报(自然科学版), 34(3): 100-105.
李训德, 郭文场, 冯怀亮, 等. 1991. 花尾榛鸡与家鸽肌肉营养成分和组织学比较研究. 兽医大学学报, 11(1): 31-36.
刘操. 2014. 珍珠鸡、贵妃鸡和雉鸡肌肉营养成分和风味物质的对比研究. 北京: 中国农业科学院硕士学位论文.
施力光, 胡海超, 冯维祺, 等. 2018. 儋州鸡和文昌鸡肌肉氨基酸和脂肪酸含量比较研究. 中国家禽, 40(9): 11-15.
唐朝忠, 温伟业, 杨爱玲, 等. 1997. 褐马鸡血液生理生化指标及雏鸟矿物元素测定. 动物学报 43(1): 49-54.
王轮, 王正己, 陈宁, 等. 1995. 雪鸡血液和生理参数的测定与分析. 石河子农学院学报, 29(1): 63-64.
王勇, 卢福山. 2004. 青海马鸡血液指标和生化遗传标记的研究. 青海大学学报(自然科学版), 22(6): 11-15.
王正己, 王燕, 哈孜, 等. 1995. 雪鸡肉几种氨基酸和微量元素的测定及对比分析. 石河子农学院学报, 29(1): 63-64.
杨乐, 索朗次仁, 仓决卓玛. 2015. 藏雪鸡的营养成分分析. 营养学报, 37(3): 308-309.
张学余, 韩威, 李国辉, 等. 2009. 5个地方鸡种肌肉脂肪酸相对含量比较及主成分分析. 甘肃农业大学学报, 44(4): 41-45.
Jones DR, Johansen K. 1972. The blood vascular system of birds. Avian Biology, 2: 157-285.
McNab BK. 1966. An analysis of the body temperatures of birds. Condor, 68: 47-55.
Prins HHTh. 1981. Why are mosses eaten in cold environments only? Oikos, 38: 374-380.
Richards SA. 1970. The role of hypothalamic temperature in the control of panting in the Domestic fowl exponed to heat. Journal of Physiology, 211(2): 341-358.
Ringer RK. 1968. Blood pressure of Japanese and bobwhite quail. Poultry Science, 47: 1602-1604.
Ringer RK, Sturkie PD, Weiss HS. 1957. Role of gonads in the control of blood pressure in chickens. American Journal of Physiology, 190: 54-56.
Ringer RK, Weiss HS, Sturkie PD. 1955. Effect of sex and age on blood pressure in the duck and pigeon. American Journal of Physiology, 183: 141-143.
Sturkie PD. 1976. Avian Physiology. 4th Ed. New York: Springer-Verlag.
West GC. 1972. Seasonal differences in resting metabolic rate of Alaskan ptarmigan. Comparative Biochemistry and Physiology, 42(4): 867-876.

第 8 章 雪鸡高山适应

低温、低气压、缺氧和强辐射是高海拔环境的主要特征。同时，由于可利用食物少，高海拔鸟类必须进化出一系列特征以适应当地环境。雪鸡属鸟类栖息于中亚地区的高大山脉，是分布海拔最高的鸡形目鸟类，也是唯一能在 –40℃低温环境下存活的鹑类，其适应性特征包括：①雪鸡在鹑类家族体型最大，其体重达到同类群体重最大个体的两倍以上；②鼓翼飞翔能力丧失，发展了高山地区的平行滑翔能力；③是雏鸟发育过程中唯一不吃动物性食物的类群。上述特征在诸多方面反映出雪鸡属鸟类对高山环境的适应性。本章从下述几个方面介绍雪鸡对高山环境的适应性。

8.1 对低温的适应

雪鸡常年栖息于高山和亚高山地带，夏季短而凉，冬季长而冷。大多数雪鸡生境一年中仅有 70～90 天气温不低于 0℃。冬天夜里的气温可低至 –40℃或更低。

所有雪鸡属鸟类的上体均呈土棕色或红棕色且密布黑褐色虫蠹状斑，这种颜色与岩石上生长的地衣颜色非常相似。推测雪鸡的羽衣除了具有保护色的功能之外，可能还具有光学物理效应，即能吸收更多的红外线以保持体温。雪鸡每枚正羽的羽轴均具发育良好的副绒羽，使得其羽衣整体丰满厚实。雪鸡的大体型也能在寒冷环境下有效保证体温恒定。此外，雪鸡雏鸟具有占其体重 19.7% 的卵黄储备（Baziev，1978）。虽然寒冬的低温不会给雪鸡造成太大危害，但长时间的深度积雪（>10cm）增加了雪鸡觅食的难度。因此，栖息于雪线附近的雪鸡常常避开完全被冰雪覆盖的地方。积雪的深度和时间决定了雪鸡分布的上限，少雪的环境（如中亚地区的高山）更适宜雪鸡生存。

8.2 对热环境的适应

高海拔环境特征之一是强太阳辐射，夏季阳坡的气温可高达 30℃以上。西藏曲水县的雄色寺是藏雪鸡的优良栖息地，海拔 4370m，夏季平均气温 17.5℃。具有丰厚羽衣、适应寒冷气候的藏雪鸡能在此地营巢繁殖。原因是藏雪鸡的巢址选择在岩洞、灌丛或巨石下，凉爽的小生境适合其产卵、孵卵和育雏等。栖息于不同纬度的雪鸡营巢海拔有所变化，例如，阿尔泰雪鸡在阿尔泰山北部的巢址海拔为600m，西部为1300m，南部则为1900m。在准噶尔盆地的阿拉套山和北纬44°～45°的博罗科努（Borochoro）山，暗腹雪鸡营巢的最低海拔为900m，在北纬39°的吉萨尔（Gissar）山为2400 m，在帕米尔高原为3800m（Potapov，1992）。藏雪鸡在青海省尖扎县营巢的海拔为3470m，而在拉萨市曲水县的雄色寺为4780m。雪鸡通常在低处繁殖，8月初雏鸟孵出后雪鸡家族会有规律地向更高海拔地带移动。

雪鸡属鸟类季节性、昼夜间不同海拔梯度间的移动既是寻找食物的需要，也是响应环境温度变化的适应性行为。

8.3 对高山裸岩生境的适应

高山裸岩带是雪鸡完成其整个生活史周期的偏好生境，其繁殖、觅食、栖息、夜宿等生活史重要阶段均在其中完成。因此，雪鸡在长期的进化过程中形成了一系列与裸岩生境相适应的形态、生态特征。

雪鸡是雉科鸟类中唯一不用爪在地面刨食的种类。首先，它们的嘴呈高弓形，强健有力，既适于切断坚硬的干草茎及植物的绿色部分，又适于挖取植物地下根或茎，这是对高山裸岩区觅食的适应。其次，雪鸡的腿脚粗健，趾爪宽扁，能沿山坡向上快速奔走，在陡峭多岩石地带采取跳跃的方式，出生后不久的雏鸟就能随亲鸟在岩石堆里上下攀爬跳跃。最后，雪鸡的羽色能随环境而改变，形成了较好的保护色。

8.4 飞行方式的适应

雪鸡生活的高山地带，气压低，且深山峡谷中的气流变化莫测，因而进化出适应这样气压和气流的滑翔飞行方式。雪鸡滑翔飞行的主要动力源是重力。雪鸡从其强有力的腿部肌肉获得强大的推力，展翅离开地面，之后降低高度开始滑翔。根据Potapov（1992）的估算，帕米尔高原雪鸡滑翔下降400m可飞行1.5km的距离，在另一山坡着陆时又会上升120～200m。着陆时雪鸡借助双翼降低速度，将翅与飞行路线间的角度调整得更大，冲击力（体重+速度）与空气阻力相结合使鸟沿山坡滑翔上升，直至着陆。雪鸡滑翔时有时会突然挥动一两下翅膀，Potapov（1992）认为其作用是为了降低飞行速度，为控制飞行路线提供了可能，起到了滑翔制动器的作用（图8-1）。这种飞行被称为"可逆飞行"。相同的飞行模式也见于高山雉类虹雉属（*Lophophorus*）鸟类。

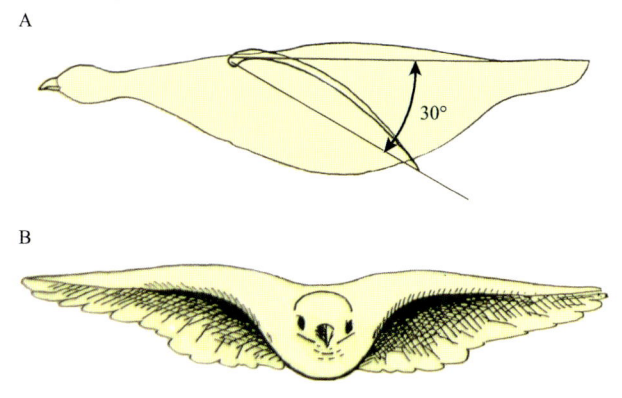

图 8-1 暗腹雪鸡飞行时双翅的位置（Potapov，1992）

Figure 8-1　The position of the wings during the flight of Himalayan snowcock (Potapov, 1992)

A. 侧面观，B. 正面观

雪鸡的滑翔飞行方式实际上是次生性的。雪鸡在适应高山生活过程中，体重增大与鼓翼飞行发生了矛盾，在进化过程中形成了滑翔的飞行方式。滑翔要求有最低的滑翔速度，低于这个速度就不能滑翔。借助滑翔机滑翔速度公式——$V_\mathrm{S}=\sqrt{\dfrac{2W}{\rho SC_\mathrm{lmax}}}$，在气流密度 ρ 和最大升力系数 C_lmax 一定的情况下，滑翔速度 V_S 随体重 W 的增加而增加，随翼面积 S 的增加而下降。在进化过程中，雪鸡由鼓翼飞行转变为滑翔，不仅克服了增大体重以适应寒冷与鼓翼飞翔的矛盾，而且充分利用了体重的优势（刘迺发，1998）。藏雪鸡（$n=6$）、暗腹雪鸡（$n=5$）外侧次级飞羽的长度占翅长的51.6%～52.4%，而石鸡（$n=11$）为63.3%。由此看出，由鼓翼飞行演变为滑翔使得雪鸡双翼的面积相对减小。

空气密度随海拔升高而下降，最大升力系数随之下降，为保证相同的滑翔速度而不至于过快，高海拔分布的雪鸡必须降低体重。在5种雪鸡中，藏雪鸡分布海拔最高，其体重最小，雄性体重1.5～1.75kg、雌性1.17～1.6kg；暗腹雪鸡雄性体重1.9～3.0kg、雌性1.36～1.8kg；阿尔泰雪鸡雄性体重3.0kg、雌性2.54kg；里海雪鸡雄性体重2.68kg、雌性2.34kg；高加索雪鸡雄性体重1.93kg、雌性1.73kg（Johnsgard，1988）。与此同时，藏雪鸡双翼的面积也最小，雄性翅长270～280mm、雌性260～270mm。其他4种雪鸡雄性和雌性的翅长分别是：暗腹雪鸡320～340mm和275～315mm，阿尔泰雪鸡290～325mm和280～332mm，里海雪鸡298～307mm和281～295mm，高加索雪鸡273～285mm和245～250mm（Johnsgard，1988）。

由于体重增加和翼面积变小，雪鸡无法从平地起飞，也不能保持水平飞行。试验笼养的暗腹雪鸡，在平地上振翅最多只能离开地面 1.5～2.0m，从巨石上滑行距离不超过 20～30m。因此，在平坦的高山草甸上觅食的雪鸡需要助跑到悬崖边方能滑翔飞走。如图 8-2 所示，滑翔角度即飞行路线与水平线之间的角度 θ 是静气动力（R）的方向与相对气流之间的余角。平行于相对气流的阻力（D）和与阻力垂直的升力（L）之比（L/D）为升阻比。当 R 的作用方向与相对气流垂直时，$L/D=\infty$，雪鸡能在水平方向滑翔并且不失速度。但这是理论计算结果，实际中永远无法实现，所以雪鸡不能进行水平或爬升飞行。

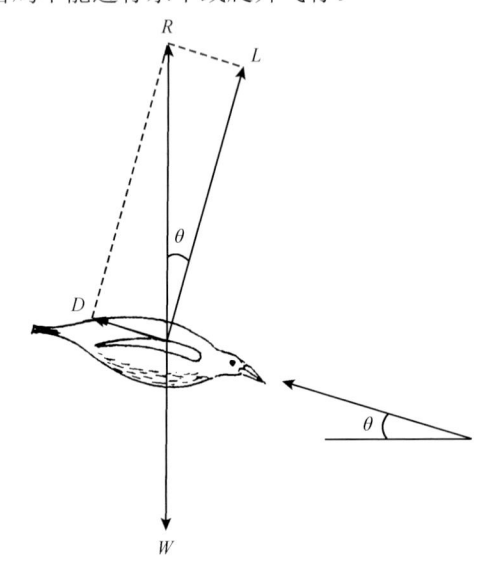

图 8-2　雪鸡滑翔示意图（刘迺发，1998）

Figure 8-2　Gliding flight of snowcock(Liu Naifa, 1998）

雪鸡的飞行方向与水平方向成 θ 角下降，平行于相对气流的阻力为 D，与之垂直的升力为 L，静气动力（R）与体重（W）平衡

雪鸡的飞行方式由其飞行器官的特殊性所决定，主要的飞行肌（尤其是胸大肌）和胸骨均减小，这与鸟类的被动滑翔有关。主要飞行肌（胸大肌和乌喙肌）仅是体重的 15%，不仅在雉科较低，而且在鸡形目中也是低占比。同样，胸骨上龙骨突的高度也低，仅接近龙骨突长度的 25%（Potapov，1992）。

雪鸡翅的主要特点是肱骨（h）和尺骨（u）的位置构成了一个直角（图 8-3），而鹑类其他种类如石鸡的这个角度大约为 120°。雪鸡的翅变得相对短而宽，是因为肱骨与尺骨间的直角使得雪鸡的翼膜面积增大（尤其是前翼膜），而不是因为尺骨的变短，翼膜增大会使翅变得更灵活。雪鸡体重作用于翅的压力是 1.7～2.3kg/m^2，在鸡形目中最大。前翼膜是翅最牢固和强壮的部分，它的增大有助于抵抗以 90km/h 的速度滑翔时对翅产生的压力。

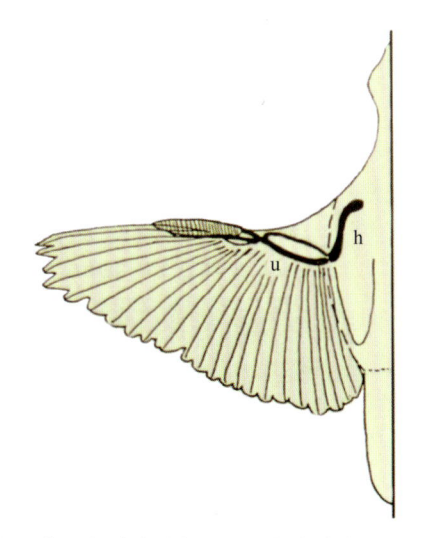

图 8-3　暗腹雪鸡滑翔时肱骨与尺骨之间的夹角（Potapov，1992）

Figure 8-3　Angular angle between humerus and ulna of Himalayan snowcock during gliding (Potapov, 1992)

8.5　食性适应

　　动物的食性是其对环境食物资源的响应和适应，雪鸡只有适应高山的食物环境才能生存。雪鸡是植食性为主的鸟类，其食物种类包括植物的芽、嫩枝叶、花、浆果、块茎、鳞茎、根和种子，成体夏季也吃少量昆虫或其他小型无脊椎动物（Baker，1928；Dementiev and Gladkov，1967；郑生武和皮南林，1979），但是雪鸡的幼鸟完全以植物为食，在它们的食物中至今尚未发现动物性食物。雪鸡占据着中亚地区的高大山脉，这些栖息地海拔高、气温低，风大且干旱少雨，生态系统初级生产力低，造成昆虫及其他小型无脊椎动物种类数量少。因此，较为专一的植食性是雪鸡对高山低生产力适应性的典型反映，也是它们在高原环境里长期进化的必然结果。

　　Baker（1928）记录喜马拉雅地区藏雪鸡的成体取食一定数量的动物性食物。藏雪鸡分布海拔最高，在其成体食物中含有一定数量的动物性食物。高海拔地区低温、干旱，植物种类单一，初级生产力低下，植物性食物可利用性低。因此，高海拔地区分布的雪鸡广辟食物资源，摄食一定数量的动物性食物也是对高海拔环境的适应。

8.6 生殖适应

雪鸡生活于食物资源匮乏的高山地区，它们每天需要向下移动到高山草甸和亚高山草甸进行觅食。由于在开阔的草甸地带觅食容易被捕食者发现，为降低被捕食的风险，雪鸡宁愿选择食物资源稍差的地点觅食（Bland and Temple，1990）。相对于较低海拔的种和种群，较高海拔的种（如藏雪鸡）或种群下移到草甸地带觅食的距离更远、被捕食的风险更高，花费在觅食和回避天敌上的能量会更多，分配给繁殖的能量相应会更少；同时，在更高海拔地区低温、缺氧更严酷的环境中，维持恒定体温所花费的能量也会更多，分配给繁殖的能量进一步减少。因此，较高海拔的种或种群会采取产更少的卵（小窝），但会增加巢后哺育，生殖对策更接近 K- 选择（Liu，1994）。这一结果也符合 Cody（1966）提出的能量分配理论。

雪鸡生活史对高山环境适应的详细内容在第 13 章介绍，本章不再赘述。

参 考 文 献

常城, 刘迺发, 王香亭. 1993. 暗腹雪鸡繁殖与食性. 动物学报, 39(1): 107-108.

刘迺发. 1998. 雪鸡的系统发生. 台北: 第三届海峡两岸鸟类学术研讨会论文集: 235-243.

马鸣, 周永恒, 马力. 1991. 新疆雪鸡的分布及生态观察. 野生动物, (4): 15-16.

郑生武, 皮南林. 1979. 藏雪鸡生态初步观察. 动物学杂志, 5(2): 24-29.

Baker ECS. 1928. Fauna of British, India, including Ceylon and Burma. Vol.5. London: Taylor and Francis: 416-469.

Baziev DK. 1978. The snowcocks of Caucasus: Ecology, Morphology, Evolution. Leningrad: Nauka.

Bland JD, Temple SA. 1990. Effects of predation risk on habitat use by Himalayan snowcock. Oecologia, 82: 187-191.

Cody ML. 1966. A general theory of clutch size. Evolution, 20(2): 174-184.

Dementiev GT, Gladkov NA. 1967. Birds of the Soviet Union. Vol.4. Jerusalem: Sreal Program for Scientific Translations.

Johnsgard PA. 1988. The Quails, Partridges, and Francolins of the World. New York: Oxford University Press: 103-110.

Liu NF. 1994. Breeding behaviour of Koslov's snowcock (*Tetraogallus himalayensis koslowi*) in Northwestern Gansu, China. Gibier Faune Sauvage, 11: 167-177.

Potapov PL. 1992. Adaptation to mountain condition and evolution in snowcocks (*Tetraogallus* spp.). Gibier Faune Sauvage, 9: 647-667.

第9章　雪鸡栖息地选择

栖息地，又称生境（habitat），是一个被广泛使用的生态学概念。然而，"栖息地"一词的混乱使用导致其含义相当模糊（Block and Brennan，1993）。以栖息地为基础的一系列概念又包括栖息地选择（habitat selection）、栖息地偏好（habitat preference）、栖息地利用（habitat use）、巢址选择（nest-site selection）、宏栖息地（macrohabitat）和微栖息地（microhabitat）等。这些概念都含有物种的存在状况与环境属性关系之意（Morrison et al.，2006）。厘清上述概念有助于阐述中国境内3种雪鸡栖息地的研究现状。

一般而言，栖息地是指动物生活的场所（Morrison et al.，2006），泛指物种生存和繁殖所需的环境因子构成的集合（Block and Brennan，1993）。对鸟类而言，栖息地就是某些个体、种群在生活史的某一阶段所占据的环境类型，其作用在于为鸟类提供充足的食物资源、适宜的繁殖地、躲避天敌及不良气候的保护条件等一系列能保证其生存和繁殖的基本条件（张正旺和郑光美，1999）。栖息地利用、栖息地选择、栖息地偏好、大环境和小环境等概念是鸟类栖息地研究的常用术语。栖息地利用通常是指动物对生境的占用，虽然不含任何偏好，但应该是对某种偏好的选择结果（蒋志刚，2004）。栖息地利用可划分为特定的行为或需要，如觅食（foraging）、筑巢（nesting）、夜宿（roosting）（Block and Brennan，1993）。栖息地选择一般被认为是动物以某种感知度，通过移动选择生活所需要的栖息地（Krebs，2009）。栖息地选择是先天或后天获得的一种行为反应，能使鸟类区分多样的环境成分，最终导致对环境的差别利用，进而影响个体的生存和最终的适合度（Block and Brennan，1993）。栖息地选择包含了对复杂行为和对环境过程的理解，而栖息地利用是栖息地选择的最终结果（Jones，2001）。巢址选择是关于巢址的栖息地选择（Jones，2001），其中涉及许多相当具体的问题，例如，巢址附近局部范围的热环境、距觅食地的距离等诸多因素（Janes，1985）。宏栖息地是指与种群分布和丰富度相关的景观尺度特征，常用来描述特定的植被类型；微栖息地是指直接诱导鸟类做出定居反应的特定的、可识别的环境特征（Block and Brennan，1993）。

栖息地质量直接影响鸟类的繁殖成功率和成鸟的存活率，进而影响种群密度和分布（Cody，1985）。不论是评估环境干扰对动物的影响，还是为濒危动物设计

"避难所"，或者管理动物的栖息地，均需了解动物的栖息地需求（Morrison et al.，2006）。鸟类学者在栖息地研究中扮演了非常重要的角色（Morrison et al.，2006），因为鸟类栖息地选择的研究早已成为鸟类生态学研究的一个重要方面（郑光美和张正旺，1992）。20世纪80年代后，国内部分学者开展了雉类、鹤类等珍稀濒危鸟类的栖息地相关研究（张正旺和郑光美，1999）。20世纪90年代后，本研究组相继开展了石鸡属（刘迺发等，1996；陈小勇等，1998；马新年等，2006）和雪鸡属（李佳琦等，2006；闫永峰和刘迺发，2009；闫永峰等，2010；闫永峰和刘迺发，2011）等鸟类的栖息地选择研究，尤其在藏雪鸡和暗腹雪鸡栖息地选择方面开展了较为深入的研究。本章根据作者的研究成果和相关文献资料，对我国分布的藏雪鸡、暗腹雪鸡和阿尔泰雪鸡的栖息环境与栖息地选择进行了归纳整理。

动物栖息地选择的一系列过程如下：首先是对地理分布范围的选择，其次是在地理分布范围内选择个体或群体生活的巢域，再次是在巢域范围内选择利用不同的栖息地类型，最后是选择确定的栖息地类型以确定觅食点所提供的实际环境条件（Johnson，1980）。前两者被称为宏栖息地选择，后两者被称为微栖息地选择（杨维康等，2000）。在大空间尺度上，影响鸟类栖息地选择的多为景观水平上的环境因子，如地形、地貌、植被类型等；在小空间尺度上，影响鸟类栖息地选择的因素多与栖息地植物群落区系组成和空间结构有关（杨维康等，2000）。本章第一节主要从大空间尺度阐述了雪鸡的栖息环境；第二节重点介绍雪鸡在小空间尺度上的栖息地选择，首先阐述雪鸡的一般活动（主要是觅食活动）对栖息地的选择和利用，然后介绍雪鸡繁殖活动（包括营巢和育雏）对栖息地的选择和利用。

9.1 栖息环境

雪鸡属5种鸟类几乎独立占据着中亚地区的各大山脉。由于这些山脉所在的地理位置和海拔均存在差异，它们利用的生境类型在景观尺度上也有所不同，但所有雪鸡基本都生活于高山裸岩带、高山草甸带和山地草原带等栖息地中。

高山裸岩带：常位于海拔最高的山顶带，海拔范围随山脉不同略有变化。此处岩石嶙峋，植被稀疏，灌木、草丛生长于岩石缝隙。该地带是雪鸡的主要营巢地和夜宿地（郑生武和皮南林，1979；刘迺发和王香亭，1990；黄人鑫和刘迺发，1991；Liu，1994；李佳琦等，2006）。

高山草甸带：海拔较高，大多在海拔3200m以上，地势较平坦，植被覆盖度40%~80%，是雪鸡的主要觅食地（郑生武和皮南林，1979；刘迺发和王香亭，1990；黄人鑫等，1992；Liu，1994）。

山地草原带：气候比较干旱，山坡较陡，植被低矮，以草本和小灌木为主。这一地带也是雪鸡重要的觅食地（刘迺发和王香亭，1990；朴仁珠，1991；黄人鑫和刘迺发，1991；Liu，1994）。

藏雪鸡冬季也到乔木稀疏的森林中活动（郑生武和皮南林，1979），高山草甸带下的灌丛也常有藏雪鸡活动（李佳琦等，2006）。在祁连山和东大山等有林山地，暗腹雪鸡夏秋季节有时也进入岩石耸立的稀疏云杉林和柏树林栖息（黄人鑫和刘迺发，1991）。在阿尔泰山和斋桑泊附近，阿尔泰雪鸡偶尔到荒漠带活动（Dementiev and Gladkov，1967；Lukianov，1992）。

9.1.1 高山裸岩带

高山裸岩带岩石林立，崩塌的巨石和冰川漂砾堆积，风化石屑遍地。在极干旱区西祁连山、北山山地、阿尔金山、东部天山、喀喇昆仑山和昆仑山等山地，由于缺少森林植被，山地侵蚀和剥蚀特别严重，整个山体岩石裸出，峭壁悬崖风化严重，岩体崩塌，剥落的巨石堆积。高山裸岩带自然环境虽然极其严酷，鸟类稀少，但十分适合雪鸡生存，是其昼夜活动、年周活动以及生活史各个阶段的栖息地（Ирйсов and Ирисова，1991；刘迺发和王香亭，1990；Liu，1994；史红全，2007）。

1. 最主要的营巢地

对 82 个暗腹雪鸡巢的统计结果显示：海拔一般为 2500～4000m，其中 66 个巢位于裸岩区不同的微栖息地，如乱石堆的石缝、岩洞、陡崖中部凹窝、凸出岩石下等，多有草丛、灌木遮挡（图 9-1）；10 个巢位于灌丛；另有 6 个巢位于草甸或草原（刘迺发和王香亭，1990；黄人鑫等，1990；常城等，1993；阿德里等，1997；魏建辉和陈玉平，2004；闫永峰和刘迺发，2009；闫永峰等，2010）。

图 9-1 甘肃肃北县岩石下暗腹雪鸡的巢和卵（张立勋和阮禄章 摄）

Figure 9-1　Nest and eggs of Himalayan snowcock on the ground under rocks in Subei County, Gansu (Photoed by Zhang Lixun and Ruan Luzhang)

藏雪鸡多生活于海拔较高、人迹罕至的高山裸岩带，统计的 11 个巢中有 7 个巢位于裸岩地带洞穴、石缝中和乱石堆，其余 4 个巢位于灌丛（图 9-2），海拔 3300～4800m，巢下甚至有冰雪残留（郑生武和皮南林，1979；朴仁珠，1991；史红全，2007）。总之，雪鸡选择在裸岩带营巢是因为凹凸不平的地形和零星生长的灌草丛为其提供了良好的隐蔽条件。

图 9-2　西藏拉萨雄色寺藏雪鸡的巢和卵（史红全 摄）

Figure 9-2　Nest and eggs of Tibetan snowcock in Xiongse Temple, Lhasa, Tibet (Photoed by Shi Hongquan)

Ирйсов 和 Ирисова(1991)统计了 44 个阿尔泰雪鸡的巢，位于岩石凸出部下方、倾斜的石板附近、裸露山坡凹陷处、碎石坡凹陷处、石堆空隙（图 9-3）。个别巢直接置于流石滩，通常海拔 2700～3100m。

图 9-3　新疆阿尔泰雪鸡与周围的裸岩环境（杜利民 摄）

Figure 9-3　Altai snowcock and surrounding bare rock environment in Xinjiang (Photoed by Du Limin)

2. 重要觅食地

雪鸡属于草食性鸟类。高山裸岩带的植物主要生于岩缝或有土壤积累的岩石表面，虽然植被稀疏、覆盖度较小、生产力低下，但雪鸡一年四季都能利用这些有限的植物。在阿尔泰山裸岩地区生长的高山黄耆（Astragalus alpinus）、高山棘豆（Oxytropis alpina）、高山早熟禾（Poa alpina）、阿尔泰羊茅（Festuca altaica）、黑鳞薹草（Carex melanocephala）、罂粟（Papaver somniferum）、卷柏（Selaginella tamariscina）、西藏早熟禾（Poa tibetica）、球序韭（Allium thunbergii）、矮桦（Betula potaninii）、密序大黄（Rheum compactum）、珠芽蓼（Polygonum viviparum）、阿尔泰毛茛（Ranunculus altaicus）、华北岩黄耆（Hedysarum gmelinii）等植物是阿尔泰雪鸡的主要食物（Ирйсов and Ирисова，1991；Lukianov，1992）。在甘肃北山山地，暗腹雪鸡主要采食鬼箭锦鸡儿（Caragana jubata）、珠芽蓼、羊茅（Festuca ovina）、野葱（Allium chrysanthum）、棘豆（Oxytropis spp.）、暗绿紫堇（Corydalis melanochlora）、针茅（Stipa spp.）等（常城等，1993；Liu，1994）；在天山高山裸岩带，二裂委陵菜（Potentilla bifurca）、高山早熟禾、高山葶苈（Draba alpina）、黄耆（Astragalus spp.）、珠芽蓼、旱生点地梅（Androsace lehmanniana）、马先蒿（Pedicularis spp.）、野葱和几种苔藓等均为暗腹雪鸡的冬季食物（黄人鑫等，1994）；在昆仑山的裸岩地带，棘豆属（Oxytropis sp.）、早熟禾属（Poa sp.）等是暗腹雪鸡和藏雪鸡夏季的主要食物（马鸣等，1991）。在青海拉脊山，藏异燕麦（Helictotrichon tibeticum）、早熟禾、红花岩黄耆（Hedysarum multijugum）、多枝黄耆（Astragalus polycladus）、匍匐栒子（Cotoneaster adpressus）、箭叶橐吾（Ligularia sagitta）、珠芽蓼、二裂委陵菜等裸岩带的植物为藏雪鸡所采食（郑生武和皮南林，1979）。裸岩带是雪鸡主要的夜宿场所，也是其重要的觅食地。通常，雪鸡觅食活动始于裸岩带，也终于裸岩带。裸岩带虽然生产力低下，但是环境异质性高，能给雪鸡提供良好的保护。在被捕食风险与觅食效率之间权衡，雪鸡宁愿选择觅食效率较低而被捕食风险也较低的生境活动（Bland and Temple，1990）。裸岩带下部常分布有高寒草甸，其间的小块草甸亦可供雪鸡觅食（图9-4）。

3. 躲避敌害和夜宿场所

裸岩带是雪鸡育雏期最主要的栖息地。山地裸岩带大小不同、参差不齐的石块及其裂隙极大地提高了雪鸡栖息地的空间异质性，良好的隐蔽条件能最大限度地减少雏鸟被捕食的风险和暴雨、冰雹的伤害。在高山和亚高山带（海拔2000m或更高），暗腹雪鸡成鸟带领雏鸟在裸岩带或有岩石裸露的高山草甸觅食（闫永峰等，2010，图9-5）。在俄罗斯的阿尔泰山脉，阿尔泰雪鸡的雌鸟及其孱弱的雏鸟选择陡峭山坡作为觅食生境，这些广阔的沙砾坡地、由碎石组成的冲积矿床以及大块片状岩石的堆叠地能给雏鸟提供最佳的隐蔽条件和生存机遇（Dementiev and Gladkov., 1967; Lukianov, 1992）。尚不能随亲鸟一起外出活动的雏鸟就在巢区附近活动，夜间也与成鸟分开独自过夜。雏鸟隐蔽在巨砾坡地和冲积矿床的石间空地、悬崖裂缝等处（Lukianov, 1992）。年龄稍大的幼鸟能随雌鸟沿山坡步行向上到 1～2m 高的岩石上栖居。幼鸟一旦具备滑翔能力，它们即刻加入成鸟群体，随之到更高的岩石上栖居（30～100m）。

图 9-4　青海尖扎县藏雪鸡的栖息地——高山裸岩带和周边的草甸草原（史红全 摄）

Figure 9-4　Habitat of Tibetan snowcock—alpine bare rock belt and surrounding meadow grasslands in Jianzha County, Qinghai (Photoed by Shi Hongquan)

图 9-5　甘肃祁连山高山裸岩带活动的暗腹雪鸡及其雏鸟（闫永峰 摄）

Figure 9-5　A female Himalayan snowcock with her chicks occurring in bare rock areas in Qilian Mountains, Gansu (Photoed by Yan Yongfeng）

鸡形目鸟类多在树上夜宿，但雪鸡的栖息地内无高大乔木，所以，它们在高山裸岩带合适的巨石上过夜（图 9-6）。这些地点是多数捕食者难以到达的岩石、悬崖和平台。黄昏时分，来自不同家族的个体逐渐向栖息地内某一地点集中，数量从数只、数十只到上百只不等。休息片刻后便三五成群地陆续向高处的夜宿地行进并分散占据夜宿地中不同的岩石。行走方式以步行为主，偶尔扇翅跳跃。夜宿规律基本不变，夜间在高海拔裸岩地带度过，翌日早晨滑翔到低海拔的坡面，然后沿山坡向上活动觅食。在西藏南木林县的冬季，藏雪鸡夜宿于海拔 5233m 的高山裸岩带，早晨 7:00 时左右成群飞到海拔 4213m 的农田觅食，期间多次在不同海拔的多岩石山坡休息，晚 20:00 前返回山顶裸岩区过夜（普布等，2011）；而在拉萨市曲水县的雄色寺，藏雪鸡每天都夜宿于海拔 4650～4850m 的两处裸岩地带，成体、幼体混群夜宿，早晨从夜宿地滑翔至高山草甸区觅食（史红全，2007）。

图 9-6　青海尖扎县悬崖边岩石上夜宿的藏雪鸡雌鸟（史红全 摄）

Figure 9-6　A female Tibetan snowcock perching on a rock near cliff in night-roosting site in Jianzha County, Qinghai (Photoed by Shi Hongquan)

不同山地裸岩带的海拔变化较大，即使同一山脉不同地段裸岩带的分布海拔也差异较大。在湿润地区森林植被发育良好的山脉，裸岩发育在林线以上。在西祁连山，暗腹雪鸡夏季的分布海拔 2260～3800m；甘肃北山山地，暗腹雪鸡利用的山地裸岩带海拔 3350～3660m（魏建辉和陈玉平，2004）；在新疆博格达山，暗腹雪鸡利用的裸岩带海拔 3100～3800m（马力和崔大方，1992），而在博格达山南坡，暗腹雪鸡利用海拔 3200～3600m 之间的裸岩带（阿德里等，1997）。藏雪鸡在青海拉脊山利用的高山裸岩带海拔3600～4000m（郑生武和皮南林，1979）；在拉萨市曲水县的雄色山谷，藏雪鸡夜宿于海拔4650～4850m之间的裸岩带（史红全，2007）；而在新疆昆仑山，藏雪鸡在海拔4200～5300m之间的裸岩带活动（马鸣等，1991）。阿尔泰雪鸡在东天山利用海拔2500～4200m之间的裸岩带（黄人鑫和邵红光，1991）；在俄罗斯境内的阿尔泰山，阿尔泰雪鸡利用的山地裸岩带海拔为2200～3200m（Ирйсов and Ирисова，1991）。

9.1.2 高山草甸带

高山草甸又称高寒草甸，是在寒冷的环境条件下发育在高山或高原的一种草地类型。青藏高原的天然草地面积约占全国草地面积的1/3，是我国天然草地分布面积最大的地区（董世魁等，2017），其中高寒草甸是青藏高原草地的主要类型，面积约0.7亿hm²，约占青藏高原草地面积的46.7%，是我国草地生态系统的重要组成部分（李红琴等，2019）。高山草甸带是包括雪鸡在内的诸多食草动物重要栖息地和觅食地（图9-7，图9-8）。在雪鸡的栖息环境中，高山草甸通常位于高山裸岩带之下，不同地区、阴坡和阳坡高山草甸的分布格局略有不同，主要与海拔和地理纬度有关。高山草甸带地势较平坦，植被覆盖度通常为40%～80%，有些地区可以达到90%以上，是高原环境中生产力较高的地带。西藏高山草甸牧草的产量为15～190g/m²（邓立友等，1983）；祁连山高山草甸的初级净生产力随海拔升高而下降，大约为125～400g/m²（王建雷等，2009）。

图9-7 青海尖扎县高山草甸草原（史红全 摄）

Figure 9-7 Alpine meadow grasslands in Jianzha County, Qinghai (Photoed by Shi Hongquan)

图 9-8　甘肃祁连山高山草甸草原集群的暗腹雪鸡（闫永峰 摄）
Figure 9-8　A flock of Himalayan snowcocks wandering on alpine meadow grasslands in Qilian Mountains, Gansu (Photoed by Yan Yongfeng)

1. 主要觅食地

据文献记录，暗腹雪鸡、藏雪鸡和阿尔泰雪鸡的食物种类共计 160 种（类群），其中 74 种植物（类群）（占 46.3%）来自高山草甸，而且其中部分种类为高山草甸所特有。在帕米尔高原、天山和甘肃北山山地，暗腹雪鸡的食物种类主要为羊茅（*Festuca ovina*）、高山早熟禾、矮羊茅（*Festuca coelestis*）、狗筋麦瓶草（*Silene vulgaris*）、珠芽蓼、准噶尔蓼（*Polygonum songaricum*）、小点地梅（*Androsace gmelinii*）和旱生点地梅等高山草甸植物种类（Dementiev and Gladkov，1967；马鸣等，1991；常城等，1993；黄人鑫等，1994；Liu，1994）。青海拉脊山、新疆昆仑山藏雪鸡食物中的高山草甸植物包括藏异燕麦（*Helictotrichon tibeticum*）、垂穗鹅观草（*Roegneria nutans*）、紫花针茅（*Stipa purpurea*）、天蓝韭（*Allium cyaneum*）、箭叶橐吾（*Ligularia sagitta*）、蕨麻（*Potentilla anserina*）和珠芽蓼等（郑生武和皮南林，1979；马鸣等，1991）。此外还有如葱属（*Allium*）、棘豆属（*Oxytropis*）、嵩草属（*Kobresia*）、针茅属（*Stipa*）、黄芪属（*Astragalus*）、风毛菊属（*Saussurea*）和羊茅属（*Festuca*）中的某些种类也属于雪鸡的采食对象。这些植物种类（类群）均为当地不同海拔和不同类型高山草甸的建群种（或类群）。阿尔泰雪鸡的食物包括下列高山草甸植物种类：假梯牧草（*Phleum phleoides*）、三毛草（*Trisetum spicatum*）、西伯利亚早熟禾（*Poa sibirica*）、高山早熟禾（*P. alpina*）、渐尖早熟禾（*P. attenuata*）、西藏早熟禾（*P. tibetica*）、草地早熟禾（*P. pratensis*）、阿尔泰早熟禾（*P. altaica*）、阿尔泰羊茅、无芒雀麦（*Bromus inermis*）、细果薹草（*Carex stenocarpa*）、珠芽蓼（*Polygonum viviparum*）、仙女木（*Dryas oxyodonta*）、少花棘豆（*Oxytropis pauciflora*）、阿尔泰棘豆（*O. altaica*）、阿尔泰蒲公英（*Taraxacum altaicum*）、高山黄耆和阿尔泰羊茅等（Ирйсов and Ирисова，1991；Lukianov，1992），占阿尔泰雪鸡所有食物种类（类群）的30.8%。

高山草甸植物物种多样性较高，分布海拔一般在3200m以上，不同纬度和不同山脉稍有变化。在祁连山地、滩地和宽谷高山草甸的分布海拔为3100～4200m（陈桂琛等，1994）；青藏高原东部（包括横断山脉）高山草甸分布于海拔4000m或4200m以上，昌都地区4200～4800m，那曲4000～4500m，喜马拉雅山南部4800～5200m。河谷湿地常形成沼泽化高寒草甸，雅鲁藏布江东部海拔4600～5400m之间和西部海拔5000～5600m之间分布着沼泽化的高寒草甸（邓立友等，1983）。在暗腹雪鸡和藏雪鸡重叠分布的青海湖周围，高山草甸分布于海拔3000～4800m，最高可达5200m。草甸草原在西祁连山分布海拔3100～4000m，昆仑山和阿尔金山3800～5000m，帕米尔高原3800～5000m，甘肃北山山地3200～3350m，天山山脉2900～3400m。在冰川形成的"U"形山谷底部还分布着海拔2400～2900m的亚高山草甸（马力和崔大方，1992）；博格达山高山草甸分布海拔2900～3300m（阿德里等，1997）。纬度较高的阿尔泰山脉的高山草甸分布海拔较低，通常在2600～3500m之间（含亚高山草甸）。虽然高山草甸植被完好，但因海拔较高，冬季或早春的长时间积雪将导致雪鸡觅食困难。

2. 营巢和育雏场所

雪鸡选择繁殖场所的主要决定因素是食物的可获得性和繁殖场所的安全隐蔽条件。雪鸡偏好高山草甸与陡峭碎裂的裸岩地带镶嵌分布的环境（图9-9）就是基于食物和安全隐蔽的需求。

图9-9 拉萨雄色寺高山草甸草原觅食的藏雪鸡家族（史红全 摄）

Figure 9-9 A family of Tibetan snowcock foraging on alpine meadow grasslands in Xiongse Temple, Lhasa (Photoed by Shi Hongquan)

对我国三种雪鸡 137 个巢的营巢地点进行对比分析，结果显示，其中的 18 个巢出现于有岩石散布的高山草甸带（郑生武和皮南林，1979；刘迺发和王香亭，1990；黄人鑫等，1990；朴仁珠，1991；Ирйсов and Ирисова，1991；常城等，1993；阿德里等，1997；魏建辉和陈玉平，2004；史红全，2007；闫永峰和刘迺发，2009，2010）。在 9 只暗腹雪鸡和阿尔泰雪鸡雏鸟的嗉囊及胃里检出野葱、薹草嫩叶和异燕麦花序等（常城等，1993；黄人鑫和邵红光，1991），表明雪鸡雏鸟的食物主要是种类繁多的高寒植物。在甘肃东大山自然保护区，暗腹雪鸡 4 月上旬开始配对，其主要食物羊茅草已经返青。5 月中下旬，高山草甸的棘豆（*Oxytropis* spp.）、葱（*Allium* spp.）时值初花季节，暗腹雪鸡的雏鸟刚好开始孵化（Liu，1994）。在青海省尖扎县海拔 3600～3700m 的地区，藏雪鸡在 6 月初开始繁殖，此时的植物生长茂盛，鲜嫩多汁（郑生武和皮南林，1979）。5～6 月，拉萨市曲水县雄色寺的藏雪鸡的雏鸟大量孵化（史红全，2007），正是高山草甸植物开始生长的时间（Ding et al.，2013）。综上所述，雪鸡属鸟类的繁殖节律与当地高山草甸的物候周期巧妙地匹配，这是雪鸡长期进化适应的结果。

9.1.3 山地草原带

与草甸草原相比，山地草原气候干旱程度稍低，植被以低矮的草本和小灌木为主（图 9-10，图 9-11）。山地草原生境也是雪鸡的主要觅食生境（刘迺发和王香亭，1990；Liu，1994），阳坡陡峭岩石镶嵌分布的山地草原可见雪鸡营巢繁殖（魏建辉和陈玉平，2004）。

图 9-10　拉萨雄色寺藏雪鸡的栖息环境——高山灌丛草原（史红全 摄）

Figure 9-10　Tibetan snowcock's habitat—shrub grasslands in Xiongse Temple, Lhasa

(Photoed by Shi Hongquan)

图 9-11　新疆阿尔泰雪鸡的栖息环境——荒漠草原（杜利民 摄）

Figure 9-11　Altai snowcock's habitat—desert grasslands in Xinjiang (Photoed by Du Limin)

在以往记录的193种雪鸡食物中的许多种类来自于山地草原生境。阿尔泰雪鸡的食物主要包括蒙古国针茅（*Stipa mongolica*）、高山茅香（*Hierochloe alpine*）、假梯牧草、溚草（*Koeleria cristata*）、东方旱麦草（*Eremopyrum orientale*）、冰草（*Agropyron cristatum*）、窄颖赖草（*Leymus angustus*）、赖草（*L. secalinus*）、矮韭（*Allium anisopodium*）、高山黄耆、白花点地梅（*Androsace incana*）等21种（类群）（Ирйсов and Ирисова，1991），占该地区阿尔泰雪鸡食物种类的33.8%。黄人鑫等（1994）调查了天山暗腹雪鸡的冬季食物组成，大部分种类来源于山地草原，其中有繁缕（*Stellaria media*）、阿克苏黄耆、肾叶高山蓼（*Oxyria elatior*）、蓟（*Cirsium japonicum*）、蒲公英一种（*Taraxacum* sp.）、大花毛建草（*Dracocephalum grandiflorum*）、新疆忍冬（*Lonicera tatarica*）、点头虎耳草（*Saxifraga cernua*）、天名精（*Carpesium abrotanoides*）、葱（*Allium* spp.）、新疆远志（*Polygala hybrida*）、昆仑多子柏（*Juniperus semiglobosa*）等22种，占暗腹雪鸡冬季食物种类的52.4%。西藏（朴仁珠，1991）、青海（郑生武和皮南林，1979）、新疆昆仑山（马鸣等，1991）等地雪鸡食物中来自山地草原带的植物种类有短花针茅（*Stipa breviflora*）、紫花地丁（*Viola yedoensis*）、早熟禾（*Poa* spp.）、垂穗披碱草（*Elymus nutans*）、垂穗鹅观草（*Roegneria nutans*）、多枝黄耆（*Astragalus polycladus*）、二裂委陵菜（*Potentilla bifurca*）、蕨麻（*Potentilla anserine*）、蒲公英（*Taraxacum mongolicum*）、点地梅（*Androsace umbellate*）、藏黄耆（*Astragalus tibetanus*）等大约19种，占雪鸡食物种类的43.2%。这些统计结果表明山地草原生境是雪鸡属鸟类一年四季赖以生存的重要觅食地。

各类草原生境主要分布在相对比较干旱的地区。甘肃北山山地阴坡山地草原分布海拔2400~2600m，阳坡分布于2600~3200m（魏建辉和陈玉平，2004）；在青海祁连山分布海拔2300~4000m，分布最高的是高寒草原（陈桂琛等，1994）；在西祁连山分布于海拔2100~3900m，分布最高的是高寒荒漠草原；天山北坡自下而上的草原依次为山地草原（2000~3000m）、山地草甸草原、高山草原（2800~3800m）和高寒荒漠草原（3800~4200m），阳坡依次为荒漠、荒漠草原、干旱山地草原、山地草原，海拔2000~4200m；喜马拉雅山山地草原带分布海拔3500~5000m；东昆仑山和阿尔金山各类山地荒漠草原分布海拔分别是2900~4100m和3500~4000m（雷特生和张清斌，1997）；青藏高原高寒草原分布于4500~5000m，山地荒漠草原分布于5600~5700m，高寒草甸草原分布于5000~6000m（张新时，1978）。在阿尔泰地区，自上而下分别为森林草原（1300~2600m）、灌木草原（800~1300m）和荒漠草原（500~1100m）；帕米尔高原荒漠草原海拔3200~3600m，海拔3600~3800m为山地草原带。冬季雪鸡也可下降到海拔较低的乔木稀疏林地中的裸岩地带栖息（郑生武和皮南林，1979），偶尔到低山荒漠草原觅食（黄人鑫和邵红光，1991）。

9.1.4 特殊栖息环境——人类生活区

雪鸡的分布区自然环境恶劣，基本不适合人类居住。但是河谷地带人类的开发历史悠久，大约7300年前牦牛的驯化开创了青藏高原人类游牧生活的先河（Qiu et al.，2012）。3000~4000年青稞种植史标志着人类早已在西藏高原农耕定居。在人类居住区边缘栖息的包括雪鸡在内的所有野生动物得益于佛教徒的信仰，人工饲喂使得雪鸡及其他野生动物与人类之间建立了和谐的关系。在不少牧区，牧民在雪鸡的主要觅食栖息地——山地草原带和高山草甸草原带放牧，常出现雪鸡和牛羊一起共同觅食的场景（图9-12）。冬季食物匮乏季节，甚至秋季农田收获季节，有雪鸡到农田觅食的情况。李德浩等（1965）报道青海玉树藏雪鸡栖息于海拔4600~4800m的高山裸岩带，秋季则下降到农作区啄食青稞。普布等（2011）记录了西藏南木林地区的藏雪鸡冬季从高山裸岩区下降到村庄附近的农田觅食。在青藏高原多建有庙宇，其中一些庙宇就建在雪鸡的活动区附近。例如，位于拉萨曲水县的雄色寺，数百年来在僧侣和信众的保护和饲喂下，寺庙后山栖息的藏雪鸡种群常常下到寺庙周围活动，与藏马鸡、高原山鹑等一起啄食人工投喂的谷物（图9-13），甚至在人居环境休息（图9-14），与人类建立了一种特殊的关系。

图 9-12　青海尖扎县与羊群混群觅食的藏雪鸡（史红全 摄）

Figure 9-12　Tibetan snowcocks foraging together with sheep flock in Jianzha County, Qinghai (Photoed by Shi Hongquan)

图 9-13　冬季在拉萨雄色寺觅食的藏雪鸡（史红全 摄）

Figure 9-13　Tibetan snowcocks foraging in winter in Xiongse Temple, Lhasa (Photoed by Shi Hongquan)

图 9-14　在拉萨雄色寺内房舍后休息的藏雪鸡（史红全 摄）
Figure 9-14　Some Tibetan snowcocks resting behind a house in Xiongse Temple, Lhasa (Photoed by Shi Hongquan)

9.2　栖息地选择

9.2.1　一般栖息地选择

一般栖息地是指雪鸡日常活动利用的主要场所。雪鸡为植食性鸟类，每天早晚花费大量时间觅食。觅食间隙，特别在中午，雪鸡会选择相对安全的地方或有沙土的地方休息较长时间，觅食和休息是雪鸡的主要日常活动。在西藏拉萨曲水县雄色寺（N29°27′，E91°02′，4400m）所处的山谷（雄色山谷）阳坡栖息着一个藏雪鸡种群。2004～2005年，本书作者对雄色寺藏雪鸡种群的栖息地选择进行了较为深入的研究，以下研究结果根据李佳琦等（2006）和史红全（2007）的数据整理。

1. 栖息地类型选择

雄色寺藏雪鸡种群利用的栖息地可以划分为草甸、灌丛、裸地和民居等4种栖息地类型。比较春季（3～5月）利用的47个栖息地样方和夏季（6～8月）利用的42个栖息地样方发现：该种群在不同季节对4种类型栖息地的使用上存在极显著差异（Pearson test, χ^2=11.79, P=0.008, df=3），春季偏好在灌丛和裸地环境活动，而夏季偏好在草甸和灌丛活动（图9-15）；比较觅食时利用的60个栖息地样方和休息时利用的29个栖息地样方发现，该种群两种行为方式对4种栖息地类型的利用存在显著差异（Fisher's exact test, P=0.012），藏雪鸡偏好选择在草甸、灌丛和民居环境觅食，选择在裸地休息（图9-16）。

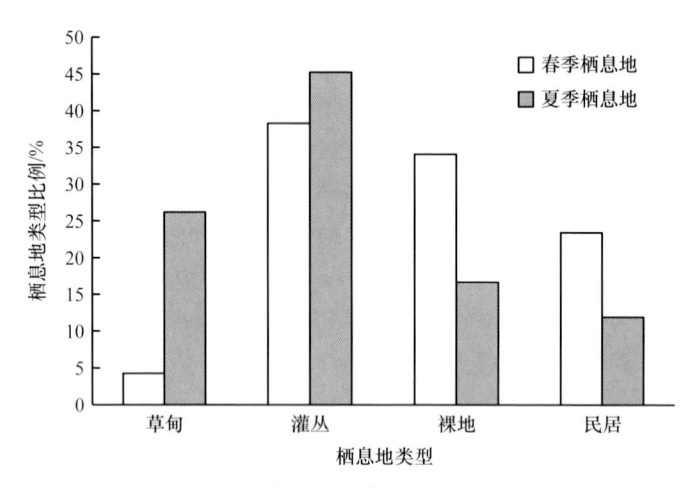

图 9-15　春、夏季拉萨雄色寺藏雪鸡栖息地利用类型比较

Figure 9-15　Habitat types used by Tibetan snowcocks in spring and summer in Xiongse Temple, Lhasa

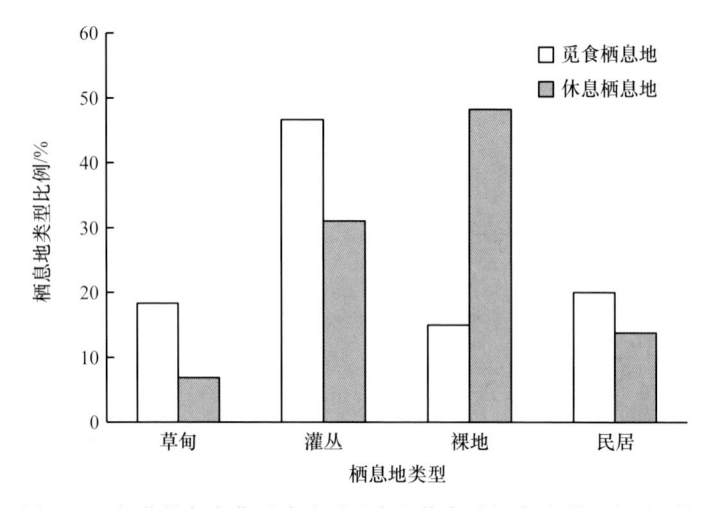

图 9-16　拉萨雄色寺藏雪鸡种群觅食和休息时栖息地利用类型比较

Figure 9-16　Habitat types used by Tibetan snowcocks when foraging or resting in Xiongse Temple, Lhasa

从巢域（home range）尺度看，雄色寺藏雪鸡种群活动于高山裸岩带及周围的高山草甸或其下的灌丛草地环境（图 9-10）。从栖息地尺度上看，不同季节和不同的行为方式，该种群利用的栖息地类型有所不同。这主要是由于环境中可利用的食物资源不同，导致了栖息地（如栖息地类型）选择的季节性变化：在春季，特别是早春，更倾向于选择人居环境活动，主要为获得人类提供的谷物；夏季草木繁盛，该种群则相对远离人居环境，在草甸或灌丛间草地上觅食，这是藏雪鸡自然的觅食栖息地。觅食和休息两种行为方式对栖息地要求亦呈现差异：觅食时选择草本

条件较好的草甸、灌丛间草地或民居环境，而休息时更倾向选择具有可供登高观望或躲避敌害的大石块的栖息地以保障安全，或选择有裸露沙土地的栖息地以便沙浴。

2. 栖息地位置选择

比较藏雪鸡春季和夏季的栖息地利用，结果发现，其坡向、坡度、海拔和距水源距离均无显著差异，但距民房的距离差异显著。春季利用的栖息地比夏季利用的栖息地距民房的距离更近（表9-1），这与栖息地类型的选择结果相一致。雄色寺藏雪鸡种群的栖息地选择是千百年受到寺庙僧侣人工投食影响而产生的较为特殊的栖息地选择模式。

表 9-1　拉萨雄色寺藏雪鸡春、夏季栖息地变量比较

Table 9-1　Habitat variables in spring and summer of Tibetan snowcock in Xiongse Temple, Lhasa

变量	春季栖息地（n=47）	夏季栖息地（n=36）	Mann-Whitney U test（Z）
坡向	206.17±43.52	191.28±40.94	−1.95
坡度	26.60±11.23	28.61±14.47	−0.66
海拔 /m	4516.96±102.88	4528.19±93.14	−0.77
距民房距离 /m	36.32±44.14	134.67±163.97	−3.54[**]
距水源距离 /m	80.19±55.55	68.47±52.99	−1.35
植被总盖度 /%	16.70±13.59	36.69±32.12	−2.85[**]
灌丛盖度 /%	7.72±7.52	9.47±8.42	−0.73
灌丛均高 /cm	87.02±63.56	53.67±51.60	−2.93[**]
灌木种数	2.00±1.20	2.25±1.66	−0.69
草本盖度 /%	5.91±5.73	44.12±21.81	−7.49[**]
草本均高 /cm	0.83±0.72	7.42±4.39	−7.72[**]
草本种数	2.19±1.00	5.23±2.37	−5.72[**]

**$P<0.01$，差异极显著；10m×10m 样方；Mann-Whitney U test，曼 - 惠特尼 U 检验。

3. 栖息地植被条件的选择

比较雄色寺藏雪鸡种群春季和夏季利用的栖息地植被条件发现，植被总盖度、草本盖度、草本均高和草本种类夏季显著高于春季（$P<0.05$，表9-1），而灌丛均高夏季显著低于春季（Z=2.93，$P<0.01$，df=81），但灌丛盖度和灌木种类春季和夏季差异不显著。

春季和夏季，雄色寺藏雪鸡利用的栖息地植被条件的差异主要是草本植物物候的季节性变化所致，而灌丛的盖度差异不显著，这表明植被总盖度的显著差异主要源于草本植物的盖度差异。雄色寺藏雪鸡夏季栖息地的灌丛均高显著低于春季，这是因为春季该种群更多地出现在民居附近，周围海拔较低，土壤水分条件更好，生长有比较高的拉萨小檗（*Berberis hemsleyana*）和蔷薇（*Rosa* spp.）灌丛。夏季该种群更多出现在海拔更高、有低矮金露梅（*Potentilla fruticosa*）生长的灌丛草甸区。

野外观察发现，与其他地区雪鸡类似，雄色寺藏雪鸡种群偏好在高山裸岩带及周边的高山草甸带活动，但千百年来受到僧侣行为的影响，活动节律有所改变，经常下降到人类生活区活动，特别是在秋冬和早春时节。尽管如此，该种群也较少进入较高和较密的灌丛活动，因为这样的环境不利于发现捕食者和逃避敌害。在觅食过程中，雄性常常站立于高处的大石块上负责警戒，一旦发现危险，会以低沉的声音提醒同伴躲避危险。

4. 春夏栖息地利用差异

对西藏雄色寺春季和夏季藏雪鸡栖息地利用差异显著的 6 个变量（表 9-1）进行相关性分析，结果表明，植被总盖度与草本种类（Spearman correlation，$r=0.652$，$P < 0.05$）、植被总盖度与距民房距离（Spearman correlation，$r=0.716$，$P < 0.05$）均具显著相关性，且相关系数绝对值均大于 0.6。剔除草本种类和距民房距离这两个变量，将植被总盖度、灌丛均高、草本盖度、草本均高 4 个变量纳入逐步判别分析，结果显示草本盖度、草本均高和灌丛均高是区分春季和夏季藏雪鸡栖息地的主要变量（表 9-2）。由这 3 个变量构成的标准化典则判别函数为：$y=0.745\times$ 草本盖度 $+0.746\times$ 草本均高 $-0.221\times$ 灌丛均高。此函数判断春夏季栖息地选择的正确率高达 94.4%。

表 9-2　藏雪鸡春、夏对比差异显著的栖息地变量逐步判别分析结果

Table 9-2　Outcomes of the stepwise discriminant analysis of habitat variables used by Tibetan snowcocks in spring and summer

变量名称	判别系数	Wilks' λ	F	df1	df2	Sig.
草本盖度	0.745	0.379	132.787	1	81	< 0.001
草本均高	0.746	0.236	129.302	2	80	< 0.001
灌丛均高	0.298	0.221	92.886	3	79	< 0.001

受到人类行为的深刻影响,雄色寺藏雪鸡的栖息地选择极为偏好人居环境,特别是在食物相对匮乏的秋冬和早春,但在食物丰富的夏季则远离人类活动区,选择其主要的自然活动区——高山裸岩带和周边的高山草甸带活动。食物资源在雪鸡的觅食栖息地选择中起着最重要的作用。

5. 捕食风险对栖息地利用的影响

捕食风险是影响雪鸡栖息地选择的另一重要因素。很多猛禽和食肉兽类都是雪鸡的天敌,如金雕、黑鸢、红尾鵟（*Buteo jamaicensis*）、香鼬（*Mustela altaica*）、赤狐（*Vulpes vulpes*）、雪豹等（郑生武和皮南林,1979;刘迺发和王香亭,1990;Bland and Temple,1990;史红全,2007）。暗腹雪鸡集群期通常在海拔 2400～2900 m 坡面较陡的山地草原觅食,晨昏时通常在山顶裸岩或亚高山草甸觅食;繁殖期在接近山脊的高山草地或沿山脊觅食;育雏期多在较缓的、距灌丛较近的山坡觅食（黄人鑫和刘迺发,1991）。在美国内华达州洪堡山脉（Humboldt Mountains）,由于捕食者（红尾鵟）的存在,暗腹雪鸡（引入物种）宁愿选择觅食效率差的陡峭斜坡而放弃具有最佳觅食效率的平地或者缓坡,因为在此它们不能像在陡坡上那样有效地逃避猛禽的攻击（Bland and Temple,1990）。雪鸡需要在提高觅食效率和降低被捕食风险之间权衡。尽管雄色寺藏雪鸡种群经常到人类环境中活动,但在繁殖期藏雪鸡则远离人类生活区,选择裸岩带营巢孵卵,在裸岩带内草甸或周边的草甸带育雏,这也是雪鸡躲避潜在被捕食风险的行为反应（史红全,2007）。

6. 冬季栖息地选择

雪鸡主要生活在高山裸岩带、高山草甸带或高山草原带,此处海拔高,环境严酷,人迹罕至,因而对雪鸡的相关研究较少,在寒冷的冬季开展的研究更少。普布等（2011）在西藏日喀则南木林县南木林镇岗嘎村研究了藏雪鸡的冬季觅食栖息地选择,结果显示:藏雪鸡冬季主要以集群形式觅食,海拔是影响冬季藏雪鸡觅食栖息地选择的最主要因子。藏雪鸡冬季有很强的垂直迁移习性,早晨一般在海拔较低且无人畜活动的农田搜寻收割后撒落的小麦、青稞,傍晚在海拔较高（5000m 左右）的地方过夜;植被总覆盖度、草本覆盖度和草本高度是影响藏雪鸡冬季觅食地选择的次要因子,由于冬季食物匮乏,藏雪鸡需要在食物较丰富地带大量进食以便维持体温;坡向也是次要因子,藏雪鸡一般多倾向于在阳坡活动。

9.2.2 巢址选择

巢址的质量直接影响鸟类的繁殖成功率（Jackson et al., 1988; Crabtree et al., 1989; Robertson, 1995）。鸟类一个重要的繁殖行为决策就是营巢地点的选择，即巢址选择。巢址选择是一种优化生境选择，能够将同种个体的干扰作用、天敌捕食和不良因子的影响程度降到最低水平，从而提高繁殖成功率（Lack, 1969; Cody, 1981）。巢址选择对于鸟类的生存和繁殖具有重要意义（Clark and Nudds, 1991; Badyaev, 1995），鸟类需要选择隐蔽安全、相对适宜的繁殖地点（巢址）以保证繁殖活动顺利进行。巢址邻近地域的植被结构特征影响巢和卵的被捕食率（Martin and Roper, 1988），植被条件是影响很多鸟类巢址选择的重要因素。对鸟类巢址选择的研究注重巢及巢周围的生态因子在鸟类巢址选择过程中的作用和地位，从而揭示鸟类为何在该处营巢以及影响巢址选择的主导因素，这对于鸟类资源的保护具有重要的理论和现实意义（丁长青和郑光美, 1997）。因此，巢址选择研究是鸟类生态学研究中的一项基础工作。

雪鸡属鸟类巢址方面的信息多为描述性，或是巢址的简单测量（如郑生武和皮南林，1979；刘迺发和王香亭，1990；黄人鑫等，1990；黄人鑫和邵红光，1991；常城等，1993；Liu，1994；史红全，2007）。从 2004 年开始，本书作者在甘肃省东大山自然保护区和盐池湾自然保护区开展了暗腹雪鸡巢址选择的研究（闫永峰，2006；闫永峰和刘迺发，2009，2011），根据上述研究和其他文献，对暗腹雪鸡的巢址选择情况进行了重新整理和分析。

1. 巢址的海拔

东大山自然保护区（104°45′~104°51′E，39°00′~39°04′N）位于甘肃省张掖市的东北部，是蒙古国高原南部边缘龙首山山脉的组成部分。东连龙首山，西望合黎山，北临平山湖草原和阿拉善荒漠，以张掖盆地与祁连山相望。甘肃盐池湾自然保护区（95°21′~97°10′E，38°26′~39°52′N）地处祁连山西端、青藏高原北缘，在肃北蒙古族自治县东南部的祁连山区，党河、疏勒河、榆林河的上游。

在东大山自然保护区，暗腹雪鸡营巢于海拔 2601~3401m，主要在海拔 2650~3200m，占雪鸡巢址总数（n=36）的 83.3%（图 9-17），营巢对海拔有明显的选择性（χ^2=25.5，$P<0.01$，df=8）；在盐池湾自然保护区，暗腹雪鸡营巢于海拔 2899~3503m，其中 3201~3600m 之间的巢址数量占总数的 75.0%（图 9-17），对海拔的选择性不明显（χ^2=6.00，df=7，$P>0.05$）。

天山山脉的暗腹雪鸡营巢于海拔 2250~3300m（阿德里等，1997）。昆仑山的暗腹雪鸡营巢于海拔 3500m 左右（马鸣等，1991）。在青海湖南山，暗腹雪鸡营巢于海拔约 4000m（Liu，1994）。

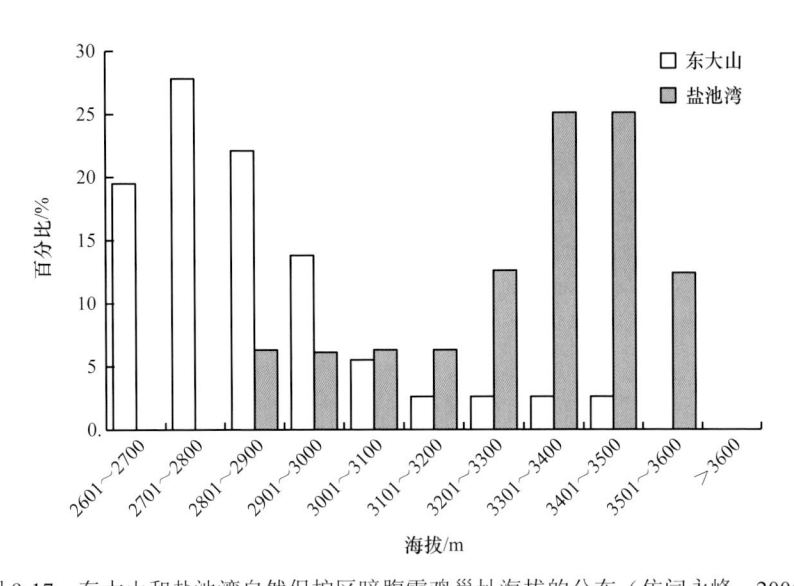

图 9-17　东大山和盐池湾自然保护区暗腹雪鸡巢址海拔的分布（仿闫永峰，2006）

Figure 9-17　The altitude distribution of nest-sites of Himalayan snowcocks in Dongdashan and Yanchiwan Nature Reserve (After Yan Yongfeng, 2006)

在青海同仁县记录到藏雪鸡 3 巢，均位于海拔 3800m 左右（马森，1997）。在青海尖扎县，藏雪鸡营巢于海拔 3380～3425m（郑生武和皮南林，1979）。在喜马拉雅山，藏雪鸡营巢于海拔 3600～5700m（Baker，1928）。在西藏，藏雪鸡营巢于海拔 3500～5500m（中国科学院青藏高原综合科学考察队，1983；史红全，2007）。

在阿尔泰山海拔 2600～3100m 曾发现 3 个阿尔泰雪鸡巢，在赛流格姆（Сайлюгем）山脉发现的另外 2 个阿尔泰雪鸡巢位于海拔 2400～2500m。海拔最低的 2 个阿尔泰雪鸡巢分布在海拔 600m 和 800m。Lukianov（1992）报道同一山地 5 巢，海拔 600～900m。

综上所述，在我国分布的 3 种雪鸡中，藏雪鸡营巢海拔最高，其次是暗腹雪鸡，阿尔泰雪鸡营巢海拔最低。这与其分布的地理纬度相关，阿尔泰雪鸡分布于北纬 48.0°以北，暗腹雪鸡分布于北纬 32.0°～47.5°，藏雪鸡分布于北纬 28.0°～38.0°。

2. 暗腹雪鸡巢址栖息地类型

在东大山自然保护区，暗腹雪鸡巢址最多的栖息地类型是高山裸岩草地，占 52.8%；在盐池湾自然保护区，暗腹雪鸡巢址最多的栖息地类型是灌丛草地，占 37.5%。总体上，高山裸岩草地和裸岩区的巢址占到了 84.6%（图 9-18）。暗腹雪鸡巢址栖息地类型差异显著（$\chi^2=26.46$，$df=3$，$P<0.01$）。由此可见暗腹雪鸡对巢

址的栖息地类型有所选择，偏好在有裸露岩石的栖息地营巢。这与前文阐述的高山裸岩带是雪鸡最主要的营巢地一致。

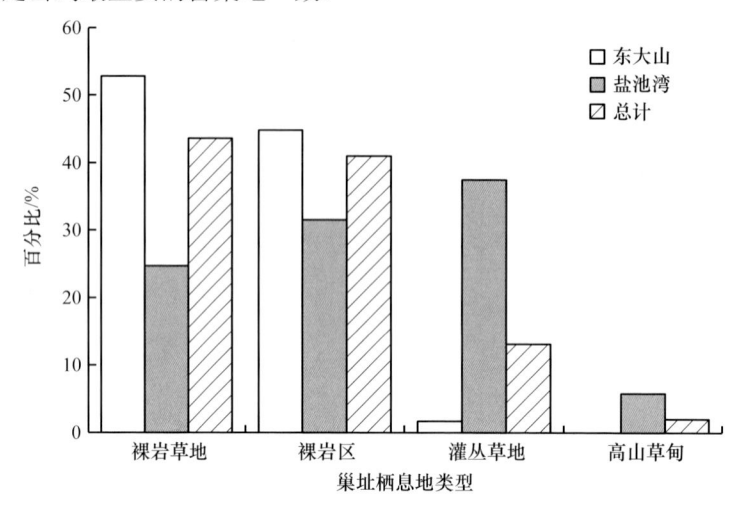

图 9-18　东大山和盐池湾自然保护区暗腹雪鸡巢址栖息地类型（仿闫永峰，2006）

Figure 9-18　Habitat types of nest-sites of Himalayan snowcocks in Dongdashan and Yanchiwan Nature Reserve (After Yan Yongfeng, 2006)

3. 暗腹雪鸡的巢位

在甘肃东大山自然保护区和盐池湾保护区，暗腹雪鸡的巢址均出现在中坡及以上的坡位，但两地稍有不同（图 9-19）。东大山保护区的雪鸡巢址位于中上坡位的最多，占 47.2%，而盐池湾位于上坡位的巢址最多，占 50%（图 9-19），但两地暗腹雪鸡巢址的坡位选择差异不显著（Mann-Whitney U test，$P > 0.05$）。雪鸡选择在较高坡位营巢有两方面原因：一方面，雪鸡营巢偏好的裸岩类栖息地多在山坡较高的位置，特别是海拔较高的山顶带；另一方面，较高的坡位也有利于雪鸡遭遇天敌时顺坡滑翔逃逸。

东大山和盐池湾自然保护区，暗腹雪鸡巢址坡度都较大，分别为 35.25°±5.78° 和 33.31°±6.41°，而 15° 以下的山坡尚未发现雪鸡巢。在 26°～40°，雪鸡巢址数量占的比例最大（图 9-20）。暗腹雪鸡对巢址坡度的选择性很显著（χ^2=47.69，df=7，$P < 0.01$）。适当的坡度既利于活动觅食，也利于遭遇敌害时滑翔逃逸。

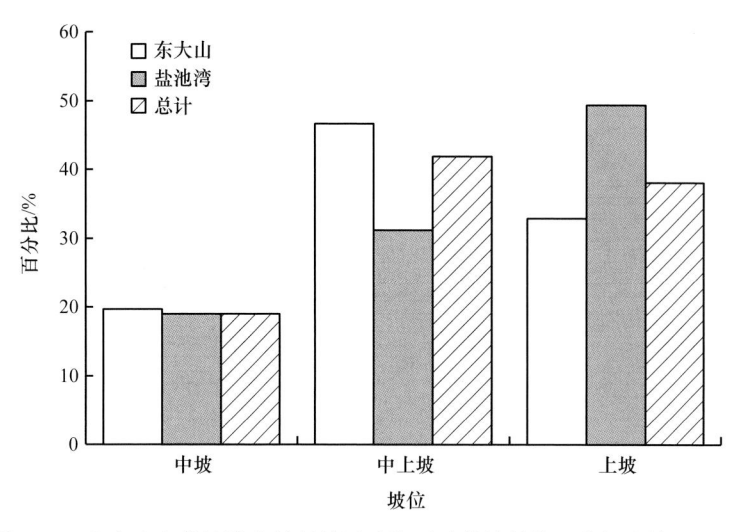

图 9-19　东大山和盐池湾自然保护区暗腹雪鸡巢址坡位（仿闫永峰，2006）

Figure 9-19　The slope position of nest-sites of Himalayan snowcocks in Dongdashan and Yanchiwan Nature Reserve (After Yan Yongfeng, 2006)

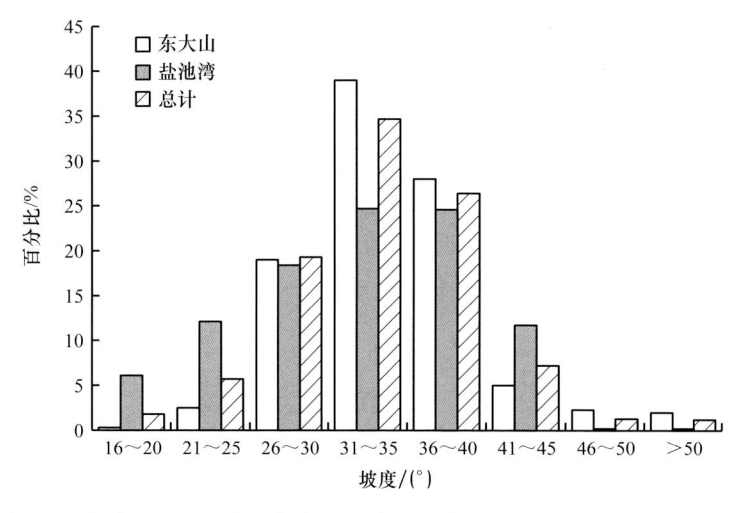

图 9-20　东大山和盐池湾自然保护区暗腹雪鸡巢址坡度（仿闫永峰，2006）

Figure 9-20　The grade of slope of nest-sites of Himalayan snowcocks in Dongdashan and Yanchiwan Nature Reserve (After Yan Yongfeng, 2006)

暗腹雪鸡对巢址坡向具有明显的选择性（χ^2=20.46，df=5，$P<0.01$），在北向、西北向两个方位尚未发现巢址，多数选择在阳坡和半阳坡方位（图9-21）。

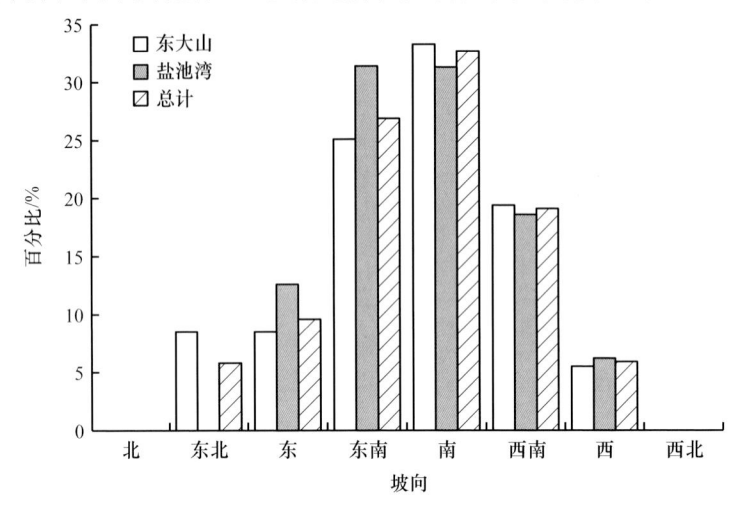

图 9-21　东大山和盐池湾自然保护区暗腹雪鸡巢址坡向（仿闫永峰，2006）

Figure 9-21　The slope aspect of Himalayan snowcocks' nest-sites in Dongdashan and Yanchiwan Nature Reserve (After Yan Yongfeng, 2006)

4. 巢址选择的主要因子

对甘肃东大山自然保护区暗腹雪鸡巢址栖息地的 15 个参数因子进行了主成分分析，前 5 个主成分的特征值均大于 1（表9-3），累积贡献率接近 80%。从旋转后因子成分矩阵（表 9-4）可见，第一主成分中，灌丛高度、最大株高、灌丛宽度和灌丛长度相关系数绝对值相对较高，反映了巢址的植物特征，称之为植物特征因子；第二主成分中，距悬崖距离、地面异质性、隐蔽度和附近悬崖数相关系数绝对值较高，反映了巢址的地形特征，称之为地形因子；第三主成分中，草本盖度与草本密度的相关系数绝对值较高，与食物有关，称之为食物因子；第四主成分中，灌丛密度与灌丛盖度的相关系数绝对值较高，称之为灌丛因子；在第五主成分中，只有物种丰富度相关系数绝对值较高，归为多样性因子。第一、二、四主成分都与巢址的隐蔽性有关，统称为抗捕食因子；第三和第五主成分与食物有关，统称为食物因子。可见巢址隐蔽程度是影响东大山暗腹雪鸡巢址选择最重要的因素，其次是食物因素。

表 9-3　东大山自然保护区暗腹雪鸡巢址主成分的特征值（闫永峰和刘迺发，2009）
Table 9-3　The eigenvalue of principle components about the nest-sites of Himalayan snowcocks in Dongdashan Nature Reserve (Yan Yongfeng and Liu Naifa, 2009)

成分	特征值	贡献率 /%	累积贡献率 /%
1	3.579	23.861	23.861
2	3.058	20.390	44.250
3	2.181	14.542	58.792
4	1.537	10.244	69.036
5	1.082	7.213	76.249
6	0.849	5.661	81.909
7	0.594	3.960	85.869
8	0.555	3.699	89.569
9	0.462	3.079	92.647
10	0.416	2.775	95.422
11	0.327	2.177	97.599
12	0.135	0.898	98.497
13	0.110	0.736	99.233
14	0.070	0.470	99.703
15	0.045	0.297	100.000

表 9-4　东大山自然保护区暗腹雪鸡巢址旋转后因子成分矩阵（闫永峰和刘迺发，2009）
Table 9-4　Rotation factor component matrix for nest-sites of Himalayan snowcocks in Dongdashan Nature Reserve (Yan Yongfeng and Liu Naifa, 2009)

变量	特征向量 1	2	3	4	5
灌丛高度 /cm	0.869	0.132	0.048	0.052	−0.061
最大株高 /cm	0.813	−0.182	0.043	0.081	0.017
灌丛宽度 /cm	0.763	−0.075	−0.203	0.160	0.442
灌丛长度 /cm	0.760	−0.035	−0.241	0.312	0.336
草本高度 /cm	0.593	0.309	0.341	−0.129	−0.217
距悬崖距离 /m	−0.091	−0.780	0.048	−0.141	−0.044
地面异质性	−0.047	0.740	−0.319	0.071	−0.235
隐蔽度	−0.089	0.732	−0.250	−0.090	0.135
附近悬崖数	0.049	0.713	0.274	0.197	0.227

续表

变量	特征向量				
	1	2	3	4	5
草本盖度 /%	–0.012	–0.089	0.949	0.069	0.060
草本密度 /（株 /m²）	–0.072	–0.081	0.894	–0.059	0.075
距草地距离 /m	–0.090	0.421	–0.575	–0.322	–0.085
灌丛密度 /（株 /m²）	0.079	0.124	0.119	0.914	0.056
灌丛盖度 /%	0.163	0.091	–0.022	0.908	0.018
物种丰富度	0.112	0.152	0.193	0.038	0.891

对盐池湾自然保护区暗腹雪鸡巢址的 15 个参数进行了因子分析，前 4 个主成分的特征值均大于 1（表 9-5）。从旋转后因子成分矩阵（表 9-6）可见，第一主成分中，地面异质性、草本密度、距悬崖距离、草本盖度和隐蔽度的相关系数绝对值相对较高，主要与隐蔽和逃避天敌有关，称之为抗捕食因子；第二主成分中，灌丛高度、灌丛密度、物种丰富度和最大株高的相关系数绝对值较高，主要反映了巢址的灌丛特征，称之为灌丛因子 1；第三主成分中，灌丛宽度、灌丛长度和灌丛盖度的相关系数绝对值较高，称之为灌丛因子 2；第四主成分中，只有附近悬崖数的相关系数绝对值较高，与避敌有关，称之为避敌因子。灌丛因子 1 和灌丛因子 2 反映了栖息地能够为雪鸡提供的隐蔽条件，第一主成分抗捕食因子及第四主成分避敌因子表明安全性是影响盐池湾暗腹雪鸡巢址选择最重要的因素，这与东大山暗腹雪鸡巢址选择研究的结果基本一致。

表 9-5 盐池湾自然保护区暗腹雪鸡巢址主成分的特征值（闫永峰和刘迺发，2011）
Table 9-5 The eigenvalue of principle components about the nest-sites of Himalayan snowcocks in Yanchiwan Nature Reserve (Yan Yongfeng and Liu Naifa, 2011)

成分	特征值	贡献率 /%	累积贡献率 /%
1	5.217	34.783	34.783
2	3.868	25.788	60.571
3	1.900	12.668	73.239
4	1.210	8.070	81.308
5	0.878	5.851	87.159
6	0.716	4.771	91.930
7	0.396	2.643	94.573
8	0.338	2.250	96.823

续表

成分	特征值	贡献率 /%	累积贡献率 /%
9	0.323	2.154	98.977
10	0.082	0.545	99.523
11	0.042	0.282	99.804
12	0.015	0.098	99.903
13	0.012	0.079	99.981
14	0.003	0.018	99.999
15	0.000	0.001	100.000

表 9-6　盐池湾自然保护区暗腹雪鸡巢址旋转后因子成分矩阵（闫永峰和刘迺发，2011）

Table 9-6　Rotation factor component matrix for nest-sites of Himalayan snowcocks in Yanchiwan Nature Reserve (Yan Yongfeng and Liu Naifa, 2011)

变量	特征向量 1	2	3	4
地面异质性	−0.927	0.016	−0.280	0.103
草本密度 /（株 /m²）	0.903	−0.010	0.100	0.086
距悬崖距离 /m	0.866	−0.060	−0.239	−0.143
草本盖度 /%	0.816	−0.243	−0.350	0.155
隐蔽度	−0.782	0.004	0.118	0.422
灌丛高度 /cm	−0.260	0.857	0.151	−0.067
灌丛密度 /（株 /m²）	−0.078	0.836	0.231	−0.100
物种丰富度	−0.148	0.798	0.074	0.158
最大株高 /cm	−0.341	0.675	0.453	0.120
灌丛宽度 /cm	0.005	0.106	0.974	0.137
灌丛长度 /cm	−0.076	0.317	0.905	0.049
灌丛盖度 /%	0.205	0.502	0.703	0.242
附近悬崖数	−0.062	0.104	0.065	0.869
距草地距离 /m	−0.419	−0.357	0.306	0.641
草本高度 /cm	0.076	0.426	0.325	0.453

巢址的隐蔽性是影响雉类巢址选择的关键因素（Nguyen et al.，2004）。东大山和盐池湾自然保护区暗腹雪鸡巢址选择的研究表明，巢址的安全程度是影响雪鸡巢址选择最重要的因素。主成分分析显示灌丛相关因子是影响两地雪鸡巢址选择的重要环境因子，因为茂密的灌丛能为雉类生存提供隐蔽场所（Smith and Gates，1999；Nguyen et al.，2004）。雉科其他鸟类的研究也证明了灌丛在巢址选择中的隐蔽保护作用（Robertson，1996；杨凤英等，2001；贾非等，2005）。因此，灌丛是雪鸡繁殖期适宜生境的一种关键植被类型（贾非等，2005）。但是，过于茂密的遮挡物又会妨碍行动，不利于观察和躲避天敌，雪鸡可能会选择合适的灌丛密度和高度。这方面尚需更为深入的研究。

影响雪鸡巢址选择的另一个重要因子是与逃避天敌相关的环境因子。雪鸡主动飞翔能力较弱，如何在尽可能短的距离和时间内找到隐蔽场所，或从山坡、悬崖边上直接滑翔飞走，就成为它们逃避天敌捕杀的关键所在。因此，距最近悬崖的距离和 500 m 内悬崖的数量就成为影响雪鸡巢址选择的重要因素。此外，作为植食性鸟类，巢址附近是否有可供雌鸟觅食的草地也很重要，草本密度、盖度或多样性也是影响雪鸡巢址选择的重要因素。

9.2.3 育雏栖息地选择

生活史阶段或者季节不同，影响雉科鸟类栖息地选择的主要因子也会有所不同（陈小勇等，1998；丁平等，2002），这取决于植被因素的季节性变化和鸟类不同生活史阶段对栖息地的不同需求（杨维康等，2000）。多数雉类在出生后前几个星期的死亡率最高（Johnsgard，1988，1999），而雏鸟存活率的高低直接关系到雉类种群的维持（Larson et al.，2001）。因此，育雏期是雉类生活史最为关键的阶段。开展育雏期栖息地选择研究，可以深入了解雏鸟对栖息地质量的需求，进而为鸟类的保护管理提供科学依据。

雪鸡属于早成鸟，雏鸟出壳后不久即可跟随亲鸟活动并在亲鸟辅助下觅食（郑生武和皮南林，1979；常城等，1993；魏建辉和陈玉平，2004；史红全，2007）。最初整个家族群并不远离巢址，随着幼鸟日龄的增加，其活动范围逐渐扩大直至完全脱离亲鸟独立生活（史红全，2007）。雄色山谷藏雪鸡种群的标记和连续观察表明，藏雪鸡的幼鸟直至次年繁殖前才被亲鸟驱离进入独立生活阶段（史红全，2007）。然而，雪鸡属其他种类的幼鸟何时开始独立生活并不清楚（Johnsgard，1988），也可能与藏雪鸡情况类似。鉴于雪鸡属鸟类育雏期的长短难以界定，只能大致将出生 3 个月内的幼鸟期定为育雏期。由于雪鸡属鸟类生活于人迹罕至的高山地带，截至目前仅有闫永峰（2006，2010）的相关研究，本书据此整理了暗腹雪鸡育雏期的栖息地选择。

1. 暗腹雪鸡育雏地点的海拔

东大山自然保护区暗腹雪鸡育雏栖息地海拔为2712～3217m，集中于2800～2900m；西祁连山盐池湾保护区暗腹雪鸡育雏栖息地海拔为3128～3549m，集中于3300～3500m（图9-22）。东大山暗腹雪鸡育雏期对栖息地的海拔无显著的选择性（χ^2=4.667，$P>0.05$，df=4），而盐池湾暗腹雪鸡育雏期对栖息地的海拔选择较明显（χ^2=24.4，$P<0.01$，df=4）。

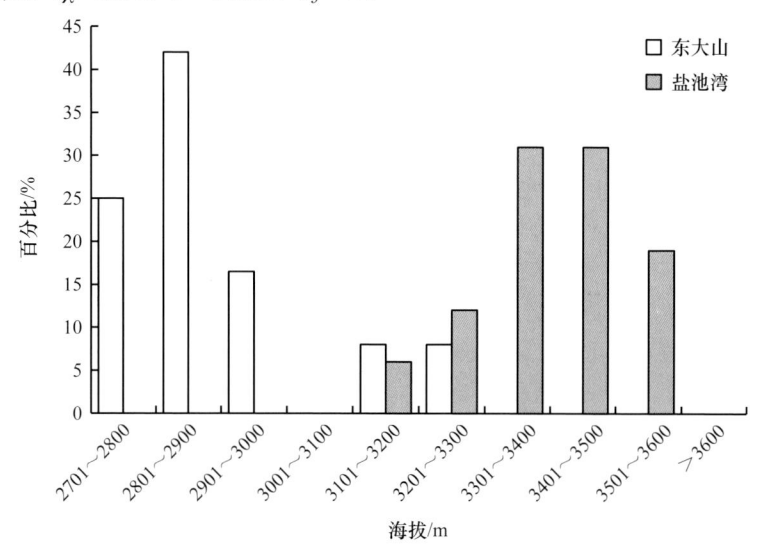

图 9-22　东大山和盐池湾自然保护区暗腹雪鸡育雏栖息地海拔分布（仿闫永峰，2006）

Figure 9-22　The habitat altitude distribution of Himalayan snowcocks during the brooding period in Dongdashan and Yanchiwan Nature Reserve (After Yan Yongfeng, 2006)

2. 暗腹雪鸡育雏期的栖息地类型

累计观察记录暗腹雪鸡栖息地28处，其中东大山自然保护区高山裸岩草地3处，灌丛草地8处，高山草甸1处；盐池湾自然保护区高山裸岩草地4处，灌丛草地11处，高山草甸1处。两地合并分析，暗腹雪鸡对育雏栖息地的类型均具明显的选择性（χ^2=16.36，$P<0.01$，df=2），主要选择在灌丛草地活动（图9-23），因为灌丛草地的隐蔽条件和多样化的微生境既利于雏鸟遇险时隐藏，也能为雏鸟提供食物。

图 9-23　东大山和盐池湾自然保护区暗腹雪鸡育雏栖息地类型（仿闫永峰，2006）

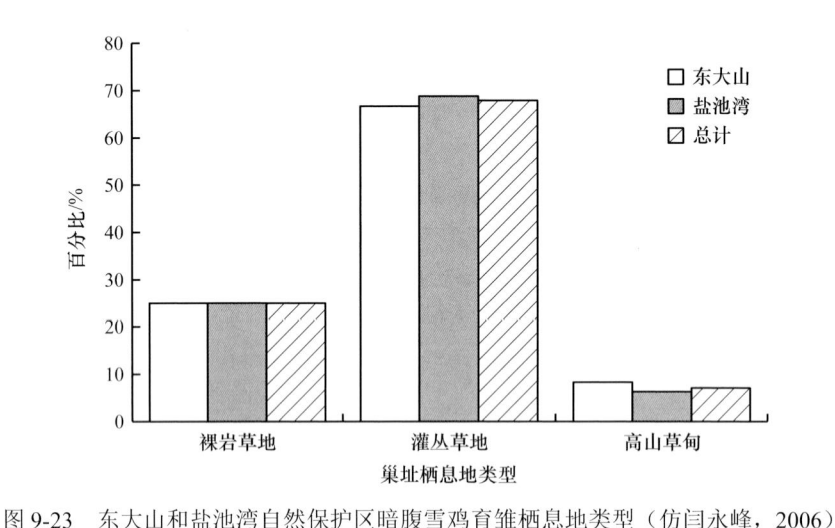

Figure 9-23　The habitat types of Himalayan snowcock during brooding period in Dongdashan and Yanchiwan Nature Reserve (After Yan Yongfeng, 2006)

3. 暗腹雪鸡育雏期的坡向、坡位和坡度

无论是东大山保护区（χ^2=4.333，$P > 0.05$，df=6）还是盐池湾保护区（χ^2=4.000，$P > 0.05$，df=7），或者两地合并分析，暗腹雪鸡育雏期对栖息地的坡向利用均无明显的选择性差异（χ^2=9.714，$P > 0.05$，df=7）。

野外观察发现，暗腹雪鸡育雏期多在阴坡（北向）或半阴坡（东北和西北向）活动，其中以东北坡向活动最为频繁，而阳坡（南向）和半阳坡（西南和东南向）利用较少（图 9-24）。阴坡和阳坡植物的生长状况明显不同，阴坡的物种丰富度、草本盖度、草本密度明显高于阳坡（表 9-7）。阴坡丰富的草本植物既能为成鸟和雏鸟提供充足的食物，也能给雏鸟提供较好的隐蔽条件。同时，阴坡、半阴坡春夏育雏期的气候条件也比较适宜，这可能是暗腹雪鸡育雏期多在阴坡活动的原因。

表 9-7　盐池湾自然保护区暗腹雪鸡育雏期栖息地阴坡和阳坡植物
参数的比较（闫永峰等，2010）

Table 9-7　The comparisons in vegetation variables of the Himalayan snowcocks' habitats between shady and sunny slopes during brooding period in Yanchiwan Nature Reserve (Yan Yongfeng et al., 2010)

植物参数	阴坡（n=7）	阳坡（n=7）	F	P
物种丰富度	10.43±1.27	7.86±1.07	16.759	0.001
草本盖度 /%	3.86±0.38	2.57±0.79	15.187	0.002
草本密度 /（株/m^2）	5.42±0.79	3.00±1.00	25.500	< 0.001

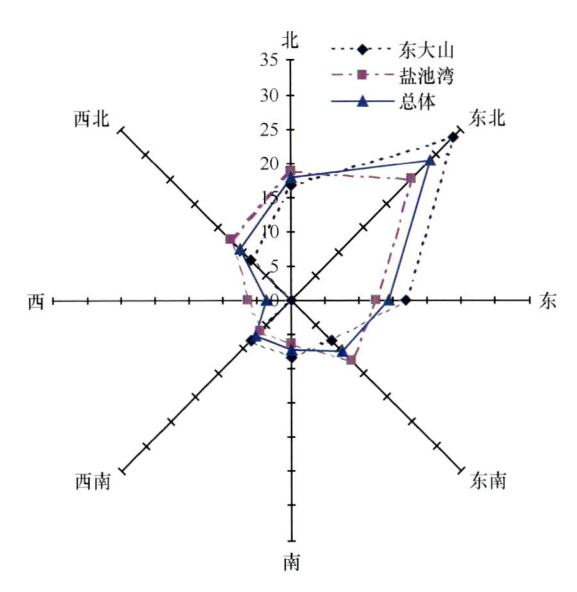

图 9-24　东大山和盐池湾自然保护区暗腹雪鸡育雏期栖息地的坡向（闫永峰，2006）

Figure 9-24　The slope aspect of the Himalayan snowcocks' habitats during brooding period in Dongdashan and Yanchiwan Nature Reserve (Yang Yongfeng, 2006)

野外观察发现，暗腹雪鸡育雏栖息地均位于中坡及中坡以上坡位（图 9-25），虽然上坡位所占的比例稍大（46.4%），但在雪鸡利用的中坡、中上坡和上坡三个坡位之间无显著的差异（χ^2=2.643，$P>0.05$，df=2）。

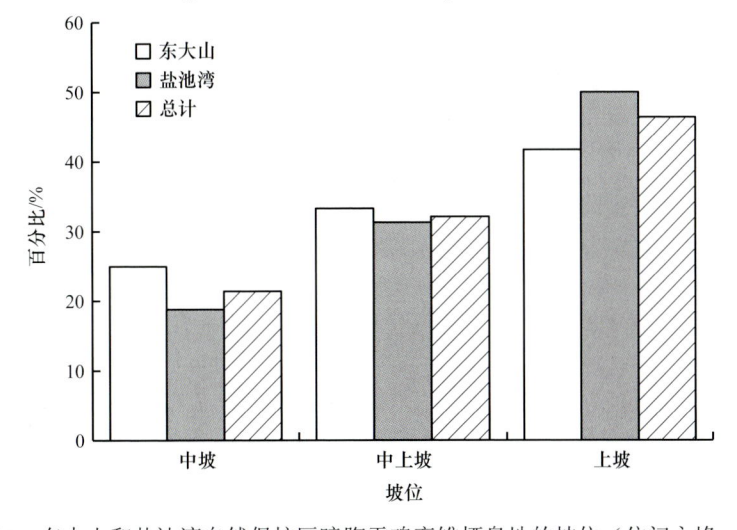

图 9-25　东大山和盐池湾自然保护区暗腹雪鸡育雏栖息地的坡位（仿闫永峰，2006）

Figure 9-25　The slope position of the Himalayan snowcocks' habitats during brooding period in Dongdashan and Yanchiwan Nature Reserve (After Yan Yongfeng, 2006)

暗腹雪鸡育雏栖息地的坡度为 0°～40°，多在 11°～30°（图 9-26）。育雏期栖息地坡度显著小于巢址栖息地坡度［曼 - 惠特尼 U 检验（Mann-Whitney U test）：东大山 Z=-4.683，P＜0.01，df=12；盐池湾 Z=-3.422，P＜0.01，df=12］。选择小坡度的坡面有利于雏鸟活动。

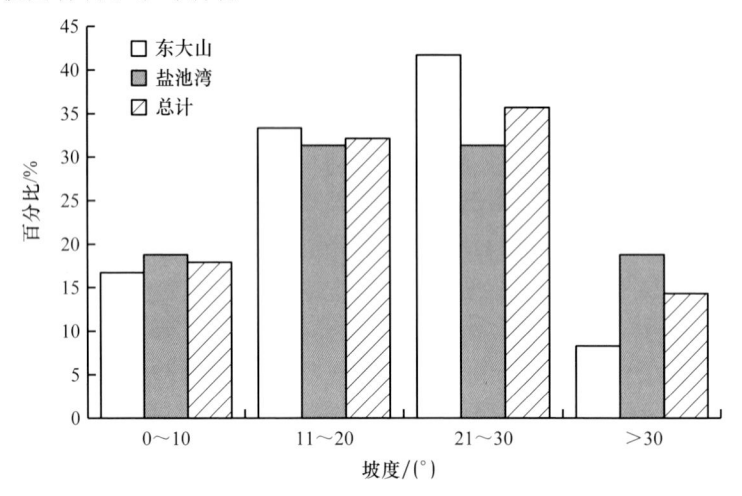

图 9-26　东大山和盐池湾自然保护区暗腹雪鸡育雏栖息地的坡度（仿闫永峰，2006）
Figure 9-26　The gradient of the Himalayan snowcocks' habitats during brooding period in Dongdashan and Yanchiwan Nature Reserve (After Yan Yongfeng, 2006)

4. 东大山和盐池湾暗腹雪鸡育雏栖息地比较

对东大山和盐池湾暗腹雪鸡育雏期栖息地的 15 个参数（海拔除外）进行比较后发现，各项参数之间均无显著差异（表 9-8），说明两地的暗腹雪鸡在育雏期选择了非常相似的栖息地。

表 9-8　东大山和盐池湾自然保护区暗腹雪鸡育雏期栖息地比较（闫永峰，2006）
Table 9-8　The comparisons of the Himalayan snowcocks' habitats during brooding period in Dongdashan and Yanchiwan Nature Reserve (Yan Yongfeng, 2006)

栖息地参数	东大山（n=12）	盐池湾（n=16）	F	P
坡向	3.25±2.14	3.69±2.44	0.244	0.625
坡位	4.17±0.83	4.31±0.79	0.222	0.642
坡度 /（°）	20.25±7.79	21.31±9.48	0.100	0.755
距悬崖距离 /m	12.17±5.02	13.81±4.94	0.750	0.394
地面异质性	2.75±1.14	3.31±1.35	1.353	0.255

续表

栖息地参数	东大山（n=12）	盐池湾（n=16）	F	P
物种丰富度	9.42±1.73	9.38±1.41	0.005	0.945
草本盖度 /%	3.50±0.80	3.50±0.73	0.000	1.000
草本密度 /（株/m²）	4.33±1.30	4.31±1.35	0.002	0.968
草本高 /cm	2.33±0.78	2.00±0.82	1.189	0.286
灌丛盖度 /%	2.42±1.00	1.75±0.86	3.615	0.068
灌丛密度 /（株/m²）	1.22±0.44	1.22±0.59	0.000	0.992
灌丛长度 /cm	55.50±9.99	57.34±13.92	0.151	0.700
灌丛宽度 /cm	45.42±8.95	49.22±10.88	0.970	0.334
灌丛高度 /cm	38.58±8.06	40.55±9.10	0.352	0.558
附近悬崖数	4.67±1.30	4.31±1.66	0.372	0.547

5. 影响东大山和盐池湾暗腹雪鸡育雏栖息地选择的主要因子

两个研究地点暗腹雪鸡育雏栖息地各项参数之间均无显著差异，故将两个研究地点的 12 个参数（海拔、栖息地类型和地形除外）合并进行主成分分析。前 4 个主成分的特征值大于 1（表 9-9），提取前 4 个主成分，最终得到旋转后因子成分矩阵（表 9-10）。第一主成分中，灌丛宽度、灌丛高度和灌丛长度三个参数的相关系数绝对值较高，反映了雪鸡育雏期栖息地的灌丛特征，主要与雪鸡的隐蔽有关，将第一主成分定为隐蔽因子 1；第二主成分中，相关系数绝对值较高的是草本密度、物种丰富度和草本盖度，这三项反映的是雪鸡的食物状况，定为食物因子；第三主成分中，相关系数绝对值较高的是灌丛盖度和灌丛密度，与雪鸡的避敌隐蔽性有关，是隐蔽因子 2；在第四主成分中，只有距悬崖距离这一项的相关系数绝对值较高，这与雪鸡避免天敌捕杀时的逃避有关，归为逃逸因子。在这四个主成分中，第一、第三、第四主成分都与雪鸡育雏期间避免被天敌发现及捕杀的隐蔽性和逃逸有关，统称为抗捕食因子。只有第二主成分与食物有关，是食物因子。由此可见，栖息地的安全程度是影响暗腹雪鸡育雏栖息地选择最重要的因素，其次是食物因素。

表 9-9 暗腹雪鸡育雏期栖息地各主成分的特征值（闫永峰，2006）
Table 9-9 The eigenvalues of principle components for Himalayan snowcocks' habitats during brooding period (Yan Yongfeng, 2006)

成分	特征值	贡献率 /%	累积贡献率 /%
1	3.446	28.713	28.713
2	2.752	22.935	51.647
3	1.660	13.833	65.480
4	1.363	11.356	76.836
5	0.753	6.277	83.112
6	0.717	5.973	89.085
7	0.506	4.220	93.305
8	0.296	2.467	95.772
9	0.234	1.952	97.724
10	0.135	1.123	98.847
11	0.089	0.740	99.587
12	0.050	0.413	100.000

表 9-10 暗腹雪鸡育雏期栖息地旋转后因子成分矩阵（闫永峰，2006）
Table 9-10 Rotated component matrix for habitats of Himalayan snowcock during brooding period (Yan Yongfeng, 2006)

变量	特征向量 1	2	3	4
灌丛宽度 /cm	0.939	0.054	−0.180	0.034
灌丛高度 /cm	0.918	0.080	−0.107	−0.105
灌丛长度 /cm	0.917	−0.047	−0.178	0.135
地面异质性	0.495	−0.348	0.407	0.074
草本密度 /（株/m^2）	0.163	0.890	−0.189	0.129
物种丰富度	−0.014	0.885	0.022	0.041
草本盖度 /%	−0.032	0.812	0.216	0.065
草本高度 /cm	0.265	−0.490	0.354	0.293
灌丛盖度 /%	−0.109	−0.022	0.850	0.008
灌丛密度 /（株/m^2）	−0.308	0.117	0.827	−0.184
距悬崖距离 /m	0.108	−0.041	−0.078	−0.905
附近悬崖数	0.227	0.144	−0.411	0.683

与巢址选择一样,育雏期的雪鸡也选择山体中坡及以上坡位活动,但不同的是,育雏期的雪鸡较少选择高山裸岩草地而主要在坡度较缓的阴坡灌丛草地活动,主要是因为阴坡的植被条件好于阳坡。这与黄人鑫和刘迺发(1991)的观察结果相一致,即育雏期雪鸡多在较缓的山坡觅食,其地点离灌丛较近。草本植物特征在雉类育雏期栖息地选择中具有比其他时期更加重要的影响,因为影响雉类雏鸟死亡率的首要因素是食物资源的丰富程度(徐基良等,2004),对于雪鸡而言,育雏期栖息地植物资源显得尤为重要。雪鸡育雏期利用的栖息地中植物物种丰富度、草本密度和盖度均较高,这说明栖息地中食物资源比较丰富。为了获得足够的食物供应以更好地哺育后代,暗腹雪鸡在育雏期多选择在植物种类丰富、草本盖度和密度较高、坡度较缓的阴坡活动。

在自然环境中,动物进行任何活动时,都将面临捕食的压力,捕食风险是影响动物生存和繁殖的重要因素之一(魏万红等,2004)。雉类育雏期的栖息地选择也同样受到捕食压力的影响,良好的隐蔽场所有利于降低被天敌捕食的概率从而提高雏鸟的存活率(徐基良等,2004)。暗腹雪鸡的天敌主要是猛禽和小型食肉兽类,食肉兽主要在夜间袭击成体和雏鸟,猛禽主要在白天捕食雪鸡。因此,灌丛在雪鸡育雏期的栖息地选择中占有相当重要的地位。以适宜的灌丛作为隐蔽场所可以避免被天敌发现和捕食,这也是在长期演化过程中形成的躲避天敌捕食的行为适应。

栖息地中的隐蔽场所和食物资源的分布几乎决定着动物所有的行为模式和进化方向,获取食物和躲避捕食者是动物生存策略的重要组成部分,动物需要权衡(trade-off)这两种成分以增加其适合度(魏万红等,2004)。雪鸡育雏期栖息地选择的定量分析结果表明,对雪鸡育雏期栖息地选择起决定作用的是反捕食条件和食物因素。因此,雪鸡的保护管理要从提供丰富的食物资源和良好的隐蔽条件入手,在现存栖息地保护的基础上,适当增加合适密度的灌丛草地,并加强栖息地的研究和科学管理。

参 考 文 献

阿德里,马鸣,海肉拉,等. 1997. 天山博格达南部雪鸡的生态习性. 干旱区研究,14(1): 84-87.
常城,刘迺发,王香亭. 1993. 暗腹雪鸡的繁殖及食性. 动物学报,39(1): 107-108.
陈桂琛,彭敏,黄荣福,等. 1994. 祁连山地区植被特征及其分布规律. 植物学报,36(1): 63-72.
陈小勇,罗兰,刘迺发,等. 1998. 兰州大石鸡不同生活史阶段栖息地选择的初步研究. 应用与环境生物学报,4 (4): 368-373.
邓立友,刘凤贤,包纯志,等. 1983. 西藏草地类型及其资源评价. 植物生态学与地植物学丛刊,7(2): 136-142.
丁平,李智,姜仕仁,等. 2002. 白颈长尾雉栖息地小区利用度影响因子研究. 浙江大学学报(理学版),29 (1): 103-108.

丁长青, 郑光美. 1997. 黄腹角雉的巢址选择. 动物学报, 43(1): 27-33.

董世魁, 汤琳, 张相锋, 等. 2017. 高寒草地植物物种多样性与功能多样性的关系. 生态学报, 37(5): 1472-1483.

黄人鑫, 刘迺发. 1991. 暗腹雪鸡. 见: 卢汰春. 中国珍稀濒危野生鸡类. 福州: 福建科技出版社: 123-139.

黄人鑫, 马力, 邵红光, 等. 1990. 新疆天山高山雪鸡生态和生物学的初步研究. 新疆大学学报(自然科学版), (3): 47-52.

黄人鑫, 米尔曼, 邵红光. 1992. 中国鸟类新纪录——阿尔泰雪鸡. 动物分类学报, 17 (4): 501-502.

黄人鑫, 邵红光. 1991. 阿尔泰雪鸡生态的初步观察. 四川动物, 10(3): 36-36.

黄人鑫, 邵红光, 米尔曼, 等. 1994. 高山雪鸡(*Tetraogallus himalayensis* G. R. Gray) 冬季食性的研究. 新疆大学学报(自然科学版), 11(2): 80-83.

贾非, 王楠, 郑光美. 2005. 白马鸡繁殖早期栖息地选择和空间分布. 动物学报, 51(3): 383-392.

蒋志刚. 2004. 动物行为原理与物种保护方法. 北京: 科学出版社.

雷特生, 张清斌. 1997. 若羌且末两县境内的阿尔金山, 昆仑山草场类型及其利用. 新疆环境保护, 19(1): 22-26.

李德浩, 王祖祥, 郑作新. 1965. 青海玉树地区鸟类区系调查. 动物学报, 17(2): 217-229.

李红琴, 张法伟, 毛绍娟, 等. 2019. 放牧强度对青海海北高寒矮嵩草草甸碳交换的影响. 中国草地学报, 41(02): 18-23.

李佳琦, 史红全, 刘迺发. 2006. 拉萨藏雪鸡春季栖息地选择. 动物学研究, 27(5): 513-517.

刘迺发, 陈小勇, 何德奎. 1996. 兰州地区大石鸡栖息地选择. 动物学报, 42(Suppl.): 83-89.

刘迺发, 王香亭. 1990. 高山雪鸡繁殖生态研究. 动物学研究, 11(4): 299-302.

马力, 崔大方. 1992. 新疆博格达山高山雪鸡栖息地生态及迁栖规律的研究. 新疆师范大学学报(自然科学版), 992:70-74.

马鸣, 周永恒, 马力. 1991. 新疆雪鸡的分布及生态观察. 野生动物, (4): 15-16.

马森. 1997. 藏雪鸡的繁殖活动规律. 西北农业学报, 6(1): 8-10.

马新年, 杨志松, 刘迺发, 等. 2006. 石鸡繁殖期栖息地的特征. 动物学杂志, 41(3): 3-8.

朴仁珠. 1991. 淡腹雪鸡. 卢汰春等主编中国珍稀濒危鸟类. 福州: 福建科技出版社: 108-122.

普布, 扎西朗杰, 拉多, 等. 2011. 藏雪鸡(*Tetraogallus tibetanus*) 冬季活动规律和觅食地的选择. 西藏大学学报(自然科学版), 26(2): 1-6.

史红全. 2007. 藏雪鸡的种群生态. 兰州: 兰州大学博士学位论文.

王建雷, 李英年, 杜明远, 等. 2009. 祁连山冷龙岭南坡小气候及植被分布特征. 山地学报, 27(4): 418-426.

魏建辉, 陈玉平. 2004. 暗腹雪鸡的生态习性初探. 甘肃林业科技, 29(4): 1-4.

魏万红, 杨生妹, 樊乃昌, 等. 2004. 动物觅食行为对捕食风险的反应. 动物学杂志, 39 (3): 84-90.

徐基良, 张正旺, 郑光美. 2004. 鸟类栖息地片段化研究的理论基础. 生物学通报, 39 (11): 9 -11.

闫永峰. 2006. 高山雪鸡的繁殖及栖息地选择研究. 兰州: 兰州大学博士学位论文.

闫永峰, 包新康, 刘迺发. 2010. 盐池湾自然保护区喜马拉雅雪鸡育雏栖息地选择. 生态学报, 30(9): 2270-2275.

闫永峰, 刘迺发. 2009. 东大山自然保护区喜马拉雅雪鸡 (*Tetraogallus himalayensis*) 的巢址选择.

生态学报, 29(8): 4278-4284.

闫永峰, 刘迺发. 2011. 盐池湾自然保护区喜马拉雅雪鸡的巢址选择. 干旱区地理, 34(1): 160-164.

杨凤英, 王汝清, 张军, 等. 2001. 褐马鸡巢址选择的初步研究. 山西大学学报(自然科学版), 24 (2): 151-154.

杨维康, 钟文勤, 高行宜. 2000. 鸟类栖息地选择研究进展. 干旱区研究, 17 (3): 71-78.

张新时. 1978. 西藏植被的高原地带性. 植物学报, 20(2): 140-149.

张正旺, 梁伟, 盛刚. 1994. 斑翅山鹑巢址选择的研究. 动物学研究, 15 (4): 37-43.

张正旺, 郑光美. 1999. 鸟类栖息地选择研究进展. 中国动物科学研究——中国动物学会第十四届会员代表大会及中国动物学会65周年年会论文集.

郑光美, 张正旺. 1992. 鸟类学进展. 自然科学年鉴. 上海: 上海翻译出版公司: 181-185.

郑生武, 皮南林. 1979. 藏雪鸡的生态初步观察. 动物学杂志, 14(1): 24-29.

中国科学院青藏高原综合科学考察队. 1983. 西藏鸟类志. 北京: 科学出版社.

Badyaev AV. 1995. Nesting habitat and nesting success of eastern wild turkeys in the Arkansas Ozark highlands. The Condor, 97:221-232.

Baker ECS. 1928. Fauna of British, India, including Ceylon and Burma. Vol.5. London: Taylor and Francis: 416-469.

Bland JD, Temple SA. 1990. Effects of predation-risk on habitat use by Himalayan snowcocks. Oecologia, 82:187-191.

Block WM, Brennan LA. 1993. The habitat concept in ornithology: Theory and applications. Current Ornithology. Boston, MA: Springer: 35-91.

Clark RG, Nudds TD. 1991. Habitat patch size and duck nesting success: the crucial experiments have not been performed. Wildlife Society Bulletin, 19:534-543.

Cody ML. 1981. Habitat selection in birds: the roles of vegetation structure, competitors and productivity. Bio-science, 31:107-133.

Cody ML. 1985. Habitat selection in birds. London: Academic Press.

Crabtree RL, Broome LS, Wolfe ML. 1989. Effect of habitat characteristics on Gadwall nest predation and nest site selection. Journal of Wildlife Management, 53:129-137.

Dementiev GT. Gladkov NA. 1967. Birds of the Soviet Union. Vol.4. Jerusalen: Irael Program for Scientific Thanslations. 198-221.

Ding MJ, Zhang YL, Sun XM, et al. 2013. Spatiotemporal variation in alpine grassland phenology in the Qinghai-Tibetan Plateau from 1999 to 2009. Chinese Science Bulletin, 58 (3): 396-405.

Jackson SL, Hik DS, Rockwell RF. 1988. The influence of nesting habitat on reproductive success of the Lesser Snow Goose. Canadian Journal of Zoology, 66:1699-1703.

Janes SW. 1985. Habitat selection in raptorial birds . In: Cody ML eds. Habitat Selection in Birds. London: Academic Press: 159-188.

Johnsgard PA. 1988. The Quails, Partridges, and Francolins of the world. New York: Oxford University Press: 103-110.

Johnsgard PA. 1999. The Pheasant of the World: Biology and Natural History. Washington: Smithsonian Institution Press: 72-75.

Johnson DH. 1980. The comparison of usage and availability measurements for evaluating resource preference. Ecology, 61(1): 65-71.

Jones J. 2001. Habitat selection studies in avian ecology: a critical review. The Auk, 118(2): 557-562.

Krebs CJ. 2009. Ecology: The Experimental Analysis of Distribution and Abundance. 6th. San Francisco, United States: Benjamin Cummings.

Lack D. 1969. The number of bird species on island. Bird Study, 16:193-209.

Larson MA, Clark ME, Winterstein SR. 2001. Survival of Ruffed Grouse chicks in Northern Michigan. Journal of Wildlife Management, 65 (4): 880-886.

Liu NF. 1994. Breeding behaviour of Koslov's snowcock (*Tetraogallus himalayensis koslowi*) in Northwestern Gansu, China. Game Wildlife, 11:167-177.

Lukianov Y. 1992. Ecology of the Altai snowcock (*Tetraogallus altaicus*) in the Altai Mountains. Gibier Faune Sauvage, 9: 633-640.

Martin TE, Roper JJ. 1988. Nest predation and nest site selection of a western population of the Hermit Thrush. The Condor, 90:51-57.

Morrison ML, Marcot BG, Mannan RW. 2006. Wildlife-habitat relationships: concepts and applications. 3rd. Washington, D.C.: Island Press.

Nguyen LP, Hanr J, Parker GH. 2004. Nest site characteristics of Eastern Wild Turkeys in Central Ontario. Northeastern Naturalist, 11:255.

Qiu Q, Zhang G. Ma T. et al. 2012. The yak genome and adaptation to life at high altitude. Nat Genet, 44(8): 946-949.

Robertson GY. 1995. Factors affecting nest site selection and nesting success in the Common Eider *Somateria mollissima*. Ibis, 137:109-115.

Robertson PA. 1996. Does nesting cover limit abundance of Ring-necked Pheasant in North America? Wildlife Society Bulletin, 24:98-106.

Smith SA, Gates NJSE. 1999. Home ranges, habitat selection and morality of Ring-necked Pheasants (*Phasianus colchicus*) in North-central Maryland. American Midland Naturalist, 141(1): 185-197.

Ирйсов ЭА, Ирисова ИНЛ. 1991. Алтайский улар. Наука: Сибирское Отдедение.

第 10 章　雪鸡行为生态学

雪鸡属鸟类的行为学研究零星报道于少量研究报告和专著。本书作者在雪鸡生物学的野外研究中对藏雪鸡和暗腹雪鸡的行为生态进行了调查和研究，本章结合文献将我国分布的 3 种雪鸡的行为学资料分门别类进行总结整理。

10.1　社群和领域行为

10.1.1　群体大小和社群行为

1. 群体类型和大小

雪鸡喜集群，在野外几乎一年四季都能见到雪鸡的群体，按照个体组成和功能可分为非繁殖群、家族群和越冬集群 3 种类型。

非繁殖群由不参加繁殖的个体聚集而成，个体数量通常 3～4 只或 5～7 只，偶尔可达 10 只以上。Dementiev 和 Gladkov（1967）在 6 月的帕米尔高原记录到完全由雄性个体组成的阿尔泰雪鸡群体，个体数量达 17 只。在祁连山，5 月可见由 7～8 只非繁殖个体组成的暗腹雪鸡群体（Liu，1994）。2004 年 5 月，作者在拉萨雄色山谷观察到两个非繁殖群体，个体数量分别为 15 只（10♂+5♀）和 10 只（6♂+4♀）；2005 年繁殖季节也发现两个群体，数量分别为 14 只（10♂+4♀）和 10 只（6♂+4♀）（史红全，2007）。有学者曾经发现，在人工饲养条件下，1 龄的阿尔泰雪鸡亦可形成由 10 只（6♂+4♀）个体组成非繁殖群体，整个群体由一只健壮的雄性个体占据主导地位（Ирйсов and Ирисова，1991）。

家族群通常由亲鸟和当年幼鸟组成，多数情况包括雌雄双亲，偶尔仅有单亲。史红全（2007）研究发现，在拉萨市雄色山谷，藏雪鸡年周活动的大部分时间主要以家族群活动为主，繁殖高峰期家族群最大，平均个体数量可达 6.4 只，翌年 3 月家族群最小，平均个体数量只有 4.8 只（表 10-1）。每年 3 月底至 5 月初，幼鸟被亲鸟驱离，家族群解体，而亲鸟通常仍维持配偶关系。

表 10-1　2004 年 5 月至 2005 年 3 月西藏拉萨雄色山谷藏雪鸡种群数量动态（史红全，2007）

Table 10-1　Population dynamics of Tibetan snowcocks in Xiongse Valley, Lhasa, Tibet from May 2004 to March 2005 (Shi Hongquan, 2007)

	5月	6月	7月	8月	9月	10月	11月	12月	1月	2月	3月
家族群数	14	14	11	11	9	9	9	9	9	9	9
成鸟数	28	27	20	20	16	16	16	16	16	16	16
幼鸟数	6	63	44	36	29	29	28	28	27	27	27
非繁殖个体数	25	25	25	25	25	25	25	25	24	24	24
种群数量	59	115	89	81	70	70	69	69	67	67	67
平均家族大小	2.4	6.4	5.8	5.1	5.0	5.0	4.9	4.9	4.8	4.8	4.8

马鸣等（1991）报道显示 6 月底至 8 月上旬青藏高原北缘暗腹雪鸡和藏雪鸡的群体大小，最小的 2 只，最大的 13 只（表 10-2），这些群大多是家族群，可能还有非繁殖群。

表 10-2　昆仑山部分地区夏季雪鸡群的大小（1987—1988）（仿马鸣等，1991）

Table 10-2　The size of snowcock flocks in parts of Kunlun Mountains (1987—1988) (After Ma Ming et al., 1991)

种类	地点	时间（月.日）	海拔/m	群数/个	群的大小/只
暗腹雪鸡	奴尔	6.27	3100～3800	3	3.7（2～6）
	叶城	8.40	3200～3400	2	10.0（8～12）
藏雪鸡	慕士山	7.10	4200	2	8.5（5～12）
	拉木齐满	7.23	4500～5300	2	6.0（5～7）
	祁漫塔格	8.90	4400～4800	7	9～13

非繁殖群有时加入家族群形成更大的混合群。黄人鑫等（1991）记载 6 月下旬在新疆北塔山见到 5 只阿尔泰雪鸡成鸟与 11 只雏鸟混群活动。在甘肃北山山地记录若干暗腹雪鸡家族群合成大群（常城等，1993）。新疆天山山地暗腹雪鸡非繁殖季节的群体大小一般 15～20 只，甚至 30 只以上（黄人鑫等，1990）。青海拉脊山的藏雪鸡在秋季形成由数个家族群组成的 15～20 只群体，在雌鸟带领下迁移到高山裸岩带（郑生武和皮南林，1979）。

越冬集群由若干家族群共同组成。冬季高山区冰雪广泛覆盖，大部分雪鸡主要以家族群的形式集中在无雪或少雪的地区活动。阿尔泰山脉曾发现百只以上的阿尔泰雪鸡集群，甚至来自附近的雪鸡个体形成大约 200 只的大群（Ирйсов and Ирисова，1991；Lukianov，1992）。在西藏南木林冬季常见藏雪鸡的群体数量为 6～10 只，最大数量 30 只以上（普布等，2011）。

2. 社会等级

雪鸡具有一定的社群等级关系。据 Ирйсов 和 Ирисова（1991）记述，阿尔泰雪鸡个体之间的等级关系在雏鸟孵出后的 1.5～2 天内就开始形成。同窝阿尔泰雪鸡个体间严格遵守等级关系，在由 20～30 只个体组成的群体中也是如此。群体中的雄性个体会占据主导地位，而且能保持很长时间。依 Ирйсов 和 Ирисова（1991）饲养观察发现，一只雄性阿尔泰雪鸡在 20 只个体组成的群体中占据主导地位达 2 年之久。占主导地位的个体是集群中最强壮且年龄最大的雄性个体，而且在与其他雄鸟的争斗从未失败，但这只雄鸟的繁殖却不成功。据观察，在自然环境或是在饲养条件下，除交配期之外，群体中雄性个体间的等级顺序并不以争斗来决定。等级高的雄鸟会将颈部尽量向上拉直，并把头部向后仰，以威胁的姿势去啄击低等级雄鸟的头部，后者则会以一种服从的姿态（头部下垂）去往别处。在这种情况发生时，雄性个体间会出现瞬间仪式化的相互啄斗（Ирйсов and Ирисова，1991）。藏雪鸡的社会等级情况与之类似，史红全（2007）在雄色山谷的观察发现，藏雪鸡繁殖个体的等级均高于非繁殖个体，不同家族也有等级序列之分，表明藏雪鸡群体中存在明显的社会等级关系。藏雪鸡群体之间社会等级形成的过程并不清楚，可能是通过配对期（4～5 月）雄性个体之间打斗确定，等级关系一旦形成就比较稳定。通常低等级的雄性个体会主动回避与高等级的雄性发生直接冲突，雄性个体的等级顺序似乎也影响其他家族成员的等级。

10.1.2 领域行为

动物个体间竞争资源的方式之一就是占据和防御一定的空间，不允许同种其他个体或群体侵入，称之为领域行为。雪鸡是植食性鸟类，植物性食物的多少是种群的主要限制因素，领域内植物的可利用性及丰富度对雪鸡的生存和繁殖至关重要（Liu，1994）。

雪鸡的繁殖配对、家族群均具一定的领域行为，它们所占据的领域通常包括 1～3 面山坡。在甘肃东大山，暗腹雪鸡的领域大小为 0.5～1.26km^2（n=40）（Liu，1994）。新疆天山暗腹雪鸡的领域大小为 1.0km^2（Ma，1992）。然而据史红全（2007）长期观察发现，西藏拉萨雄色山谷的藏雪鸡无论是配对、家族群还是非繁殖群体均未占据固定的领域，但个体之间接近到一定程度会发生驱逐行为。

孵卵期雄性雪鸡经常会驱赶出现在自己巢区附近的其他雄鸟。暗腹雪鸡雄鸟呈现出一种威胁的姿势，颈部平伸且部分羽毛蓬松，缓慢地冲向入侵雄鸟将其赶走。笼养的暗腹雪鸡在整个繁殖季节会将繁殖笼作为其领域。雄鸟常高声鸣叫，有时双翅下垂，初级飞羽触及地面，尾羽翘起，露出白色的尾下覆羽，胸部具黑斑的羽毛蓬起，挪动双脚，摇动尾羽显示领域。一旦有其他雄鸟接近笼舍，雄鸟则立即昂首缩颈，胸部羽毛蓬起，双翅上耸，高声急叫，直至对方离去（刘迺发和王香亭，1990；Liu，1994；闫永峰，2006）。史红全（2007）的野外观察显示，繁殖期的藏雪鸡雄鸟不仅会驱赶入侵的其他雄鸟，甚至对进入其领域的观察者都会进行攻击。饲养的阿尔泰雪鸡甚至会保卫未被雌鸟利用的巢，接近这个巢的雄鸟间会发生激烈的争斗（Ирйсов and Ирисова，1991）。

动物的社群结构和行为特征与捕食和反捕食有关，这些特征既能使动物得到食物，又能避免自己沦为其他动物的食物。雪鸡为草食性动物，是许多食肉动物的捕食对象（郑生武和皮南林，1979；Dementiev and Gladkov，1967；刘迺发和王香亭，1990）。在某些情况下，雪鸡的集群可以减少被捕食的风险，而且有利于觅食和获得食物。

10.2 求偶和交配行为

甘肃东大山自然保护区的暗腹雪鸡从2月中旬至4月中旬在阳坡配对，直到阴坡积雪融化，部分配对迁往阴坡，部分则留在阳坡。在配对形成过程中，雄鸟通常到开阔的山坡或山脊上，尾羽呈扇形上举以充分显示白色的尾下覆羽，频繁走动并发出听似吹口哨的"Shi-er，Shi-er，Shi-er……"声。这种叫声可能意在显示领域和吸引雌鸟（刘迺发和王香亭，1990；Liu，1994；闫永峰，2006）。

暗腹雪鸡为单配制，配对形成后的雌雄鸟相伴活动，雌鸟觅食时雄鸟常在其后一段距离，立于较为显著的位置警戒，而雌鸟较为隐蔽（刘迺发和王香亭，1990）。期间若有其他雌鸟进入领域，雄鸟会很快与之接近，但原配雌鸟会急速迫近将入侵雌鸟驱逐出境。进入领域的其他雄性也会遭到原配雄鸟的强烈攻击（Liu，1994）。这似乎预示着暗腹雪鸡存在婚外配现象，但目前尚无直接证据。史红全（2007）对拉萨雄色山谷藏雪鸡的观察结果与暗腹雪鸡非常相似。

暗腹雪鸡雄鸟的求偶姿态为正面型，被认为是鹑类求偶的典型姿态。求偶时雄鸟站在雌鸟正面或侧面，双翼下垂，初级飞羽触及地面，尾羽翘起呈扇形展开，白色尾下覆羽显露似白色绒球，胸部具黑斑羽毛蓬起，头稍后仰，频繁抖动双翼接近雌鸟或绕雌鸟转圈。在雄鸟表演时雌鸟似无反应，正常觅食（刘迺发和王香亭，1990；Liu，1994；闫永峰，2006）。饲养观察条件下，暗腹雪鸡雄鸟表演一段时间后，便用嘴在雌鸟头部轻啄几下，雌鸟蹲伏，雄鸟迅速从其侧后方跳上雌鸟背部并用嘴啄住雌鸟头部，尾部下压，雌鸟尾羽上翘接受交配，整个交配过程大约持续$5\sim 11s$，平均$7.75\pm 1.82s$（$n=12$）。繁殖期可进行多次交配，交配高峰出现在9：30～11：00和18：30至日落。交配结束后雌鸟蹲在地面上10多秒后才起身恢复常态（闫永峰，2006）。

雄色山谷藏雪鸡的求偶方式与暗腹雪鸡相似，雄鸟在雌鸟附近，两翅下垂，初级飞羽触及地面，尾羽呈扇形翘起，露出白色的尾下覆羽，但未观察到围绕雌鸟的转圈行为。藏雪鸡的交配过程与暗腹雪鸡极为类似，整个过程持续约 10s（史红全，2007）。

Ирйсов 和 Ирисова（1991）并未观察到阿尔泰雪鸡交配前的仪式化的求偶行为。在交配期，雄鸟情绪兴奋时，其羽毛会微微展开，双翼下垂，尾部展开（图 10-1）。

图 10-1　新疆阿尔泰山求偶炫耀中的雄性阿尔泰雪鸡（李建强 摄）

Figure 10-1　A male Altai snowcock in courtship display in Altai Mountains, Xinjiang (Photoed by Li Jianqiang)

10.3　孵化和育雏行为

10.3.1　孵化

中国境内分布的 3 种雪鸡均由雌鸟孵卵，孵化期 26～28 天（郑生武和皮南林，1979；Johnsgard，1988；刘迺发和王香亭，1990；黄人鑫等，1991；Lukianov，1992；闫永峰，2006；史红全，2007）。在暗腹雪鸡和阿尔泰雪鸡雌鸟孵卵期间，雄鸟集成小群与巢保持一定距离（Lukianov，1992；Liu，1994）。闫永峰（2006）观察发现，暗腹雪鸡雌鸟孵卵时，雄鸟一般站立于巢上方比较突出的大石块或山顶上负责警戒。暗腹雪鸡和藏雪鸡的雄鸟活动在巢周围的高处，为孵卵的雌鸟警戒，如有危险则发出报警鸣叫，或朝着远离巢的方向逃跑以引开威胁，甚至直接攻击危险目标（闫永峰，2006；史红全，2007）。阿尔泰雪鸡的观察研究很少，繁殖期的雄鸟是否为孵卵雌鸟警戒尚未可知。孵化雌鸟恋巢性很强，即使观察者迫近，雌鸟也不离巢（闫永峰，2006；史红全，2007）。史红全（2007）观察发现，雄色山谷藏雪鸡的雄鸟花费大量的守护时间，分别占观察时间的 51.2% 和 45.0%（$n=2$），雄鸟夜栖于距巢15～20m范围内，越接近孵化后期，雄鸟护巢行为越强烈。

10.3.2 育雏

雪鸡雏鸟依赖卵黄提供的营养可以安全度过孵化后的最初几天。分布于较低海拔的暗腹雪鸡和阿尔泰雪鸡由雌鸟育雏，邻近巢区的雄鸟集群活动（Lukianov，1992；Liu，1994）。分布海拔最高的藏雪鸡雄鸟较多参与育雏（史红全，2007）。如果暗腹雪鸡和阿尔泰雪鸡的雌鸟意外死亡，其雏鸟会加入到其他雏鸟群，雄鸟并不照顾这些"孤儿"（Lukianov，1992；Liu，1994）。本书作者在拉萨雄色山谷观察到2个藏雪鸡的单亲家族，分别为1雌（单亲）+2雏和1雄（单亲）+5雏（史红全，2007），这表明如果藏雪鸡双亲中任何一方遭遇不测，另一方则继续抚育后代，也说明藏雪鸡雄鸟具有较强的亲代抚育能力。

Badyaev和Ghalambor（2001）指出，与低海拔的近缘种比较，高海拔分布的晚成性鸟类可增加双亲抚育，尤其是雄鸟抚育以提高幼鸟成活率，这是对较小窝卵数的补偿。在3种雪鸡中，藏雪鸡分布海拔最高，窝卵数最少，加强双亲抚育尤其雄鸟抚育，从而提高在高海拔环境中的自身适合度（刘迺发，1999）。

10.3.3 暖雏和其他亲代抚育行为

暖雏行为是重要的亲代抚育行为之一。雌鸟的暖雏行为对调节雏鸟体温起着重要作用（贾陈喜等，2001）。刚出壳的藏雪鸡雏鸟并不立即离开巢，而是在雌亲鸟腹下获得热量，待绒羽暖干后从巢中出来活动1～2min，之后又重回到雌亲鸟翅下。当整窝雏鸟全部孵化后，雌鸟仍在巢中伏卧2～3h。当离巢后的雏鸟感觉冷时会发出"ji, ji……"的叫声，靠近雌鸟并用头触碰雌亲鸟的腹部，雌亲鸟选择合适地点卧伏并将雏鸟纳入腹下保暖（史红全，2007）。藏雪鸡暖雏行为与枞树鸡（*Dendragapus canadensis*）（Schroeder and Boag，1985）、血雉（贾陈喜等，2001）相似。随着雏鸟的生长发育，其恒温调节机制逐渐完善，对亲鸟暖雏的依赖性也逐渐降低。雌亲鸟暖雏行为的有无、频次和持续时间随着雏鸟体温调节能力的提高和环境温度变化而发生变化。自然状态下，鸡形目不同种类暖雏行为停止时的雏鸟最大日龄差异较大，枞树鸡为50日龄（Schroeder and Boag，1985），而血雉为40日龄左右（贾陈喜等，2001）。藏雪鸡暖雏行为停止时最多为45日龄，多数个体不超过40日龄，因此推断藏雪鸡雏鸟的恒温调节机制大约在40日龄能够发育完善（史红全，2007）。

藏雪鸡雌鸟暖雏期间雄鸟常位于近处相对较高的位置负责警戒，较少觅食，也较少发出鸣叫和扇动尾巴（史红全，2007）。藏雪鸡亲鸟常帮雏鸟寻找食物，当发现食物时,亲鸟将食物啄起再放下,并发出"Gu,Gu……"的低沉叫声,雏鸟听到呼唤声会迅速近身啄食(史红全,2007)。

一旦出现威胁,雌鸟即刻举起和张开尾巴,拖曳着翅膀跑向一侧试图引开入侵者(Dementiev and Gladkov,1967)。带领雏鸟的亲鸟发现有人接近时则伏在地面扑打翅膀,向雏鸟相反方向逃走,状如受伤,雏鸟则四散躲藏于石缝中或灌丛下,亲鸟则突然滑翔飞走。险情解除后,亲鸟发出呼唤声并飞向雏鸟的藏身地,家族群很快聚拢。亲鸟的这种行为在暗腹雪鸡(常城等,1993)、藏雪鸡(史红全,2007)均有发现。遇到危险时,雌、雄亲鸟甚至主动向来犯者出击(黄人鑫等,1991;史红全,2007)。这样的行为无疑增加了亲鸟被捕食的危险,但对提高雏鸟的存活率具有重要作用,而雪鸡亲鸟是否主动攻击其他入侵动物尚无观察记录。

10.4 休息行为

10.4.1 沙浴和日光浴

沙浴是以干土、沙子等作为基质的一种类似洗澡的鸟类清洁行为。一般表现为在沙土中来回翻滚,将沙土弄到羽毛里,然后抖掉,从而起到清洁作用,是许多鸡形目鸟类常见的行为和生活习性。通过沙浴可以去除掉不新鲜的羽毛(van Liere et al.,1990)和体外寄生虫(Martin and Mullens,2012),帮助个体保持羽毛的良好状态,因此沙浴行为影响鸟类的健康和生存。国内关于鸡形目鸟类沙浴行为多有记录,如褐马鸡沙浴地选择的研究(李宏群等,2010,2011)。

同大多数鸡形目鸟类一样,雪鸡也有沙浴行为,尤其在换羽季节。暗腹雪鸡和藏雪鸡选择阳坡土质松散的地点,伏于其上,两脚将尘土翻起,抖动翅膀,体羽蓬开,用翅将干沙土扬到背上,边扬边抖动羽毛,之后起身将沙土抖掉(图10-2)。沙浴地点多选择在阳光充足、土质疏松的沙土地(闫永峰,2006;史红全,2007)。

日光浴通常与沙浴同时进行,多次见到暗腹雪鸡、藏雪鸡一边沙浴一边晒太阳(图10-2)。冬天日光浴更为频繁,有时站在阳坡的岩石上,有时伏在草地上,翅膀微微伸展以增加接受阳光的面积。日光浴的主要功能可能与雪鸡生理活动相关,比如钙在阳光和维生素D共同作用下才能被机体吸收、某些必需的维生素可能依靠光照合成,但尚未有相关研究报道。

图 10-2　拉萨雄色寺正在沙浴和日光浴的藏雪鸡（史红全 摄）

Figure 10-2　The dust-bathing and sun-bathing of Tibetan snowcock in Xiongse Temple, Lhasa (Photoed by Shi Hongquan)

10.4.2　夜栖行为

雪鸡野外多在裸岩带过夜，也在高山草甸上过夜。根据甘肃北山山地暗腹雪鸡遗留的粪便和雄色山谷藏雪鸡夜宿的观察，其群体过夜时常头朝外地围成一圈，既能取暖也能避敌。Ирйсов 和 Ирисова（1991）介绍了阿尔泰雪鸡的夜栖行为，每年1～2月，雪鸡白天在海拔2400～2500m的地方觅食，夜晚就会转移到海拔2300m处有陡峭山崖和碎石堆处过夜。5～8月，阿尔泰雪鸡白天在海拔2800～3200m的地段活动，晚上会在海拔2700m多山岩且陡峭的岩石间过夜。西藏拉萨雄色山谷藏雪鸡种群（史红全，2007）和青海尖扎洛哇藏雪鸡种群（史红全，待发表）通常都夜栖于高山裸岩带的巨石上（见图9-5，图9-6）。雌亲鸟带雏鸟一起夜栖，雄亲鸟也常在附近夜栖。捕食者很难接近裸岩带的夜栖点，即便有危险出现，雪鸡也可从裸岩峭壁滑翔而下逃避天敌。对于研究者而言，在裸岩带开展研究是一项艰难的挑战，因此目前尚未有详细的关于雪鸡夜栖地研究的进一步报道。

10.5　警戒行为

雪鸡对外界的干扰比较敏感，它们总是时刻保持警戒状态。有代表性的警戒行为包括多次短暂的和少数较长时间的警戒，前者多发生在觅食过程中，后者多为雌鸟产卵、孵化和暖雏期间雄鸟的警戒行为。

10.5.1 警戒行为的分类

繁殖期暗腹雪鸡的警戒行为按警惕程度不同可分为：一般性警戒，多发生在晨昏觅食过程中，此时天敌较少，雪鸡的警戒性较弱，具体表现为觅食和抬头观望行为交替出现，观望时间一般为 2～3s；占区性警戒，是雄鸟在占区或者在雌鸟产卵、孵化时的警戒行为（闫永峰，2006），具体表现为雄鸟站在大石上或山顶高处，抬头四处观望，每次持续时间一般在 10s 以上，伴随有鸣叫声；警惕性警戒是在发现天空有其他鸟类迫近时的警戒行为，具体表现为在抬头观望的同时身体下蹲，鸣叫停止。若发现是大嘴乌鸦（*Corvus macrorhynchos*）、红嘴山鸦（*Pyrrhocorax pyrrhocorax*）等非猛禽鸟类，则恢复身体姿态；若遭遇猛禽入侵，则匍匐紧缩地面，一旦发现猛禽有向下俯冲的趋势，立即急速飞下悬崖或陡坡，并伴随着急促的鸣叫声（闫永峰，2007）。

面对突如其来的捕食者，雪鸡会呈现一系列的防御行为。首先是身体后倾，尾呈扇形垂直竖起，将白色醒目的尾下覆羽对准入侵者。四趾张开做好随时逃跑的准备。期间尾部急速摆动，身体紧张地移动。这种行为为雌雄个体所共有，而且 7～10 日龄的雏鸟也能通过学习表现出这样的行为（Ирисов and Ирисова，1991）。展开的尾部改变了自己的外观，白色的尾下覆羽加强了外观改变的突然性，这种威慑行为可能有利于降低被捕食的风险。捕食者的种类和数量对雪鸡种群动态的影响尚需进一步研究。

10.5.2 繁殖期警戒性和觅食频率的两性差异

无论是繁殖前期（$Z=-2.67$，$P=0.008$，$df=19$；配对产卵阶段，从配对形成到孵卵开始）还是孵卵期（$Z=-2.55$，$P=0.011$，$df=19$；从开始孵卵到雏鸟出壳），雄鸟的警戒性均显著高于雌鸟（表 10-3），不同时期的同性雪鸡之间差异不显著（$P>0.05$）（闫永峰等，2007）。

表 10-3 繁殖期暗腹雪鸡警戒性的两性差异（闫永峰等，2007）(单位：%)
Table 10-3 Alerting behaviour of Himalayan snowcocks between males and females during breeding period (Yan Yongfeng et al., 2007)   (Unit: %)

	繁殖前期（$n=12$）	孵卵期（$n=9$）	Mann-Whitney U test	Z	P
♀	43.67±10.55	33.56±13.93	27.000	−1.92	0.058
♂	58.92±12.28	51.33±13.35	34.000	−1.43	0.169
Z	−2.67	−2.55			
P	0.008	0.011			

无论是繁殖前期（$Z=-2.18$，$P=0.028$，$df=19$）还是孵卵期（$Z=-2.32$，$P=0.021$，$df=19$），雌鸟的觅食频率均显著高于雄鸟，不同时期同性雪鸡之间差异不显著（$P>0.05$，表10-4）（闫永峰等，2007）。

表10-4　繁殖期暗腹雪鸡觅食频率的两性差异（闫永峰等，2007）（单位：s/100次）
Table 10-4　Foraging frequency of Himalayan snowcocks between males and females during breeding period (Yan Yongfeng et al., 2007)　(Unit:s/100 pecks)

	繁殖前期（n=12）	孵卵期（n=9）	Mann-Whitney U test	Z	P
♀	84.25±18.70	76.11±19.55	41.000	−0.926	0.382
♂	109.92±39.71	95.33±18.24	43.000	−0.784	0.464
Z	−2.18	−2.32			
P	0.028	0.021			

繁殖期暗腹雪鸡在觅食频率和警戒性上的两性差异与其分工、生理状况和能量需求有关。繁殖前期雌鸟需要从食物中获取更多的能量用于产卵并为孵卵储存能量；进入孵卵期后，雌鸟高频率的觅食活动无疑能使其更高效地摄取食物，补充能量消耗，减少离巢的时间，提高孵化成功率。因此，繁殖期的警戒主要由雄鸟承担。相关研究表明，繁殖前期和孵卵期雄鸟的警戒行为可以提高雌鸟取食、理羽和沙浴的时间，间接提高雌鸟的存活、产卵和繁殖成功率，最终提高自身的适合度（Ridley and Hill，1987；贾陈喜等，2003；王楠等，2005）。

10.6　活动节律

10.6.1　季节性垂直迁移

雪鸡属鸟类均具有季节性的垂直迁移现象。甘肃北山山地东大山自然保护区的暗腹雪鸡在春、夏和秋季分布海拔2400～3400m，育雏期在海拔2900～3200m裸岩带附近的亚高山草甸活动。9月下旬至10月下旬阴坡开始积雪，雪鸡逐渐迁移到阳坡的山地草原裸岩区。冬季山顶带阳坡的积雪使得雪鸡向山下移动，有时可到坡底碎石堆积的冲积扇处觅食。随着阳光照射导致积雪融化，雪鸡又逐渐向上迁移。这些说明北山山地（东大山）的暗腹雪鸡具有季节性垂直迁移现象，但并不明显（图10-3）（刘廼发和王香亭，1990；常城等，1993，1994；Liu，1994；魏建辉和陈玉平，2004）。

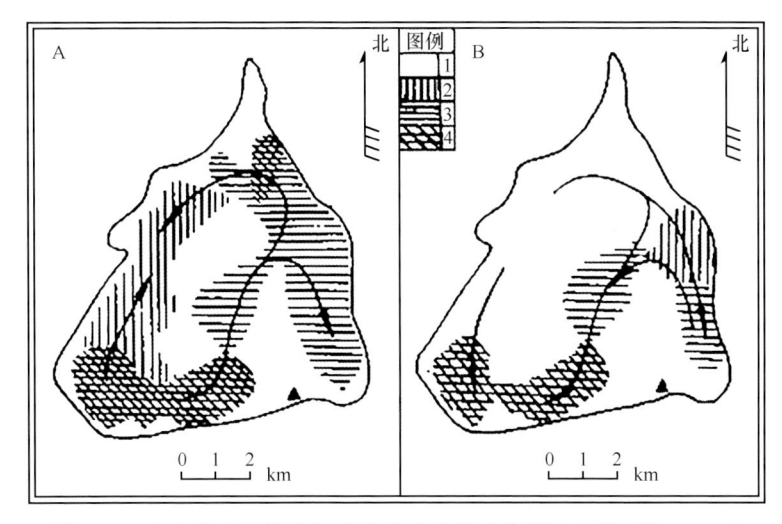

图 10-3　东大山自然保护区暗腹雪鸡季节迁移规律（常城等，1994）

Figure 10-3　Seasonal movement pattern of Himalayan snowcocks in Dongdashan Nature Reserve (Chang Cheng et al., 1994)

A. 春、夏季种群分布密度格局，B. 秋、冬季种群分布密度格局。箭头示季节扩散方向。
图例：1 表示 0 只 /km²，2 表示 1～2 只 /km²，3 表示 3～4 只 /km²，4 表示 5～6 只 /km²

在新疆博格达山的春、夏和秋季，暗腹雪鸡主要活动于海拔 3400～3800m 的高山裸岩区垫状植被带和海拔 2900～3400m 的高山草甸带，冬季下降到海拔 2000～2900m 的森林草原带和亚高山草甸带。冬季博格达山并不十分寒冷，阳坡几乎没有积雪，此处的亚高山灌丛草甸为雪鸡提供食物，森林、灌丛为其提供隐蔽场所，是暗腹雪鸡适宜的越冬地，9 月至翌年 4 月暗腹雪鸡常集群在此活动。5 月高山气候转暖，高山草甸草原植物开始生长，雪鸡逐渐向高海拔的高山草甸和草原转移并在高山裸岩带营巢繁殖。由此可见，博格达山的暗腹雪鸡具有季节性短距离的垂直迁移习性（马力和崔大方，1992）。在帕米尔高原，暗腹雪鸡冬季分布海拔 3050～3400m，夏季分布海拔 3660～5100m（Baker，1928），也具有明显的季节性垂直迁移现象。

在青海拉脊山，冬季山顶和阴坡长期积雪，藏雪鸡冬季集群生活在阳坡海拔 3000～3200m 稀疏的圆柏林中，此处冬季较为温暖，积雪少且林下草本植物和柏树种子为雪鸡提供了食物。由于水土流失严重，岩石嶙峋，横躺竖卧的倒木为雪鸡提供了隐蔽环境（郑生武和皮南林，1979）。4～5 月，天气转暖，积雪融化，藏雪鸡逐渐离开越冬地，向上迁至海拔 3200m 以上的高山草甸带以及海拔 3600～3700m 的高山裸岩带，这说明拉脊山藏雪鸡的季节性垂直迁移比较明显。2012～2016 年青海尖扎县的调查发现，5 月之前，藏雪鸡在海拔 3500～3600m 的草甸草原带觅食，夜栖于海拔 3700m 以上的裸岩带。6～8 月，藏雪鸡生活于海拔3700～4000m的高山裸岩带和高山草甸草原带。海拔3500m以下地区并未见到藏雪鸡，也未发现雪鸡粪便和羽毛等活动痕迹，表明藏雪鸡夏季不到低海拔地区活动（史红全，待发表）。在拉萨雄色山谷，藏雪鸡种群常年活动于海拔4400～5000m的高山灌丛和高山裸岩带，海拔范围变化不明显，春夏活动海拔稍高（史红全，2007）。

阿尔泰雪鸡栖于阿尔泰山地的无林地带。夏季迁至雪线甚至雪线以上地带。5～6月在阿尔泰山海拔3400m和3800m处见到阿尔泰雪鸡，但大部分雪鸡均在海拔2400～2800m范围内活动。曾在海拔2600～3100m发现雪鸡巢，但多数巢的海拔为2400～2500m。雏鸟的存在决定着家族群的活动海拔范围（1300～3000m），不同年龄的雏鸟在海拔1900～2900m的高度被发现，但大部分雏鸟活动于海拔2400～2800m（Ирйсов and Ирисова，1991）。依据粪便判断，阿尔泰雪鸡越冬于海拔1800m雪松林线之上的高山和亚高山草甸（Dementiev and Gladkov，1967）。位于中国境内阿尔泰山南部的北塔山最高峰海拔为3290m，阿尔泰雪鸡夏季栖息地的海拔通常为2500～3000m，冬季降雪时下迁至海拔2000m左右的冬季草场（黄人鑫等，1991）。虽然阿尔泰雪鸡常年栖居于具有裸岩峭壁的高山和亚高山草甸草原地带（黄人鑫等，1991，1992；Lukianov，1992），但是因气候状况，如大雪覆盖、大风、暴晒和食物的季节变化等，均可导致阿尔泰山雪鸡短距离的垂直迁移。

10.6.2 季节性水平迁移

每年9～10月，甘肃北山山地已经开始下雪，阴坡积雪较深，暗腹雪鸡随之迁往阳坡，此处背风、向阳、少积雪，干草草原为雪鸡提供了觅食场所，裸岩生境和稀疏的柏树林为其提供了觅食和栖居环境。它们主要活动在海拔2400～2900m的山地草原带，一般每个集群的活动时间和地点比较稳定（常城等，1993），偶尔也会到废弃的牧场觅食和过夜。翌年3月底至4月初，阴坡积雪融化，阳坡雪鸡雄性占区竞争激烈，其中部分配对后从阳坡迁到阴坡营巢（常城等，1993，1994；Liu，1994）。通常先迁至阴坡的配对成功个体占据海拔较高的地带，在东大山自然保护区通常在海拔2900m以上坡面陡峭的区域。后迁至阴坡的繁殖配对个体占据海拔较低坡面较缓的地带，通常海拔在2600～2900m。4月下旬至5月初，从阳坡向阴坡的春季迁移和配对结束，繁殖配对活动在海拔2700～3200m裸岩地带各自的领域中。6月中旬进入育雏期，雌鸟与雏鸟组成的家族群活动在海拔2900～3200m的亚高山草甸或高山草甸。春、夏季不参加繁殖的个体成小群活动在海拔较低的山地裸岩草原区（常城等，1993，1994；Liu，1994）。

暗腹雪鸡在阳坡和阴坡之间的季节性往返除了与阴坡积雪和占区竞争排挤有

关外，与气温的变化也密切相关。依东大山自然保护区气象资料，阳坡面较阴坡面多接受40%以上的热量，两者在小气候上明显不同（图10-4）。

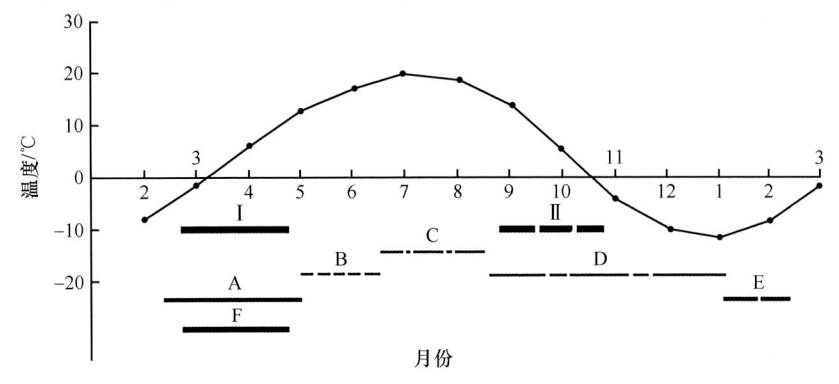

图 10-4 暗腹雪鸡年周活动规律与气温变化的关系（常城等，1994）

Figure 10-4 The relationship between annual activity of Himalayan snowcock and air temperature (Chang Cheng et al., 1994)

Ⅰ.春季由阳坡向阴坡扩散；Ⅱ.秋季由阴坡向阳坡回迁；A.配对、占区；B.产卵、孵卵；C.育雏、族群；D.群体活动（30余只）；E.群体活动（4～6只）；F.翌年扩散

在藏北高原藏雪鸡季节性垂直迁移并不明显，在冬季多雪的年份雪鸡经常游荡至无雪或少雪的地带觅食。大雪广泛覆盖时它们常沿着有蹄类动物的足迹觅食，有时也到寺院附近采食人类施舍的食物（朴仁珠，1991）。藏北高原为山原地貌，平均海拔4500～5000m，相对海拔较低，草甸草原广阔无垠，阳坡的积雪在冬日阳光照射下很快融化，为雪鸡提供了斑块状或连片的觅食场所。适应藏北高原高寒环境的藏雪鸡基本无须垂直迁移，水平移动足以满足某些生活史阶段的需要。

冬季大雪覆盖，雪鸡不得不水平移动寻找少雪和露草区域。在俄罗斯阿尔泰山的冬季，阿尔泰雪鸡常聚集在少雪的山地阳坡。此处地势陡峭，有许多平台和裂缝，因此积雪不厚；此处风力强劲，阳光充足，气候干燥，被风干的植被为雪鸡过冬提供了充足的食物。冬季阿尔泰雪鸡偶尔也会进入山地疏林活动（Lukianov，1992）。当新疆阿尔泰山南部北塔山冬季降雪时，阿尔泰雪鸡可下迁到海拔2000m的牧场觅食，春、夏季积雪融化后又回迁到原来的高山区（黄人鑫等，1991）。雪鸡十分适应山地环境，潜在的生境包括半荒漠、草原、亚高山和高山草甸、石砾滩、灌木苔原和冰渍地等。冬季雪鸡寻找具有足够食物和融雪的山坡觅食，而其他季节则分散于山地各处。曾发现阿尔泰雪鸡冬天沿着盘羊的足迹在少雪的山坡觅食（Dementiev and Gladkov，1967）。

10.6.3 日活动节律

在甘肃北山山地，暗腹雪鸡全年均维持相同的日活动节律。通常在早晨 5：00～5：30 开始鸣叫，6：00～6：30 从高海拔的高山裸岩夜栖地滑翔到海拔 2400m 左右的低山荒漠草原觅食；随后沿着山坡向上迂回取食，11：00～11：30 左右，上到海拔 2700～2800m 山地草原觅食；大约 12：00～14：00，在裸岩陡崖突出的阴凉处休息；之后继续向上迂回觅食，日落前到达海拔 2900～3100m 以上的高山裸岩区过夜。夏季日活动节律与春季相似，但中午休息时间延长 1～2h（常城等，1994）。

北山山地地处干旱区，夏季海拔较低的草场植物多已成熟，不适于雏鸟食用。而高海拔的高山和亚高山草甸降水丰富，山花烂漫，牧草鲜嫩，适于育雏，且附近的裸岩陡崖可供家族群躲避天敌。阴天、小雨和小雪天气暗腹雪鸡整天活动，大雨或大雪天则躲在背风处停止觅食。冬季白昼时间缩短，食物也不丰富，因此雪鸡的觅食活动贯穿于整个白天。

拉萨市雄色山谷的藏雪鸡的活动规律类似暗腹雪鸡和阿尔泰雪鸡。冬季西藏南木林县的藏雪鸡早晨 6：50～7：40 开始活动，从海拔 5233m 的夜栖地滑翔到海拔 4213m 的农田觅食至傍晚 20：00 左右（普布等，2011）。2012～2016 年的观察记录显示，青海尖扎县洛哇村西部山地藏雪鸡的春、夏季活动规律基本相同（史红全，待发表）

在阿尔泰山，阿尔泰雪鸡拂晓后 15～20min 苏醒，之后发出喧闹的类似口哨的叫声；不久便很快下降到山坡上，开始向上巡走觅食。冬天食物短缺，阿尔泰雪鸡整天觅食，期间仅短暂休息 15～20min（Dementiev and Gladkov，1967）。夏天觅食活动高峰出现在晨昏，休息时用嘴整理羽毛（Lukianov，1992）。在新疆北塔山的观察表明，早晨 7：00 左右阿尔泰雪鸡开始发出类似口哨声的鸣叫；8：00 由夜栖的山顶滑翔到低海拔的对面山坡；随后徒步上行觅食，至 14：00 左右到达山顶；之后雪鸡群体隐匿于峭壁、灌丛休息；下午 17：00 左右雪鸡又由山顶飞至山腰地带觅食；傍晚再次上行返回夜栖地（黄人鑫等，1992）。

参 考 文 献

常城, 刘迺发, 王香亭. 1993. 暗腹雪鸡的繁殖及食性. 动物学报, 39(1): 107-108.
常城, 刘迺发, 王香亭. 1994. 暗腹雪鸡青海亚种活动规律及雏鸟羽毛生长和成体秋季换羽. 甘肃科学学报, (1): 77-81.
黄人鑫, 马力, 邵红光, 等. 1990. 新疆高山雪鸡的生态和生物学初步研究. 新疆大学学报(自然科学版), 7(3): 71-76.
黄人鑫, 米尔曼, 邵红光. 1992. 中国鸟类新纪录——阿尔泰雪鸡. 动物分类学报, 17(4): 501-502.
黄人鑫, 邵红光, 米尔曼. 1991. 阿尔泰雪鸡生态的初步观察. 四川动物, 10(3): 36.

贾陈喜, 郑光美, 周小平, 等. 2001. 血雉育雏期家族活动和暖雏行为. 动物学报, 47(4): 376-380.

贾陈喜, 郑光美, 周小平, 等. 2003. 卧龙血雉繁殖期行为特征分析. 动物学杂志, 38(1): 37-40.

李宏群, 廉振民, 陈存根. 2010. 陕西黄龙山自然保护区褐马鸡夏季沙浴地的选择. 西北农林科技大学学报(自然科学版), 38(3): 59-64.

李宏群, 廉振民, 陈存根. 2011. 陕西黄龙山自然保护区冬季褐马鸡沙浴地选择. 林业科学, 47(11): 93-98.

刘迺发. 1999. 西藏雪鸡和喜马拉雅雪鸡的隔离机制. 见: 中国动物学会. 中国动物科学研究——中国动物学会第十四届会员代表大会及中国动物学会65周年年会论文集. 北京: 中国林业出版社: 587-593.

刘迺发, 王香亭. 1990. 高山雪鸡繁殖生态研究. 动物学研究, 11(4): 299-302.

马力, 崔大方. 1992. 新疆博格达山高山雪鸡栖息地生态学及迁栖规律的研究. 新疆师范大学学报(自然科学版), (1): 70-74.

马鸣, 周永恒, 马力. 1991. 新疆雪鸡的分布及生态观察. 野生动物, (4): 15-16.

朴仁珠. 1991. 淡腹雪鸡. 见: 卢汰春. 中国珍稀濒危野生鸡类. 福州: 福建科学技术出版社: 108-122.

普布, 扎西朗杰, 拉多, 等. 2011. 藏雪鸡(*Tetraogallus tibetanus*)冬季活动规律和觅食地的选择. 西藏大学学报(自然科学版), 26(2): 1-6.

史红全. 2007. 藏雪鸡的种群生态. 兰州: 兰州大学博士学位论文.

王楠, 贾非, 郑光美. 2005. 白马鸡配对期两性行为的比较. 北京师范大学学报(自然科学版), 41(5): 513-516.

魏建辉, 陈玉平. 2004. 暗腹雪鸡的生态习性初探. 甘肃林业科技, 29(4): 1-4.

闫永峰. 2006. 高山雪鸡的繁殖及栖息地选择研究. 兰州: 兰州大学博士学位论文.

闫永峰, 朱杰, 翟兴礼, 等. 2007. 高山雪鸡繁殖期觅食和警戒行为的性别差异. 生态学杂志, 42(6): 48-52.

郑生武, 皮南林. 1979. 藏雪鸡的生态初步观察. 动物学杂志, 14(1): 24-29.

Badyaev AV, Ghalambor CK. 2001. Evolution of life histories along elevational gradients: trade-off between parental care and fecundity. Ecology, 82(10): 2948-2960.

Baker ECS. 1928. Fauna of British, India, including Ceylon and Burma. Vol.5. London: Taylor and Francis.

Dementiev GP, Gladkov NA. 1967. Birds of the Soviet Union. Vol.4. Jerusalem: Irael Program for Scientific Translations: 198-221.

Johnsgard PA. 1988. The Quails, Partridges, and Francolins of the world. New York: Oxford University Press: 103-110.

Liu NF. 1994. Breeding behaviour of Koslov's snowcock (*Tetraogallus himalayensis koslowi*) in Northwestern Gansu, China. Gibier Faune Sauvage, 11: 167-177.

Lukianov Y. 1992. Ecology of the Altai snowcock (*Tetraogallus altaicus*) in the Altai Mountains. Gibier Faune Sauvage, 9: 633-640.

Ma L. 1992. The breeding ecology of the Himalayan snowcock (*Tetraogallus himalayensis*) in the Tian Shan mountains (China). Gibier Faune Sauvage, 9: 625-632.

Martin CD, Mullens BA. 2012. Housing and dustbathing effects on northern fowl mites (*Ornithonyssus sylviarum*) and chicken body lice (*Menacanthus stramineus*) on hens. Medical and Veterinary Entomology, 26: 323-333.

Ridley MW, Hill DA. 1987. Social organization in the pheasant (*Phasianus colchicus*): harem formation, mate selection and the role of mate guarding. Journal of Zoology, 211: 619-630.

Schroeder, MA, Boag DA. 1985. Behaviour of Spruce Grouse broods in the field. Canadian Journal of Zoology, 63(11): 2494-2500.

van Liere D, Kooyman J, Wiepkema P. 1990. Dustbathing behaviour of laying hens as related to quality of dustbathing material. Applied Animal Behaviour Science, 26: 127-141.

Ирйсов ЭА, Ирисова ИНЛ. 1991. Алтайский улар. Hayka: Сибирское Отдедение.

第 11 章　雪鸡种群生物学

种群是物种在自然界存在的基本单位,也是生物群落的基本组成单位,由占有一定领域的同种个体组成,是同种个体之间通过种内关系有机组成的一个统一体或系统。种群动态是种群生态学的核心问题,是研究种群大小或数量在时间和空间上的变动规律。种群具有出生率、死亡率、生长型、年龄结构、密度,以及时间和空间上的数量变化。由这些指标所反映出的种群动态正是种群生态学研究的核心问题。雪鸡分布海拔高,种群生态方面报道不多。本章根据文献资料,从种群数量和密度、年龄结构和性比、扩散、捕食对种群的影响等 4 个方面介绍雪鸡的种群动态并分析原因,希冀能为雪鸡的保护提供科学依据。

11.1　种群数量和动态

11.1.1　北山山地暗腹雪鸡的种群数量和动态

北山山地位于甘肃河西走廊以北,分布有暗腹雪鸡。Liu(1994)在繁殖季节以样方法调查了东大山自然保护区暗腹雪鸡的种群数量,结果显示,1987～1990 年种群密度为 4.00～7.30 只 /km²。2004 年 4～5 月的重复调查结果显示,东大山自然保护区雪鸡繁殖期的种群密度为 5.85～8.33 只 /km²,平均 7.12 只 /km²(表 11-1)。

表 11-1　2004 年 4～5 月东大山自然保护区暗腹雪鸡繁殖期的数量和密度

Table 11-1　Population number and density of Himalayan snowcock in Dongdashan Nature Reserve from April to May in 2004

地点	面积 /km²	数量 / 只 总数	雌性	雄性	密度 /(只 /km²)
1	1.88	11	5	6	5.85
2	2.36	16	8	8	6.78
3	1.20	10	5	5	8.33
4	1.60	12	4	8	7.50
合计	7.04	49	22	27	7.12±1.05

与 Liu（1994）早期调查数据相比，暗腹雪鸡种群密度在 1990 年之前数量增长较快，1990 年之后至 2004 年，种群密度基本保持稳定（图 11-1）。

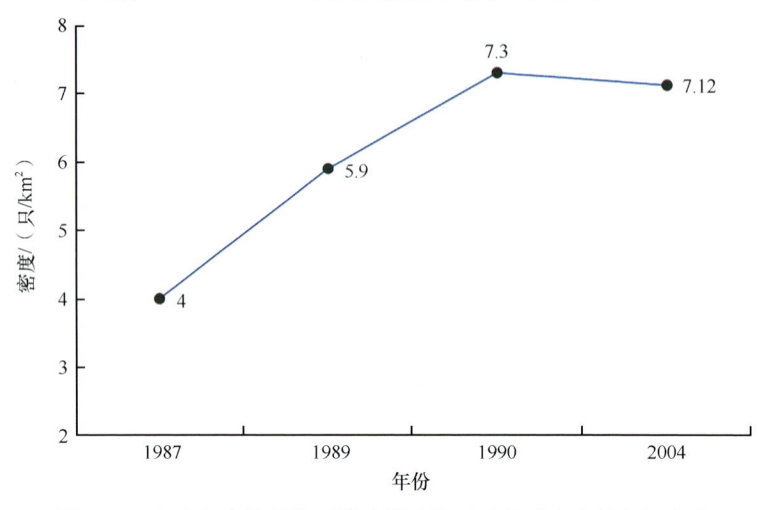

图 11-1　东大山自然保护区繁殖期暗腹雪鸡种群密度的年间变化

Figure 11-1　Annual change of population density of Himalayan snowcock in breeding season in Dongdashan Nature Reserve

1987 年 4~5 月、1988 年 5~6 月和 1990 年 5 月，本书作者在东大山保护区根据林班的分布设置了覆盖整个保护区的调查样线，种群密度分别为 1.65 只 /km²、2.42 只 /km² 和 3.93 只 /km²。该结果远低于通过样方法获得的种群密度，可能的原因是样方法选择的样方通常设置在雪鸡的典型栖息地，而样线法则涵盖了保护区不同栖息地。2004 年 5 月，东大山自然保护区繁殖期暗腹雪鸡样线调查种群密度为 4.88 只 /km²（3.33~6.32 只 /km²，表 11-2）。由此可见，从 20 世纪 80 年代到 21 世纪初，东大山自然保护区暗腹雪鸡的种群数量（密度）有较为明显的增长趋势。

表 11-2　2004 年 5 月东大山保护区暗腹雪鸡的种群数量和密度

Table 11-2　Population number and density of Himalayan snowcock in May, 2004 in Dongdashan Nature Reserve

地点	行进距离 /km	调查面积 /km²	数量 / 只	密度 /（只 /km²）
马圈沟	4.8	2.4	12	5.00
危路沟	3.6	1.8	6	3.33
闸子沟	3.8	1.9	12	6.32
合计	12.2	6.1	30	4.88±1.50

11.1.2 西祁连山雪鸡的种群数量和动态

西祁连山脉同域分布有暗腹雪鸡和藏雪鸡。2000 年 7 月，本书作者采用样线法调查了盐池湾国家级自然保护区珍稀保护物种的种群数量，其中暗腹雪鸡的种群密度为 0.58 只 /km^2（刘迺发等，2010）。2005 年 6 月采取相同的调查方法获得的盐池湾国家级自然保护区暗腹雪鸡的种群平均密度为（4.25±2.10）只 /km^2（2.86～6.67 只 /km^2，表 11-3）。两次调查结果显示：2000 年到 2005 年盐池湾保护区暗腹雪鸡种群密度有非常明显的增长。但是，两次调查均未发现藏雪鸡。

表 11-3　2005 年盐池湾保护区暗腹雪鸡繁殖期的种群数量和密度
Table 11-3　Population number and density of Himalayan snowcock in breeding season in 2005 in Yanchiwan Nature Reserve

地点	行进距离 /km	调查面积 /km^2	数量 / 只	密度 /（只 /km^2）
好布拉	5.6	2.8	8	2.86
红柳峡 1	6.2	3.1	10	3.23
红柳峡 2	4.8	2.4	16*	6.67
合计	16.6	8.3	34	4.25±2.10

*含一窝 7 只雏鸟。

11.1.3 天山山地暗腹雪鸡的种群数量和动态

天山山脉只分布有暗腹雪鸡。黄人鑫等（1990）关于天山山地暗腹雪鸡繁殖期种群数量的调查结果表明，在海拔 3500m 以上约 20km^2 的范围内统计到 10～30 只，种群密度为 0.50～1.50 只 /km^2。1988 年和 1989 年调查了天山艾维尔沟的雪鸡数量，在海拔 2500～4200m 暗腹雪鸡典型栖息地约 15～20km^2 范围内统计到暗腹雪鸡 30～40 只，种群密度大约 2.00 只 /km^2。天山东部高山裸岩和高山草甸雪鸡的密度为 1.75～1.90 只 /km^2，天山中部高山区雪鸡密度为 0.90～1.99 只 /km^2（阿德里等，1997）。由此可见，正常年份天山山地暗腹雪鸡的种群数量相对稳定。

11.1.4 阿尔泰雪鸡的种群数量和动态

在阿尔泰山地区伊尔比斯都峰 64km^2 范围内观察到阿尔泰雪鸡 60 只，平均种群密度 0.94 只 /km^2（Ирйсов and Ирисова，1991）。Potapov（1987）记录蒙古国阿尔泰山地适宜栖息地内阿尔泰雪鸡秋季的种群密度为 15～30 只 /km^2。1990 年 6 月底在新疆北塔山调查发现 5 群阿尔泰雪鸡，每群平均 10 只左右（黄人鑫等，1991）。

11.1.5　昆仑山山地雪鸡的种群数量和动态

昆仑山山地同域分布有藏雪鸡和暗腹雪鸡。1987～1988年昆仑山北方地区的两种雪鸡调查结果显示，繁殖期（7月）藏雪鸡种群密度3.40～6.70只/km^2，繁殖后期（8月）为11.70只/km^2；繁殖期暗腹雪鸡种群密度6.00只/km^2，繁殖后期为75.00只/km^2（马鸣等，1991）。

11.1.6　西藏地区雪鸡的种群数量和动态

西藏地区分布有藏雪鸡和暗腹雪鸡，但后者在西藏的分布区很狭窄。朴仁珠（1990）报道了西藏地区藏雪鸡1987～1989年的种群数量，结果显示：繁殖期（4～6月）的种群密度为1.17只/km^2，繁殖后期（7～8月）为1.74只/km^2，非繁殖期（9～10月）为1.38只/km^2。这一结果反映了西藏地区藏雪鸡的季节性种群动态，繁殖后期因为雏鸟出生，种群密度增加48.7%，非繁殖季由于个体死亡导致种度密度下降20.7%。从秋季到翌年4月存活率为84.8%，冬季的严酷环境并未导致藏雪鸡大量死亡。

2004～2005年，史红全（2007）调查了西藏雄色寺藏雪鸡的种群数量，此处的藏雪鸡主要活动于寺庙周围200～300hm^{2}的范围内。2004年5月初和2005年4月，成年藏雪鸡的数量分别为53只和50只，种群平均密度分别是21.20只/km^{2}和20.00只/km^2。2004年5月底记录到雄色寺的藏雪鸡第一个家族群，到6月底增加到14个家族群共计116只藏雪鸡，包括28只成鸟、63只雏鸡和25只非繁殖个体，种群密度为46.40只/km^2。2005年6月，雏鸟大量出现后，共记录藏雪鸡98只，种群密度为39.20只/km^2（史红全，2007）。雄色寺藏雪鸡的种群密度远高于西藏全区调查统计的最高记录5.70只/km^2（朴仁珠，1991）。造成这一结果的原因是寺庙的僧众常年给周边的野生动物投喂食物，藏雪鸡、藏马鸡、高原山鹑等鸟类因此常年聚集于此。Boutin（1990）指出，某些鸟类的巢域范围会因为额外的食物补给而减小，雄色寺的藏雪鸡就是其中的典型代表。

11.2　出生率、存活率和死亡率

关于雪鸡属鸟类出生率、存活率和死亡率的研究报告较少，本节将有限的相关资料按照不同种类总结整理如下。

暗腹雪鸡雌鸟平均每年生产7.0只雏鸟（$n=17$），阿尔泰雪鸡平均5.1只（$n=34$）（Ирйсов and Ирисова，1991）。藏雪鸡2004年平均4.5只（$n=14$），2005年平均3.4只（$n=14$）（史红全，2007）。藏雪鸡的最低生殖力与其分布海拔上限有关。由于生存压力较大,高海拔鸟类的生殖力普遍低于低海拔的同种或近缘种种群。

2004年5月底至7月下旬,在西藏雄色寺共记录到14个藏雪鸡家族群(表11-4),共计28只成鸟和63只幼鸟,平均窝雏数4.5只(2~6只)。至2005年3月,幼鸟仅存27只,成活率为42.9%。6月份是雏鸟出壳的高峰期,3月龄之前有27只幼鸟死亡,占全年死亡的75.0%。9月份后,当很多幼鸟长到3月龄以上,种群数量才趋于稳定。Ma(1992)在天山山脉利用牧民套捕的暗腹雪鸡编制了生命表,1985~1986年冬天幼鸟达到性成熟年龄的存活率为57.1%,1988~1989年冬天幼鸟达到性成熟年龄的存活率为53.8%。

表11-4 拉萨雄色寺藏雪鸡种群的数量和性比

Table 11-4 Population number and sex ratio of Tibetan snowcock in Xiongse Temple, Lhasa

时间	繁殖期 雄性	繁殖期 雌性	非繁殖期 雄性	非繁殖期 雌性	总计 雄性	总计 雌性
2004年5月	14	14	16	9	30	23
2005年5月	12	12	17	9	29	21

史红全(2007)对雄色寺的藏雪鸡进行了个体标记,发现2004年5月参加繁殖的28只成鸟,至2005年3月繁殖前期仅剩16只,死亡率达到42.9%。繁殖成鸟死亡率最高出现在5~7月,死亡8只,占全年死亡的66.7%。雌雄繁殖个体的死亡个体数均为6只,各占50.0%。当年5月非繁殖群个体25只,翌年存活24只,存活率为96.0%,显著高于繁殖群体。无论繁殖成鸟还是幼鸟,每年6~7月是雏鸟孵化的高峰期也是个体死亡的高峰期。依照朴仁珠(1990)的数据计算,西藏全境藏雪鸡在当年10月到翌年4月的存活率为55.8%,44.2%的藏雪鸡在冬季死亡。1988年9~10月东大山自然保护区雪鸡密度平均7.92只/km²,由于新个体出生,较同年4~6月的2.42只/km²增加近2.3倍。1989年2月调查为5.5只/km²,经历一个冬季减少(死亡)30.6%,存活率为69.4%。

黄人鑫和刘迺发(1991)编制了天山暗腹雪鸡的生命表,计算该种雪鸡世代时间$T=3.84$,种群净增长率$R_0=7.40$,种群最大自然内禀增长率$r_m=0.52$。

11.3 年龄结构和性比

早期关于雪鸡种群年龄结构的研究几乎无人涉及。史红全(2007)发表了关于西藏雄色寺藏雪鸡年龄结构的研究报告。2004年5月初,雄色寺藏雪鸡种群共有53只,其中繁殖成鸟28只,非繁殖个体25只;2004年12月底,共有雪鸡67只,其中繁殖成鸟16只,非繁殖个体24只,幼鸟27只。2005年3月末和4月初新配对形成，非繁殖群解散、重组。至 2005 年 5 月底，种群稳定后记录藏雪鸡 50 只，其中繁殖成鸟 24 只，非繁殖个体 26 只。两年的数据都显示繁殖个体和非繁殖个体数量相当。2005 年年初，种群成鸟数有所增长，但在繁殖前又有所下降。幼体数量变化较大，从最初的 63 只下降到翌年年初的 27 只。总体而言，藏雪鸡年龄结构相对稳定。种群的数量两年相比也很稳定，分别为 53 只和 50 只（表 11-4）。

2004 年 5 月，雄色寺藏雪鸡种群的性比为 1.30∶1（♂/♀），其中非繁殖个体的性比（♂/♀）为 1.78∶1。2005 年 5 月，藏雪鸡种群的性比（♂/♀）为 1.38∶1，其中非繁殖个体的性比（♂/♀）为 1.89∶1。2004 年出生的个体在 2005 年 1 月有 27 只，其中雄性 17 只，雌性 10 只，性比（♂/♀）为 1.7∶1。种群性比虽然呈一定的雄性偏倚，但与理论性比 1∶1 相比偏倚不显著（2004 年：χ^2=0.93，P=0.336，df=1；2005 年：χ^2=1.28，P=0.258，df=1；合计：χ^2=2.19，P=0.139，df=1）。2004 年 5 月和 2005 年 5 月相比，种群总的性比差异不显著（χ^2=0.02，P=0.86，df=1），非繁殖个体的性比差异也不显著（χ^2=0.01，P=0.918，df=1）。总体上，雄色寺藏雪鸡种群性比呈雄性偏倚。暗腹雪鸡在东大山自然保护区的雌雄比为 1∶1.13（1987 年）和 1∶1.10（1988 年），在野马山为 1∶1.10（1988 年）（常城等，1993）。高海拔分布的藏雪鸡雄性个体在护巢、育雏方面承担着更多责任，被捕食的风险因此而增加。所以，种群的雄性偏倚可能是对高被捕食风险的补偿。

11.4　种群个体扩散

由于资源竞争和近亲回避，种群中部分个体发育成熟后代必须向外扩散，且通常存在性别偏倚扩散。采用环志标识的方法对西藏雄色寺藏雪鸡种群的扩散进行了初步研究，结果显示：2005 年 3 月底有 5 只 2004 年出生的雌性个体从雄色寺藏雪鸡种群中消失，同时记录了 4 只没有环志的外来雌鸟。记录还显示，没有任何外来雄性个体加入雄色寺藏雪鸡种群（史红全，2007）。上述结果表明雄色寺藏雪鸡种群的表现为偏雌扩散。因此可以得出初步结论：藏雪鸡的 1 龄性成熟雌性个体具有向外扩散的趋势。性选择过程中，雄性通常居于被选择地位，雄性之间的竞争也更为激烈。与外来雄性相比，对所在地点的熟悉程度有利于本地藏雪鸡雄性获得繁殖机会与守卫领域，使得它们的适合度提高并在自然选择中获得优势地位。

11.5　种群数量的限制因素

11.5.1　捕食影响

文献记载雪鸡的天敌较多，包括食肉兽、猛禽甚至山鸦都可能成为雪鸡的天敌。记录的青藏高原地区雪鸡潜在的天敌有黑鸢、金雕、大鵟（*Buteo hemilasius*）、灰背隼（*Falco columbarius*）、红嘴山鸦（*Pyrrhocorax pyrrhrocorax*）、香鼬（*Mustela altaica*）等（郑生武和皮南林，1979；史红全，2007）。甘肃北山山地东大山自然保护区雪鸡天敌记录有赤狐（*Vulpes vulpes*）、香鼬、金雕、大鵟和大嘴乌鸦（*Corvus macrorhynchus*）等（魏建辉和陈玉平，2004）。雪鸡在天山的天敌有普通鵟（*Buteo buteo*）、猎隼、赤狐、狼（黄人鑫等，1990）。阿尔泰雪鸡天敌记录有狼、赤狐、沙狐（*Vulpes corsac*）、猞猁、黄鼬（*Mustela sibirica*）、雪豹、黑熊（*Ursus thibetanus*）、貂熊、狗獾（*Meles leucurus*）、金雕、棕尾鵟（*Buteo rufinus*）、雕鸮（*Bubo bubo*）等（Ирйсов and Ирисова，1991）。但真正有直接捕食雪鸡确凿证据的只有金雕和棕尾鵟（Ирйсов and Ирисова，1991），其他种类都是推测或怀疑。

11.5.2 食物可利用性

诸多研究表明食物是动物种群最主要的限制因子。根据在河西走廊北山山地东大山自然保护区的调查，暗腹雪鸡种群密度高度依赖食物的丰富度。1986年干旱少雨，年降水量不足170mm，仅是正常年份的42.5%，山地草原草场生长极差，该地区羊、骆驼因干旱无水，牧草供应不足，死亡率近2/3。草场的生产情况直接导致草食性的雪鸡繁殖种群数量下降。这种情况也影响到其他鹑类，例如，石鸡是东大山自然保护区的常见鸟类，1987年整个保护区只见到7只，平均密度0.14只/km^2；1990年春季种群密度已恢复到1.4只/km^2。1987～1988年东大山的降水量达到正常年份水平，海拔2500m以上年降水量达400mm以上，暗腹雪鸡繁殖种群密度逐渐恢复，年平均增长率为37.4%（Liu，1994）。

11.5.3 家畜竞争

家畜（牛、羊等）是人类强加给草原生态系统的消费者，对于草原上的土著食草动物来说是外来物种。超载放牧导致草场退化，初级生产力严重下降。在只有藏雪鸡分布的东祁连山，2005年4个样地的生物量比25年前显著降低，地上生物量分别减少61.35%、68.03%、10.13%和80.17%。4个样地的地下死根重/活根重的比值分别是3.47、4.40、3.48和2.20，比值显著高于25年前的0.88、2.00、0.42和0.54。这一地区已经很难见到25年前常见的藏雪鸡，2005年整个地区的雪鸡仅有1～2对。

11.5.4 流行病和寄生虫影响

据记载，1935年6～7月在苏联萨雷依因列克湖地区，因流行病引起雪鸡大批死亡（Dementiev and Gladkov，1967）。Scharf 和 Price（1983）对阿富汗山地暗腹雪鸡遭受食毛目昆虫羽虱的侵害状况进行了调查。羽虱（*Goniodes* spp.）是雪鸡体外比较普遍的寄生虫，饲养观察发现雏鸟受害最重，还会引发其他疾病甚至造成死亡。暗腹雪鸡体外寄生虫主要是羽虱，有细长羽虱（*Lipeurus qallipavinis*）、鸡角羽虱（*Goniodes dissimilis*）、绒虱（*Goniodes qallinae*）、鸡虱（*Menopon* spp.）。郑生武和皮南林（1979）记载了青海拉脊山雪鸡的体外寄生虫有细长羽虱、鸡角羽虱、孔雀角羽虱（*Godiodes pavonis*）、绒虱、鸡虱。这些羽虱主要寄生在雪鸡头部、颈部、翅下和背部。

Гаврин 等（1962）报道哈萨克斯坦雪鸡体内寄生虫有吸虫纲（Trematoda）的 *Brachilecithum tetraogalli*、*Corrigia ulari* 和 *Corrigia skrjabini*，绦虫纲（Cestoidea）的 *Hymenolepis fedtschenkovi* 和 *Rhabdometra dogieli*，线虫纲的 *Ascaridia skjabini*、*Ganguleterakia altaicus* 和 *Subulura tetraogalli*。郑生武和皮南林（1979）记载拉脊山雪鸡的体内寄生虫有两种——异刺线虫（*Heterakis gallinae*）和斯克里亚平禽蛔虫（*Ascaridia skrjabini*）。

雪鸡属鸟类是比较古老的物种，其远祖可追溯到渐新世早期，与寄生物可能已经形成了稳定的寄生 - 反寄生系统，但羽虱对幼鸟的危害较大，或引起其他疾病而死亡。雪鸡的体内外寄生虫对雪鸡种群的制约作用和程度尚需深入研究。

11.5.5 人类狩猎影响

雪鸡具有重要经济价值，随着需求增加，黑市价格不断上涨，雪鸡所承受的猎捕压力也越来越大。虽然雪鸡产地的少数民族以前也猎捕雪鸡作药用，但很注意狩猎的季节和数量。但是，近些年这些规则已经被打破，一些外来从事挖矿、放牧、淘金和专门走私雪鸡的人员利用各种手段大肆捕杀雪鸡。在西部祁连山，20 世纪 80 年代冬季经常能看到 20～30 只的雪鸡大群，现在一般只能看到 10 余只的小群而且非常警觉。黄人鑫等（1990）在天山调查雪鸡的狩猎状况时在一面山坡上就发现了 120 副捕鸡夹子，1985 年冬季捕到雪鸡 48 只，1988 年在同一山坡捕猎雪鸡 29 只。此地的雪鸡种群 3 年之后尚未恢复，说明人类的狩猎压力对雪鸡种群造成了严重的负面影响。

参 考 文 献

阿德里，马鸣，海肉拉，等.1997.天山博格达南部雪鸡的生态习性.干旱区研究，14 (1): 84-87.
常城，刘迺发，王香亭.1993.暗腹雪鸡的繁殖及食性.动物学报，39(1): 107-108.
黄人鑫，刘迺发.1991.暗腹雪鸡.见：卢汰春等.中国珍稀濒危野生鸡类.福州：福建科技出版社：123-139.

黄人鑫, 马力, 邵红光, 等. 1990. 新疆高山雪鸡的生态和生物学的初步研究. 新疆大学学报(自然科学版), 7 (3): 71-76.

黄人鑫, 邵红光, 米尔曼. 1991. 阿尔泰雪鸡生态的初步观察. 四川动物, 10 (3): 36.

刘迺发, 张惠昌, 窦志刚. 2010. 甘肃盐池湾国家级自然保护区综合科学考察. 兰州: 兰州大学出版社.

马鸣, 周永恒, 马力. 1991. 新疆雪鸡的分布及生态观察. 野生动物, (4): 15-16.

朴仁珠. 1990. 藏雪鸡在西藏的数量分布. 动物学报, 36(4): 433-435.

朴仁珠. 1991. 淡腹雪鸡. 见: 卢汰春. 中国珍稀濒危野生鸡类. 福州: 福建科技出版社: 108-122.

史红全. 2007. 藏雪鸡的种群生态. 兰州: 兰州大学博士学位论文.

魏建辉, 陈玉平. 2004. 腹雪鸡的生态习性初探. 甘肃林业科技, 29(4): 1-4.

郑生武, 皮南林. 1979. 藏雪鸡的生态初步观察. 动物学杂志, (1): 24-29.

Boutin S. 1990. Food supplementation experiment with terrestrial vertebrates:Patterns, problems, and the future. Canadian Journal of Zoology, 68: 203-220.

Dementiev GP, Gladkov NA. 1967. Birds of the Soviet Union. Vol.4. Jerusalem: Translated in 1967 by the Israel Programme for Scientific Translations.

Liu NF. 1994. Breeding behaviour of Koslov's snowcock (*Tetraogallus himalayensis koslowi*) in Northwestern Gansu, China. Game Wildlife, 11:167-177.

Ma L. 1992. The breeding ecology of the Himalayan snowcock (*Tetraogallus himalayensis*) in the Tian Shan mountains (China). Gibier Faune Sauvage, 9:625-632.

Potapov RL. 1987. Order Galliformes. *in*: Birds of the U.S.S.R., Galliformes-Gruiformes. Leningrad: Nauka: 7-260.

Scharf WC, Price RD. 1983. Review of the Amyrsidea in the Subgenus *Argimenopon* (Mallophaga: Menoponidae). Annals of the Entomological Society of America, 76(3): 441-451.

Ирйсов ЭА, Ирисова ИНЛ. 1991. Алтайский улар. Наука: Сибирское Отдедеиие.

第 12 章 雪鸡种间关系

五种雪鸡属鸟类各自占据中亚地区各大山脉，只有藏雪鸡和暗腹雪鸡在帕米尔高原、昆仑山、阿尔金山、柴达木盆地和青海湖周围的山地、西祁连山和喜马拉雅山西部的分布区有重叠（图 12-1）。沈孝宙和王家骏（1963）认为两种雪鸡虽在同域分布，但呈镶嵌分布格局，且从不出现在同一栖息地。这两种雪鸡生态上非常相近，所以出现相互排挤现象。据 Ma 和 Zhang（2015）报道，5～10 月两种雪鸡在祁漫塔格山（89°00′E，37°45′N，海拔 4310m）有混群活动。本书作者检查了文章作者所赠的照片，两种雪鸡并未混群，但是它们的确出现在同一生物群落当中。青海都兰县红外相机监测也发现藏雪鸡和暗腹雪鸡在同一山口出现。

图 12-1 暗腹雪鸡和藏雪鸡的地理分布

Figure 12-1　Geographic distribution of Himalayan snowcock and Tibetan snowcock

群落中物种如何共存是群落生态学的核心研究内容之一。物种共存理论强调物种之间的生态位分化，注重具体共存机制的研究。种间竞争研究成就了生态位理论，认为种间竞争的相对强度决定了物种是稳定共存还是发生竞争排斥。该理论对种间竞争的结果给予了相应的解释，但是也不时受到不同程度的质疑。种间竞争是对资源的竞争，资源可以分为空间资源、营养资源（食物）、时间资源和信息资源。本章根据野外调查及文献资料讨论藏雪鸡和暗腹雪鸡的种间关系问题。

12.1 空间资源及其利用

12.1.1 栖息空间

在局部尺度上，藏雪鸡和暗腹雪鸡栖息于类似生境中，如岩石林立而陡峭的山地裸岩区、风化的岩屑堆积区和冰川堆石区、高山草甸、亚高山草甸和山地草原带。但是，它们分布的空间格局不同，暗腹雪鸡更喜欢高寒干旱环境，而藏雪鸡更趋向于高寒湿润环境。

暗腹雪鸡的分布区介于东经63°～101°15′、北纬31°30′～47°03′之间，涉及的主要山脉有西喜马拉雅山、帕米尔高原、兴都库什山、阿赖山、东天山、西天山、塔尔巴哈台山、喀喇昆仑山、昆仑山、阿尔金山、祁连山，以及青海湖和柴达木盆地周围的山地（沈孝宙和王家骏，1963；郑作新，1978；卢汰春，1991；马鸣等，1991；Potapov，1992）。此外，还有祁连山冷龙岭、北山山地的龙首山、合黎山、内蒙古桃花乌拉山（卢汰春，1991；Liu，1994）。这些山地是中亚地区最干旱的山地，昆仑山有"世界干极"之称（Li et al.，1995）。在地理尺度上，暗腹雪鸡分布区包括高寒半干旱区(年降水量200～350 mm)和高寒干旱区(年降水量<50～200mm)两大气候区。

藏雪鸡分布于东经72°15′～103°58′、北纬27°07′～38°11′之间，包括青藏高原各大小山脉和喜马拉雅山、帕米尔高原。在地理尺度上包括四大高山气候区：北部高寒干旱区，年降水量为50～200 mm；东部高寒半干旱区，年降水量200～350 mm；中部高寒半湿润区，年降水量350～500 mm；南部高寒湿润区，年降水量500～1000 mm。藏雪鸡较暗腹雪鸡空间生态幅更宽，在前两个气候区与暗腹雪鸡同域分布。

12.1.2 分布海拔

藏雪鸡和暗腹雪鸡分布的海拔随季节变化而不同（表12-1），虽然两个物种分布的海拔均具有随纬度下降而升高的趋势，但是无论同域分布区还是异域分布区、无论夏季还是冬季，藏雪鸡分布海拔均明显高于暗腹雪鸡。

表 12-1　藏雪鸡和暗腹雪鸡的分布海拔（刘迺发，1999）　（单位：m）

Table 12-1　Distribution altitude of Tibetan snowcock and Himalayan snowcock (Liu Naifa, 1999)　(Unit: m)

分布	地点	纬度	藏雪鸡 夏季	藏雪鸡 冬季	暗腹雪鸡 夏季	暗腹雪鸡 冬季
同域分布	西喜马拉雅山	N32°~35°	5185~5795	3050~4270	3660~5100	3050~3440
	冷龙岭	N38° 07′	3800~4800	3200~4100	2650~3600	2400~3100
	西祁连山	N39° 50′	4100~4500	—	2260~3800	—
	青海湖南山	N36° 20′~37° 36′	4700		4000	
	昆仑山	N36°	4200~5300		3700~3850	
	祁漫塔格山	N37°45′	4310		4310	
异域分布	库特加山	N44°~45°	—		900~1500	
	东天山	N43° 45′	—		2600~3600	
	东大山	N38° 44′	—		2450~3600	
	积石山	N35° 41′	3100~3700	3000~3200	—	
	东祁连山	N37° 30′	3800~4500		—	
	巴颜喀拉山	N33°~35°	4100~4550		—	
	喜马拉雅山	N28°	3600~5700		—	
	白马雪山	N27° 40′	4000		—	
	西藏	—	5500~6000		—	
	念青唐古拉山	N30° 30′	3500~6000		—	

注："—"表示缺乏数据。

12.1.3　空间异质性

藏雪鸡和暗腹雪鸡同域分布的面积共约 170 万 km²，占暗腹雪鸡分布面积的 57.3%，占藏雪鸡分布面积的 52.7%，占两种雪鸡分布区总面积的 27.5%。对比两种雪鸡同域和异域分布区植被类型多样性及其分布格局，用 $H_{max}=\ln S$ 来计算同域分布区和异域分布区植被类型的多样性，其中 S 为取样山脉草本植被类型数。植被类型仅限于雪鸡可以利用的草本植被，不包括森林和灌丛植被。同域分布区包括帕米尔高原、西喜马拉雅山、喀喇昆仑山、昆仑山、阿尔金山、祁连山和青海湖周围山地，其植被类型有 7~12 类（杜庆和孙世洲，1981；张佃民，1983；崔恒心等，1988；陈桂琛等，1994；郭柯和郑度，2002；郭向中，2009），多样性指数 2.48～1.95。异域分布区包括阿尔泰山、天山山脉、唐古拉山、念青唐古拉山、横断山脉、冈底斯山脉和阿尼玛卿山，其植被类型有 2～6 类（张新时，1978；邓立友等，1983；刘伦辉等，1985；谢胜波和屈建军，2013），多样性指数 1.79～0.69。结果表明，同域分布区植被类型空间异质性显著高于异域分布区，说明同域分布区两种雪鸡具有更充足的空间资源可供利用，能满足它们共存。

无论同域分布区还是异域分布区都不乏高大的山脉，但受地形地貌和气候的强烈影响，植被类型和分布格局极其不同。异域分布区中的青藏高原腹地是以山原地貌为主，平均海拔 4500m，但相对海拔很低，植被以高山草甸或灌丛草甸为主，类型相对单一，高寒荒漠草原海拔在 4700～5000m 以上。横断山脉以森林植被为主，适于雪鸡利用的高山草甸和流石滩植被都分布在海拔 4500m 以上。在这样的海拔，只有藏雪鸡可以利用所分布的植被类型，已经超过暗腹雪鸡通常分布的上限。阿尔泰山和天山的情况则大不相同，阿尔泰山灌木草原分布于海拔 800～1300m，森林草原带分布于海拔 1300～2600m，海拔 2600～3500m 是高山、亚高山草甸草原带，苔藓类垫状植被分布于海拔 3000～3500m。由于阿尔泰山地处北纬 47°以北，海拔 3500m 以上为冰雪覆盖，雪鸡可利用的植被分布的这个海拔区间只适合于阿尔泰雪鸡，而不适于藏雪鸡。天山虽然高大，山峰众多，仅南天山海拔超过 5000m 的山峰就有 7 座，但是雪线很低。以博格达峰为例，雪鸡可利用的植被类型在北坡上线为海拔 3700m，阳坡上线为海拔 4000m，上线以上则被冰雪覆盖。在天山，雪鸡可利用的植被分布的海拔格局只适于暗腹雪鸡，而不适于藏雪鸡。

同域分布区位于青藏高原北部边缘塔里木盆地以南。在西喜马拉雅山、喀喇昆仑山、昆仑山、阿尔金山、西祁连山和青海湖周围山地，雪鸡可利用的植被类型分布格局不同于异域分布区。帕米尔高原北段西坡海拔 3500～5200m 为高山荒漠带，海拔 5200～5500m 为冰雪带；东坡海拔 2000～2950m 为山地荒漠带，海拔 2950～3900m 为山地草原带，海拔 3900～4100m 是高山垫状植被带，海拔 4100～5500m 为高山稀疏植被带及冰雪带。中段海拔 2000～2900m 为山地荒漠带，海拔 2900～3150m 为亚高山草原带，海拔 3150～3500m 为森林草原带，海拔 3500～3900m 为高山草原带，海拔 3900～4250m 是高山草甸带，海拔 4250～7000m 为高山垫状植被带、高山稀疏植被带及冰雪带。南段海拔 2000～3450m 为山地荒漠带，海拔 3450～3950m 是山地草原带，海拔 3950～5000m 是高山垫状植被带，海拔 5000～5500m 为高山稀疏植被带、冰雪带。昆仑山西段山地的北坡为山地荒漠和高寒荒漠景观，其中海拔低于 2700m 为小半灌木荒漠，上部为草原化荒漠；海拔 2700～3000m 之间下部为草原荒漠，上部为山地草原、稀疏雪岭云杉 - 圆柏林，构成山地森林草原（暗腹雪鸡主要栖息地之一）；在海拔 3000m 的宽谷中为沼泽化草甸；海拔 3100～3900m 为灌木荒漠；谷地两侧海拔 4000m 以上为高寒荒漠；海拔 4500～5500m 的高山为高寒半灌木荒漠；海拔 5500～6500m 的高山下部为高寒稀疏植被，上部为寒冻风化带；海拔 6500m 以上则为高山冰雪带。中昆仑山海拔 6000m 以上的山峰有 8 座，其山地下部为半灌木荒漠，上部为草原化荒漠；在海拔 4500m 为高寒荒漠；海拔 4500～5500m 的下部为稀疏植被，上部为寒冻风化带；更高山峰则为冰雪带。东段山地北坡在海拔 3600m 为荒漠化草原；海拔 3600～3800m 过渡为亚高山草原；海拔 3800～4500m 的山地下部为草原化高山草甸，上部为垫状植被；海拔 4500～5000m 以上过渡为稀疏的高寒植被和寒冻风化带；海拔 5500m 以上为高山冰雪带。山地阳坡、阴坡、半阳坡和半阴坡植被分布格局的复杂性为雪鸡提供了更广阔的空间资源选择。两种雪鸡只在西喜马拉雅山、喀喇昆仑山、阿尔金山、西祁连山和青海湖周围山地地区地理分布重叠，重要的因素是这一地区的空间资源丰富，足够满足两种雪鸡的需要。环境空间资源异质性，即空间资源容纳量允许两种雪鸡共存。

12.2 营养资源

藏雪鸡和暗腹雪鸡均为植食性鸟类，其食物包括植物的根、芽、嫩枝、叶、花、果实、块茎、鳞茎和种子。成鸟只在繁殖季节取食少量动物性食物，而雏鸟则完全不吃动物性食物（表 12-2）。按所食植物种类的广泛程度，无论异域分布还是同域分布，藏雪鸡均为广食性。暗腹雪鸡喜食棘豆（*Oxytropis* spp.）和羊毛草，食性相对狭窄。用公式 $O=2c/(a+b)$ 计算同域分布区和异域分布区两种雪鸡食物组成的相似性，其中 O 为相似性系数，c 为两种雪鸡共享的食物种类，a 为藏雪鸡的食物种类数，b 为暗腹雪鸡的食物种类数。在同域分布区 O 为 0.24，异域分布区为 0.27。两种雪鸡食物组成的相似性并未因同域分布而降低，也未因异域分布而升高。

表 12-2 藏雪鸡和暗腹雪鸡的食物组成（刘迺发，1999）
Table 12-2 Food composition of Tibetan snowcock and Himalayan snowcock (Liu Naifa, 1999)

食物种类	同域分布		异域分布	
	暗腹雪鸡	藏雪鸡	暗腹雪鸡	藏雪鸡
早熟禾 *Poa annua*	+	+		+
垂穗披碱草 *Elymus nutans*				+
藏异燕麦 *Helictotrichon tibericum*				+
垂穗鹅观草 *Roegneria nutans*				+
薹草 *Carex* spp.			+	+
羊茅 *Festuca ovina*	+	+	+	+
紫花针茅 *Stipa purpurea*				+

续表

食物种类	同域分布 暗腹雪鸡	同域分布 藏雪鸡	异域分布 暗腹雪鸡	异域分布 藏雪鸡
短花针茅 Stipa breviflora	+		+	
矮韭 Allium anisopodium			+	+
多枝黄耆 Astragalus polycladns		+		+
红花岩黄耆 Hedysarum multijugum				+
匍匐栒子 Cotoneaster adpressus				+
箭叶橐吾 Ligularia sagitta				+
委陵菜 Potentilla spp.	+		+	+
蕨麻 Potentila anserina				+
锦鸡儿 Caragana spp.			+	
小花棘豆 Oxytropis spp.			+	
甘肃黄精 Polygonatum kansuense				+
珠芽蓼 Polygonum viviparum		+	+	+
茴香 Foeniculum vulgare				+
贝母 Fritillaria spp.				+
蒲公英 Taraxacum mongolicum			+	
驼绒藜 Ceratoides latens			+	
紫花地丁 Viola philippica			+	
嵩草 Kobresia spp.		+		+
青稞 Hordeum vulgare var. coeleste				+
玄参 Scrophularia spp.		+		
天山棘豆 Oxytropis tianschanica				+
紫云英 Astragalus sinicus				+
毛茛 Ranunculus spp.		+		+
苦荬菜 Ixeris spp.				+
风毛菊一种 Saussurea sp.		+		
点地梅 Androsace spp.		+		
唐松草 Thalictrum spp.		+	+	
青兰 Dracocephalum spp.		+		
十字花科 Cruciferea		+		
百合科 Liliaceae		+		
野豌豆 Vicia spp.			+	

续表

食物种类	同域分布		异域分布	
	暗腹雪鸡	藏雪鸡	暗腹雪鸡	藏雪鸡
黄耆 Astragalus spp.				+
褐色雏蝗 Chorthippus brunneus				+
狭翅雏蝗 Chorthippus dubius				+
鳞翅目幼虫 Lepidoptera				+
膜翅目幼虫 Hymenoptera				+
象甲科成虫 Curculionidae				+

注：昆仑山藏雪鸡10只，暗腹雪鸡7只（马鸣等，1991）；西祁连山暗腹雪鸡5只（作者）；青海尖扎藏雪鸡18只（郑生武和皮南林，1979），西藏30只（郑作新等，1983；朴仁珠，1991）；暗腹雪鸡东大山14只（刘迺发等，1990；常城等，1993），天山3只（卢汰春，1991）。

　　动物的食物组成可能随着季节、地理和生活史阶段的不同而变化，这些不同通常是对环境变化的适应。藏雪鸡分布海拔较高，栖息环境较暗腹雪鸡更为严酷。高海拔的裸岩带和风化岩屑堆积的山地只有极少数的高山垫状植物生长，植被覆盖度只有5%～10%，通常植物株高不及10cm。藏雪鸡不得不尽可能多地利用栖息地中的各类食物资源，在适应进化过程中形成了更为广泛的食性。

　　除了两种雪鸡的营养生态位分化之外，还需要了解它们与同域分布的其他草食性动物的竞争关系。与雪鸡同域分布的草食性竞争者很多，包括：大型草食性哺乳类动物（如野牦牛、藏野驴、藏羚羊、藏原羚、盘羊、岩羊和北山羊），诸多小型草食性啮齿动物（如旱獭、野兔和鼠兔等），以及鸟类中的竞争种类（包括石鸡、高原山鹑等）。此外还有人类牧业生产强加给生态系统的牦牛、羊、马和骆驼等。其中，与雪鸡竞争食物资源的是能在裸岩区活动觅食的盘羊、岩羊、北山羊、旱獭和鼠兔等。从进化角度考虑，雪鸡与这些草食野生动物之间形成食物竞争关系已有千百万年的历史。雪鸡的食物组成与盘羊等野生动物有所不同，而且在冬季大雪封山、食物匮乏的严酷季节，雪鸡还可跟随大型有蹄类的足迹取食露出地面的植物（Dementiev and Gladkov，1967）。家畜（如山羊）的食物组成几乎包含了雪鸡所有的采食种类，这种竞争可能会加剧影响两种雪鸡之间的竞争关系。超载放牧导致草场退化、牧草产量和质量下降，雪鸡不得不因此扩大觅食空间以补偿食物的不足。这样导致两种雪鸡在觅食过程中在同一地点相遇，出现了Ma和Zhang（2015）报道的现象。也就是说，群落中近缘种之间的时空格局动态可能受其他竞争物种的影响。

12.3 时间资源

藏雪鸡和暗腹雪鸡同域分布区主要位于青藏高原西部、北部和东北部边缘，是异域物种形成后两种雪鸡后期种群扩散形成的次级分布区重叠。分子进化研究结果显示，暗腹雪鸡大约在早更新世晚期至中更新世晚期沿青藏高原北缘和东北缘扩散（Ruan et al., 2005），与起源于青藏高原的藏雪鸡的分布区出现重叠。藏雪鸡一般分布在海拔4310 m以上，而暗腹雪鸡则分布于海拔4310 m以下，在空间格局上两种雪鸡相互隔离，这与大多数专属山地的鸟类异域物种形成后的再次扩散结果相似（Drovetski et al., 2014；Voelker et al., 2015）。

鸟类利用昼夜交替、季节变化、物候周期等时间资源完成生活史各阶段的生命活动，尤其与光周期一致的规律变化是鸟类生理活动的重要参照。植物物候期也是鸟类参照的有规律的时间资源，雪鸡随春季植物返青进入一年一度的繁殖期。植物物候期与海拔密切相关。在青藏高原东部，海拔每升高100 m，植物返青（开始生长）时间大约推迟3.3天；海拔每升高100 m，植物的生长季缩短2.5天（王力等，2012）。在青藏高原西北部两种雪鸡的同域分布区，海拔2500 m地带4月下旬返青，海拔4500 m处植物6月中旬开始生长。因此，昆仑山低海拔分布的暗腹雪鸡繁殖期开始时间要早于同域高海拔分布的藏雪鸡（马鸣等，1991）。帕米尔高原上分布海拔较低的暗腹雪鸡在4月中旬和5月上旬就开始成对活动（Dementiev and Gladkov, 1967），而同一地区分布海拔4500 m以上的藏雪鸡5月底才开始进入繁殖期，至8月下旬还能见到处于孵化期的巢（Johnsgard, 1988）。雪鸡雏鸟的孵化时间基本与植物繁殖季节相吻合，如昆仑山暗腹雪鸡的幼鸟6月上旬或中旬孵出，藏雪鸡幼鸟6月下旬孵出（马鸣等，1991）。此时昆仑山大多数禾本科草本植物的种子开始灌浆和成熟，某些种类尤其是雪鸡喜食的豆科植物开始进入盛花期。雪鸡的活动节律高度依赖于植物的物候周期并能进行相应调整，当冬季食物匮乏时，雪鸡只能尽量延长白昼的觅食时间来完成能量摄取。

12.4 信息资源

动物通过感觉器官所获得的信息统称为信息资源，如可供相互识别的鸣叫、表型等信息强烈地影响着雪鸡的多种行为，也决定了两种雪鸡的生殖隔离。两种雪鸡的鸣叫虽有差别，但均能充分利用这一资源。秋冬和早春集群时节，清晨苏醒后它们的叫声此起彼伏，传播甚远（Dementiev and Gladkov, 1967；Liu, 1994）；集群选择夜宿地时也很喧闹，家族内、外的个体之间相互召唤，竞争和抢占有利的过夜位置（Dementiev and Gladkov, 1967）；配对期、育雏期，以及配偶之间、双亲和子女之间都依赖特定的叫声相互联系。

暗腹雪鸡静止站立时，棕色羽毛分割的颈侧和前颈白色鲜明，眼周裸皮呈鲜亮的橘黄色；嘴角褐色；体侧栗色纵纹鲜明，白色尾下覆羽充分显现。藏雪鸡两性差异较明显，雄性颈部深灰，白色耳羽尽显，眼周裸皮呈鲜亮的橘红色；嘴橘红；体侧黑色纵纹清晰，尾下覆羽黑色具白端。两种雪鸡表型信息的差别是长期自然选择和性选择共同作用的结果，与叫声一样，成为两个物种之间的隔离屏障。

鸟类羽色主要通过正羽多样化的色泽、斑纹和光泽所体现，由结构色和色素色所决定（郑光美，2012）。雪鸡的羽色看似暗淡但相当复杂，结构色和色素色同时存在。雪鸡能充分利用羽毛的物理结构和环境光信息，如羽毛表面凹凸的沟纹、羽小枝黏着的土壤或灰尘颗粒，反射和吸收周围环境的光谱，使其与栖息地的色调融为一体从而形成保护色。成鸟羽小枝的颜色组成由黑色、棕色、灰色等逐节拼成，称为虫蠹状斑。这样的斑纹能充分利用各季节周围环境的光资源，尤其在裸岩环境下，能利用岩石上各色地衣、苔藓及岩石反射光，与环境融为一体，产生保护色。两种雪鸡的羽色特别是结构色不同，在相似光背景下展示出的体色差异也成为两个物种之间的隔离屏障。鸟类的羽色既与性选择有关，也与生存环境的光资源有关，变化多端的鸟类羽毛由此产生进化。雪鸡看似暗淡而又多变的羽色与其性选择的关系及羽色的进化起源尚需进一步研究。

12.5 关于竞争排斥理论

高斯竞争排斥理论（competitive exclusion principle）认为，生态位上接近的两个物种不能生活于同一地区，用生态位理论解释为：由于竞争的结果，两个相似的物种不能占有相似的生态位，而是以某种方式彼此取代，每个种都具有各自的食性或其生活方式上的特点（孙儒泳，1990）。高斯定理的逆定理并不存在，即不能将生活在同一地区近缘种的生态差异归因于竞争或避免竞争。

Avise 和 Walker（1998）的研究表明，高等恒温动物（包括鸟类和哺乳类）的物种形成最少需要 2 百万年。在如此漫长的过程中，无论是同域还是异域分布形成的物种都会产生种间生态需求差异（生态位分离）。藏雪鸡和暗腹雪鸡的进化过程为此提供了很好的研究例证。在大约 7 百万年的中新世晚期，两种雪鸡的祖先种已分道扬镳（Stein et al.，2015）。藏雪鸡起源于湿热地区，而暗腹雪鸡则起源于干热地区（刘迺发，1998）。两种雪鸡的起源地不同，在经历了漫长的地理隔离和不同的环境选择压力后形成了不同的生态特征及生活史对策。现今分布区的重叠是两种雪鸡种群分别扩散的结果，但各自仍旧维持着进化过程中形成的生态特征，而且无论在同域分布区还是异域分布区，它们在生态上都存在差异，分别利用着不同的空间和营养生态位。因此，两种雪鸡在同域分布区不在同一山头出现，并不是生态适应相似产生竞争排斥的结果，而是因为形成物种的进化过程中已形成各自不同的生态要求，一个种的生活环境不适合另一个种。

参 考 文 献

常城, 刘迺发, 王香亭. 1993. 暗腹雪鸡的繁殖及食性. 动物学报, 39(1): 107-108.
陈桂琛, 彭敏, 黄荣福, 等. 1994. 祁连山地区植被特征及其分布规律. 植物学报, 36(1): 63-72.
崔恒心, 王博, 祁贵, 等. 1988. 中昆仑山北坡及内部山原的植被类型. 植物生态学报, 12(2): 13-25.
邓立友, 刘奉贤, 包纯志, 等. 1983. 西藏草地类型及其资源评价. 植物生态学报, 7(2): 50-56.
杜庆, 孙世洲. 1981. 柴达木盆地植被考察简况. 植物生态学与地植物学丛刊, 5(1): 77-79.
郭柯, 郑度. 2002. 西昆仑、西喀喇昆仑和西北喜马拉雅地区植被的地域分异及其指示意义. 植物生态学报, 26(1): 17-22.
郭向中. 2009. 帕米尔高原植被垂直地带性及其对气候的响应. 广州: 华南师范大学硕士学位论文.
刘伦辉, 余有德, 张建华. 1985. 横断山地区植被分布规律的探讨. 植物分类与资源学报, 7(3): 73-85.
刘迺发. 1998. 雪鸡的系统发生. 台北: 第三届海峡两岸鸟类学术研讨会论文集: 235-243.
刘迺发. 1999. 藏雪鸡和暗腹雪鸡的隔离机制. 中国动物科学研究——中国动物学会第十四届会员代表大会及中国动物学会65周年年会论文集, 中国动物学会汇编, 北京: 中国林业出版社: 571-577.
刘迺发, 王香亭. 1990. 高山雪鸡繁殖生态研究. 动物学研究, 11(4): 299-302.
卢汰春. 1991. 中国珍稀濒危鸟类. 福州: 福建科技出版社.
马鸣, 周永恒, 马力. 1991. 新疆雪鸡的分布及生态观察. 野生动物, (4): 15-16.
朴仁珠. 1991. 淡腹雪鸡. 卢汰春等主编. 中国珍稀濒危鸟类. 福州: 福建科技出版社.
沈孝宙, 王家骏. 1963. 中国雪鸡的分类、地理分布和生态. 动物学杂志, 5(2): 67-68.
孙儒泳. 1990. 动物生态学原理. 北京: 北京师范大学出版社.
王力, 李凤霞, 周万福, 等. 2012. 气候变化对不同海拔高山嵩草物候期的影响. 草业科学, 29(8): 1256-1261.
谢胜波, 屈建军. 2013. 青藏铁路沿线植被·土壤的类型分布及特征分析. 安徽农业科学, 41(19): 8268-8270.
张佃民. 1983. 从阿尔金山的植被特点论柴达木盆地在植被区划上的位置. 西北植物研究, 3(2): 150-156.
张新时. 1978. 西藏植被的高原地带性. 植物学报, 20(2): 140-149.
郑光美. 2012. 鸟类学. 北京: 北京师范大学出版社.
郑生武, 皮南林. 1979. 藏雪鸡的生态初步观察. 动物学杂志 (1): 24-29.
郑作新. 1978. 中国动物志 鸟纲 第四卷 鸡形目. 北京: 科学出版社.
郑作新, 李德浩, 王祖祥, 等. 1983. 西藏鸟类志. 北京: 科学出版社.
Avise JC, Walker D. 1998. Pleistocene phylogeographic effects on avian populations and the speciation process. Proceedings of the Royal Society B: Biological, 265:457-463.

Dementiev GT, Gladkov NA. 1967 Birds of the Soviet Union. Vol.4. Jerusalen: Irael Program for Scientific Translations: 198-221.

Drovetski SV, Raković M, Semenov G, et al. 2014. Limited phylogeographic signal in sex-linked and autosomal loci despite geographically, ecologically, and phenotypically concordant structure of mtDNA variation in the holarctic avian genus *Eremophila*. PLoS One, 9(1): 1-10.

Johnsgard PA. 1988. The Quails, Partridges, and Francolins of the world. New York: Oxford University Press: 103-110.

Li JJ, Shi YF, Li B, et al. 1995. Uplift of the Qinghai-Xizang (Tibet) Plateau and Global Change. Lanzhou: Lanzhou University Press.

Liu NF. 1994. Breeding behavior of Koslov's Snowcock (*Tetraogallus himalayensis koslowi*) in Northwestern Gansu, China. Gibier Faune Sauvage, 11: 167-177.

Ma M, Zhang GQ. 2015. The mixed group and distribution overlap of some sister species in Xinjiang-is hybridization possible in these Galliformes? Grouse News, 49:14-17.

Potapov R. 1992. Adaptation to mountain conditions and evolution in snowcocks (*Tetraogallus* sp.). Gibier Faune Sauvage, 9: 647-660.

Ruan LZ, Zhang LX, Wen LY, et al. 2005. Phylogeny and molecular evolution of *Tetraogallus* in China. Biochemical Genetics, 43(9/10): 507-518.

Stein RW, Brown, JW, Mooers AØ. 2015. A molecular genetic time scale demonstrates Cretaceous origins and multiple diversification rate shifts within the order Galliformes (Aves). Molecular Phylogenetics and Evolution, 92: 155-164.

Voelker G, Semenov G, Fadeev IV, et al. 2015. The biogeographic history of *Phoenicurus* redstarts reveals an allopatric mode of speciation and an out-of-Himalayas colonization pattern. Systematics & Biodiversity, 13(3): 296-305.

第 13 章 雪鸡生活史对策

生活史是生物在一生中所经历的生长发育和繁殖阶段的全过程。生活史由各特征组件组成,包括出生时个体大小、生长格局、性成熟时间、一次生殖的子代数目、性比、生殖投入、特定年龄出生率和死亡率以及寿命等。生活史特征主要包括生殖力、生长发育和种群统计学特征。生活史的进化是进化生物学的核心,生活史的研究不仅对理解和解释生物多样性及其复杂的生活过程有所帮助,而且是研究其他相关领域不可或缺的基础之一(如自然选择、种群动态等)(Stearns,1992)。生活史特征(组件)之间的相互作用是限制性的,通过权衡达到最佳适合度。权衡主要针对当前繁殖与未来繁殖成效、子代数目与存活率、亲代投入与存活率等,这些关系的阐述构成了生活史研究的权衡理论,也构成了生物的生存和繁殖策略选择,是阐明生活史对策的理论基础。

对于所有动物来说,在一定时间和环境下占有的资源量有限,动物如何权衡生存和繁殖资源的投入,称为生活史对策。依照 MacArthur 和 Wilson(1967)的分类,生活史对策分为 K- 对策和 r- 对策。Pianka(1970,1972)发展了上述理论,认为从 r 对策到 K 对策是一个连续的统一体,其间有许多居间过渡类型等。动物的生活史对策的最终目的就是充分利用现有资源,实现最大的收益与投入比值(Monaghan,2004)。

雪鸡是鸡形目中最大的鹑类,是世界上分布海拔最高的鸟类类群之一。它们生存的环境以低温、缺氧、强辐射、大风、短的生殖季节和食物可利用性低等为主要特征。在如此严酷环境下,雪鸡的生活史特征留下了明显的适应极端环境的烙印。相对而言,晚成鸟的生活史特征随海拔梯度变异的研究较多(Badyaev and Ghalambor,2001),而早成鸟的相关研究较少(刘迺发等,2005)。本章结合作者野外收集的资料和文献对我国雪鸡属鸟类的生活史特征及其形成机制进行了分析。

13.1 生长发育和性成熟年龄

13.1.1 生长发育

1. 胚胎发育

孵化期的长短能说明鸟类胚胎发育的速率、胚胎发育的状况。种内和种间孵化期长短的比较不仅可以反映鸟类系统进化的影响，也可以反映鸟类生活环境的作用。阿尔泰雪鸡孵化期为 28 天（Ирйсов and Ирисова，1991）。暗腹雪鸡在孵化温度 37.2～37.6℃、湿度 50%～65% 的人工条件下孵化期为 27 天（李世霞和魏建辉，2001）；相同条件下藏雪鸡的孵化期也是 27 天（俞世富等，1994）。青海尖扎县海拔 3400m 地带藏雪鸡野外孵化期 27 天（郑生武和皮南林，1979）；在西藏拉萨海拔 3650m 处观察藏雪鸡雌鸟孵卵 3 窝，孵化期 29～30 天（扎西次仁等，2004）；在西藏海拔 4798m 处藏雪鸡的孵化期为 28 天。可以看出，孵化期是雪鸡属鸟类比较稳定的生活史特征。同时，随海拔及环境的改变，同种雪鸡的孵化期也会有小的变化。

鸟类孵化期的长短首先与鸟卵的大小相关。在三种雪鸡卵中，藏雪鸡卵最小，依此推断藏雪鸡孵化期应该更短，但事实并非如此，藏雪鸡与暗腹雪鸡和阿尔泰雪鸡的孵化期相同或稍长。这可能与藏雪鸡分布海拔更高有关。高海拔地区低温和缺氧的双重作用延缓了雏鸟的发育速率，延长了孵化期。

孵化期间，卵重因为胚胎发育消耗和水分丧失而下降，下降的速率能间接反映胚胎发育的快慢。根据藏雪鸡和暗腹雪鸡的人工孵化实验结果，暗腹雪鸡入孵时卵平均重 67.9g，孵出前重 56.4g，减重率 16.9%（李世霞和魏建辉，2001）；而藏雪鸡入孵时卵重 62.8g，孵化 27 天，孵出前卵重 49.4g，减重 21.3%（俞世福等，1994）。暗腹雪鸡卵重（W）与孵化天数（X）符合线性回归关系式：$W=-0.4956X+69.469$，而藏雪鸡符合：$W=-0.453X+64.105$（图 13-1）。暗腹雪鸡的线性回归斜率大于藏雪鸡，说明前者胚胎发育速率高于后者，藏雪鸡分布海拔比暗腹雪鸡更高，生活环境更为缺氧，导致其胚胎代谢率下降，发育更为缓慢。

2. 雏鸟发育

暗腹雪鸡初生雏鸟平均体重 48.4g（$n=28$），占卵鲜重的 69.2%；藏雪鸡初生雏鸟平均体重 44.0g（$n=10$），占卵鲜重的 70.1%。藏雪鸡孵化期的相对延长使其胚胎能更充分地吸收卵黄的营养，雏鸟出壳时相对重量的增加可以提高恶劣环境下的成活率。

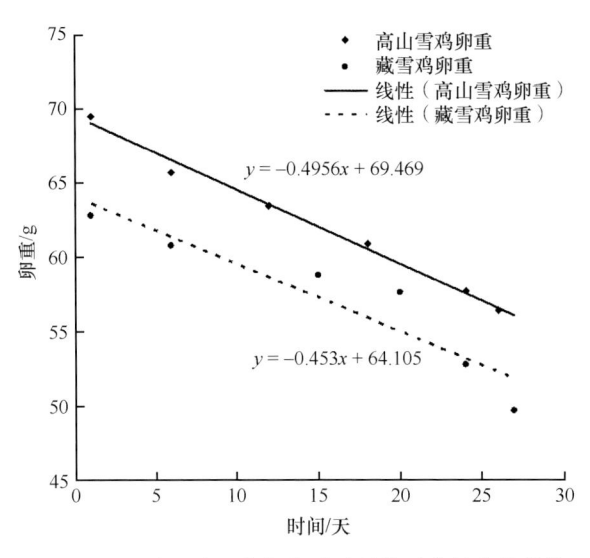

图 13-1 两种雪鸡孵化期卵重随孵化天数的变化趋势
（仿俞世福等，1994；李世霞和魏建辉，2001）

Figure 13-1 Egg weight loss with incubation period of two snowcock species
(After Yu Shifu et al., 1994; Li Shixia and Wei Jianhui, 2001)

雏鸟生长发育的速率能反映它们生活环境的状况。因部分资料不全，本书只收集到 3 种雪鸡 60 日龄内体重增长的数据。60 日龄内 3 种雪鸡雏鸟的生长发育呈指数增长（图 13-2）。阿尔泰雪鸡雏鸟生长最快，增长率为 0.0788；暗腹雪鸡次之，为 0.0543；藏雪鸡生长最慢，为 0.0517。阿尔泰雪鸡是雪鸡属中分布最北的种类，分布区位于北纬 42°～51°，此处夏季短暂，冬季漫长而寒冷。雏鸟在短时间内快速发育，尽快达到合适的体重以适应低温环境，这符合贝格曼规律（Bergman's Rule）。藏雪鸡是分布最南和海拔最高（4000～6000m）的种类，高海拔环境的主要特征是低温、低气压、缺氧、强太阳辐射和多风，环境可预测性低。在这些因子尤其低温和缺氧的联合作用下，雏鸟生长发育较低海拔的近缘种缓慢（穆红燕等，2008）。缺氧是生活于高海拔地区物种面临的最主要的环境压力之一（Hammond et al.，2001），在缺氧状态下动物耗氧能力下降，摄取同等数量和质量的食物所获得的能量依然无法满足雏鸟快速增长的需要。同时在缺氧状态下机体代谢率下降，而在低温条件下维持相对稳定的体温需要增加代谢率（Cerrerelli，1976；Rezende et al.，2004）。维持缺氧状态下的恒定体温减少了生长发育所需要的能量消耗。

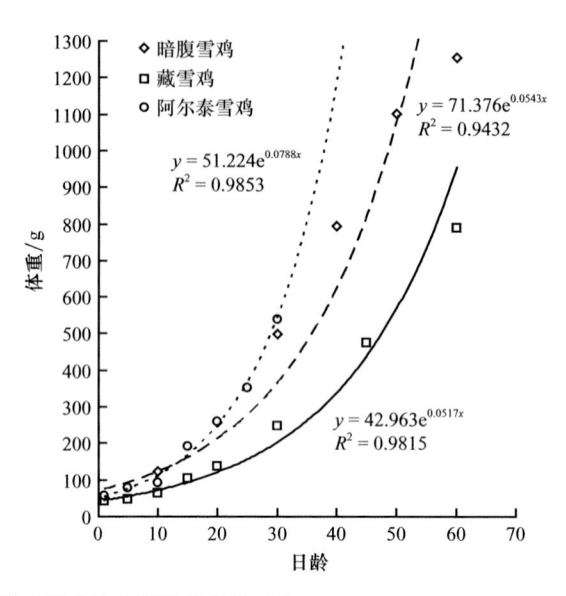

图 13-2　中国 3 种雪鸡雏鸟的体重增长曲线（仿 Ирйсов and Ирисова, 1991；俞世福等, 1994）
Figure 13-2　Body weight growth curve of three snowcocks in China (After Ирйсов and Ирисова, 1991; Yu Shifu et al., 1994)

13.1.2　性成熟年龄

关于雪鸡属鸟类性成熟的时间争议较大。Cramp 和 Simmons（1980）认为雪鸡属鸟类的性成熟时间通常为一年，但也有部分作者认为暗腹雪鸡两年性成熟（黄人鑫等，1990；阿德里等，1997；阿德力·麦地等，1999）。Stiver（1984）报道了人工饲养条件下的暗腹雪鸡雌鸟通常不到二龄不繁殖，而在甘肃阿尔金山和东大山野外捕捉的暗腹雪鸡雏鸟翌年即可繁殖，人工繁殖的暗腹雪鸡 9～10 月龄开始繁殖，说明暗腹雪鸡一年性成熟（王加福，2001；李世霞和魏建辉，2001，2002）。根据人工饲养记录，藏雪鸡雌鸟 10～11 个月性成熟（扎西次仁等，2004）。野外标记当年藏雪鸡雄性幼鸟翌年均不参加繁殖，而雌性幼鸟有 37.5% 的个体参加繁殖，并扩散到其他群体参加繁殖。人工饲养条件下阿尔泰雪鸡 6 月孵出的幼鸟翌年 4～5 月即可参加繁殖，说明阿尔泰雪鸡 10～11 个月性成熟（Ирйсов and Ирисова，1991）。综上所述，雪鸡属鸟类正常的性成熟年龄应该是一年。饲养条件下暗腹雪鸡两年性成熟可能与人工条件下营养不良有关。

鸟类性成熟的年龄通常与体型大小呈正相关，体型越大，性成熟越晚。鹑类身体大小相差甚大，导致它们的性成熟年龄也相差很大。成熟最早的是体重最轻种类，如澳洲鹑（*Coturnix novaezelandiae*）4 个月即可繁殖（Disney，1978）；出生较早的鹌鹑当年夏季即可繁殖，雄性 28 天性成熟，雌性 31 天可产受精卵

(Glutz von Blotzheim，1973)。饲养繁殖的鹌鹑雌性幼鸟释放后 67 日龄开始营巢(Wetherbee，1961)。蓝胸鹑的性成熟年龄与鹌鹑相近。雪鸡是鹑类中个体最大的类群，其体重是蓝胸鹑的 100 倍、鹌鹑的 50 倍以及鹑类中其他体重最重种类的 2 倍，因此其性成熟时间也最晚。

鸟类性成熟的年龄还与分布区的纬度有关，体型大小相近的种类，通常生活在热带地区的性成熟较早。鹧鸪与石鸡体重相近，生活在非洲热带的鹧鸪性成熟年龄不超过 5 个月 (Mentis and Bigalke，1980)，而生活在温带地区的石鸡的性成熟年龄为 10～11 个月 (Liu，1992)。雪鸡性成熟较晚也可能与其分布于温带和高海拔地区有关。

13.2 窝卵数、卵大小和生殖投入

13.2.1 窝卵数

窝卵数是鸟类生活史的重要特征之一，通常指鸟类一次繁殖所产满窝卵的数目。窝卵数的多少和变化直接关系到雏鸟数量、幼鸟存活率，以及成鸟存活率、繁殖力等一系列过程，对物种的种群动态、生活史进化和物种适合度具有重要影响。鸟类的窝卵数因物种不同变异很大，雪鸡属鸟类的窝卵数为 3～16 枚不等 (表 13-1)。

表 13-1 雪鸡属鸟类平均窝卵数、卵的大小、卵重和生殖投入
Table 13-1 Clutch size, egg size, egg weight and breeding investment of *Tetraogallus* species

种类	纬度/(°)	经度/(°)	海拔/m	窝卵数（样本量）(*n*)	卵的大小/cm^3	卵重/g	卵重/雌鸟体重/%	窝卵重/雌鸟体重/%
藏雪鸡 *Tetraogallus tibetanus*	30	90	4687	5.8（12）	62.5	67.5	4.4	25.5
暗腹雪鸡 *T. himalayensis*	33	80	3137	7.8（25）	78.2	84.5	3.7	28.9
阿尔泰雪鸡 *T. altaicus*	45	91	2683	8.5（10）	77.7	83.9	3.4	28.9
高加索雪鸡 *T. caucasicus*	42	45	2900	7.8（6）	74.7	78.4	3.3	25.7
里海雪鸡 *T. caspius*	35	48	3000	8.0（4）	78.5	84.6	3.6	28.8

注：纬度为该种地理分布经区中心地区的经纬度，海拔为营巢地点平均海拔；表中数据依据 Baker (1928)、Dementiev 和 Gladkov (1967)、郑生武和皮南林 (1979)、刘迺发和王香亭 (1990)、Ирйсов 和 Ирисова (1991)、朴仁珠 (1991)、Lukianov (1992)、Ma (1992)、俞世福等 (1994)、Liu (1994)、李世霞和魏建辉 (2001)、魏建辉和陈玉平 (2004)。

影响鸟类窝卵数的因素很多，如系统发生、环境状况、生理状况等。为了解影响窝卵数的环境因素，合理解释窝卵数的地理变异，鸟类生态学家先后提出了

与鸟类窝卵数有关的诸多理论，包括食物限制理论（Lack，1947）、气候稳定性理论（Ashmole，1963）和能量分配理论（Cody，1966）等。食物限制理论认为北半球温带地区较热带地区春、夏季白昼长，亲鸟有更长的时间为幼鸟提供食物，因此温带地区的鸟类能养育更多的后代，所以具有更多的窝卵数。在同一篇论文中，Lack（1947）直接提出鸡形目鸟类的窝卵数主要受食物因子的限制。气候稳定性理论认为热带地区气候相对稳定，鸟类死亡率低，种群数量常接近于环境容纳量；而在温带地区则不同，冬天鸟类大量死亡，春天万物复苏，鸟类能获得更多的食物，以此养育更多的后代。能量分配理论认为热带地区物种数目较多，种间竞争和捕食较温带地区更为激烈，竞争和反捕食消耗更多的能量，分配给繁殖的能量相应减少，因此热带地区鸟类的窝卵数相对更少。

研究发现，雪鸡的窝卵数随纬度的增加而增加（$r=0.738$），随海拔的增加而显著减少（$r=-0.983$），即高海拔分布的种类具有较小的窝卵数（刘迺发等，2005）。这与山鹑属（*Perdix*）和榛鸡属（*Bonasa*）鸟类（刘迺发，1996）相似，也与某些晚成鸟（Badyaev and Ghalambor，2001）相似。一些研究者试图利用上述理论解释这一现象。由于高海拔与低海拔之间成鸟的死亡率没有差异，能量分配理论不能解释高海拔种类窝卵数较少的现象（Badyaev and Ghalambor，2001）。高海拔红尾鸲低温下增加双亲对雏鸟的抚育并未加快雏鸟发育速度，反而较低海拔近缘种的幼鸟发育缓慢。因此，延长留巢期（巢后哺育）不仅仅是 Badyaev 和 Ghalambor（2001）所指出的为了增加雏鸟的质量，而是缺氧和低温协同作用下自然选择的结果。由此可见，高海拔地区食物的可利用性较低，加之低温、缺氧，使得藏雪鸡从食物中获得的能量减少，维持恒定的体温耗能增加，分配给繁殖的能量减少，从而导致窝卵数下降。

13.2.2 卵大小和生殖投入

1. 卵大小

卵大小可以用鲜卵重、卵的体积或卵的长径×短径来表示。三者之间存在着一定的相关关系：卵体积 $V=aLB^2$，式中，a 为体积系数，L 和 B 分别是卵的长径和短径；卵重量 $W=wLB^2$，式中，w 为卵重系数，L 和 B 同前。鸡形目鸟类 a 通常为 0.512，w 通常为 0.553（Johnsgard，1983），本书采用了上述公式和参数估算了雪鸡卵的大小，雪鸡卵的大小在种间有较大差异（见表 13-1）。在种内，卵大小亦有一些变化，在甘肃东大山测量暗腹雪鸡卵 2 窝，第一窝 6 枚卵平均重 84.4（73.9～89.0）g，平均卵大小 70.0（67.5～72.5）mm×49.4（47.0～56.0）mm；第二窝 4 枚卵平均重 72.2（71.0～74.0）g，平均卵大小 63.0（62.2～63.6）mm×45.5（45.1～46.0）mm，两者差异极显著（常城等，1993）。这种差异可能与雪鸡雌鸟的年龄和营养状况有关。

2. 生殖投入

近缘种或同种不同种群的窝卵数、卵大小和对卵的生殖投入是相互关联的生活史序列特征。根据表 13-1 的数据，以经纬度为控制变量进行偏相关分析，结果表明窝卵数、卵的大小（卵重）均与海拔呈显著的负相关关系，也就是说高海拔分布的雪鸡具有较小的窝卵数和较小的卵。这与高海拔分布的晚成鸟种类（种群）的小窝卵数和大型卵有些不同。通常情况下大体型的鸟类卵重较大，藏雪鸡较小的卵重是由其分布海拔和体型决定的。但如果以相对卵重（卵重／雌鸟体重）计算，藏雪鸡反而产比其他雪鸡相对大的卵。单个卵重／雌鸟体重代表雌鸟对单个卵的生殖投入，窝卵重／雌鸟体重代表雌鸟对一窝卵的投入。由此可见，雪鸡雌鸟对单个卵的生殖投入随海拔的升高而增加。这是由于高质量的卵能在恶劣的高海拔环境状况下提高幼鸟成活率，如同晚成鸟一样将窝卵数转变为雏鸟的质量（Badyaev and Ghalambor，2001）。相反，雌鸟对一窝卵的投入随海拔的升高而下降，即高海拔分布的雪鸡给整窝卵的投入较少。高海拔地区低温且缺氧，雪鸡维持恒定的体温需要耗费更多的能量，分配给繁殖的能量相应减少。综上可知，较小的窝卵数和高质量的卵是藏雪鸡权衡窝卵数和幼鸟存活率的结果，高海拔的雪鸡将幼鸟的数量转化为了幼鸟的质量，幼鸟成活率的提高是对小窝卵数的补偿。

13.3　窝雏数和雏鸟存活率

13.3.1　窝雏数

Ирйсов 和 Ирисова（1991）统计阿尔泰雪鸡的窝雏数为 5.1 只（1～15 只）（n=55）；拉萨的藏雪鸡平均窝雏数为 4.5 只（2～6 只）（n=27）；暗腹雪鸡的平均窝雏数为 6.7 只（5～9 只）（n=9）。野外暗腹雪鸡家族群的个体数量稍有变化，6月 12 日见到的一个家族群有 9 只雏鸟，6 月 14 日见到的一个家族群有 8 只雏鸟，还有 12 只雏鸟（6 月 22 日观察到）和 7 只雏鸟的（7 月 1 日观察到），平均每窝雏鸟 9 只。

13.3.2　雏鸟存活率

对拉萨雄色寺的藏雪鸡幼鸟的存活进行统计，2004 年记录 14 个家族群，共出生雏鸟 63 只，到 2005 年 3 月繁殖季节存活 27 只，存活率 42.86%。其中，7 月和

8月幼鸟死亡率最高,分别为30.2%、42.9%,而9月到翌年3月幼鸟存活率达到93.1%,较Ma(1992)报道的天山暗腹雪鸡秋季到翌年繁殖季节幼鸟成活率(76.2%)为高。藏雪鸡幼鸟42.86%的存活率说明其生活环境的严酷,雄性个体必须参加育雏,加强双亲哺育,以提高幼鸟的存活率。

13.4 成鸟存活率

2004年用脚环标记记录西藏雄色寺藏雪鸡繁殖个体28只,到2005年3月存活16只,存活率57.1%。不参加繁殖的个体25只,到2005年3月存活24只,存活率96.0%。繁殖鸟的存活率低于非繁殖鸟,主要是7~9月的育雏期需照顾幼鸟,尤其是天敌捕食导致亲鸟死亡。新疆暗腹雪鸡繁殖雌鸟的存活率平均为40.0%,低于藏雪鸡。这是亲鸟生殖投入与亲代存活间的权衡,藏雪鸡采取给窝卵少投入以增加亲鸟成活率的对策,而暗腹雪鸡则采取给窝卵多投入从而造成繁殖鸟死亡率较高的对策。高海拔恶劣的自然环境(低温、缺氧、短的繁殖季节、食物可利用性波动大、强太阳辐射等)有利于藏雪鸡的对策。

综上,性成熟时间、窝卵数、幼鸟和成鸟的成活率、生殖投入、生长发育等均说明雪鸡生活史从低海拔接近r-对策逐渐发展到高海拔的接近K-对策,这与生态环境沿海拔梯度的演变一致。海拔是一个环境梯度因子,在这个梯度上自然选择和性选择相互作用,影响鸟类形态、行为和生活史特征(Mathies and Andrews, 1996; Badyaev, 1997)。高海拔的生态条件,低温、缺氧、强烈的季节性、短的繁殖期、强太阳辐射和食物可利用性季节性波动大,这有利于给每一个卵增加投入以提高幼鸟存活率的K-对策。

参 考 文 献

阿德里,马鸣,海肉拉,等. 1997. 天山博格达南部雪鸡的生态习性. 干旱区研究, 14(1): 84-87.
阿德力·麦地,王德忠,马鸣,等. 1999. 天山博格达高山雪鸡的生态习性与人工养殖技术. 新疆畜牧业, (4): 28-30.
常城,刘迺发,王香亭. 1993. 暗腹雪鸡的繁殖及食物. 动物学报, 39(1): 107-108.
黄人鑫,马力,邵红光,等. 1990. 新疆高山雪鸡的生态和生物学的初步研究. 新疆大学学报(自然科学版), 7(03): 73-78.
李世霞,魏建辉. 2001. 笼养暗腹雪鸡的繁殖. 动物学杂志, 36(3): 49-52.
李世霞,魏建辉. 2002. 暗腹雪鸡的人工孵化技术. 四川动物, 21(1): 48-51.
刘迺发. 1996. 斑尾榛鸡成功定居青藏高原的机制. 中国鸟类学研究. 北京:中国林业出版社: 204-209.
刘迺发,黄族豪,文陇英. 2005. 青藏高原高海拔地区鸡形目鸟类生殖对策进化的格局. 见:第八届中国动物学会鸟类分会全国代表大会暨第六届海峡两岸鸟类学研讨会论文集: 99-107.

刘迺发, 王香亭. 1990. 高山雪鸡繁殖生态研究. 动物学研究, 11(4): 299-302.

穆红燕, 刘迺发, 杨萌. 2008. 青藏高原赭红尾鸲的繁殖. 动物学报, 54(2): 201-208.

朴仁珠. 1991. 淡腹雪鸡. 见: 卢汰春. 中国珍稀濒危野生鸡类. 福州: 福建科技出版社: 108-122.

王加福. 2001. 高山雪鸡人工捕抓驯养繁殖适应性研究. 甘肃畜牧兽医, 158(3): 12-14.

魏建辉, 陈玉平. 2004. 暗腹雪鸡的生态习性初探. 甘肃林业科技, 29(4): 1-4.

俞世福, 杨满寿, 马森, 等. 1994. 藏雪鸡卵人工孵化试验. 青海畜牧兽医杂志, 24(2): 9-12.

扎西次仁, 拉琼, 段双全, 等. 2004. 藏雪鸡的人工饲养与繁殖初报. 动物学杂志, 39(1): 40-51.

郑生武, 皮南林. 1979. 藏雪鸡的生态初步观察. 动物学杂志, (1): 24-29.

Ashmole NP. 1963. The regulation of numbers of tropical oceanic birds. Ibis, 103: 145-173.

Badyaev AV. 1997. Covariation between sexually selected and life history traits: an example with Cardueline finches. Oikos, 80: 128-139.

Badyaev AV, Ghalambor CK. 2001. Evolution of life histories along elevational gradients: trade-off between parental care and fecundity. Ecology, 82(10): 2948-2940.

Baker ECS. 1928. Fauna of British, India, including Ceylon and Burma. Vol.5. London: Taylor and Francis: 1-469.

Baziev DK. 1978. The snowcocks of Caucasus: Ecology, Morphology, Evolution. Leningrad: Nauka.

Cerrerelli P. 1976. Limiting factors to oxygen transport on Mount Everest. J Appl Physiol, 40: 658-667.

Cody M L. 1966. A general theory of clutch size. Evolution, 20(2): 174-184.

Cramp S, Simmons KEL. 1980. The Birds of the western Palearctic. Vol.2. Oxford: Oxford University Press.

Dementiev GT, Gladkov NA. 1967. Birds of the Soviet Union. Vol.4. Jerusalen: Irael Program for Scientific Translations: 198-221.

Disney HH de S. 1978. The age of breeding in the Stubble Quail and Japanese Quail. Corrella, 2: 81-84.

Glutz von Blotzheim UN. 1973. Handbuch der Vogel Mitteleuropas. Vol.5. Galliforme. Frankfurt: Akademische Verlag.

Hammond KA, Szewczak J, Krol E. 2001. Effects of altitude and temperature on organ phenotypic plasticity along an altitudinal gradient. J Exp Bio, 204: 1991-2000.

Johnsgard PA. 1983. The Grouse of the World. Lincoln and London: University of Nebraska Press.

Lack D. 1947. The significance clutch size, Part I and Part II. Ibis, 89: 302-352.

Liu NF. 1992. Ecology of Przewalski's Rock Partridge (*Alectoris magna*) [quadrat sampling, crop analysis]. Gibier Faune Sauvage, 9: 605-615.

Liu NF. 1994. Breeding behavior of Koslov's snowcock (*Tetraogallus himalayensis koslowi*) in Northwestern Gansu, China. Gibier Faune Sauvage, 11: 167-177.

Lukianov Y. 1992. Ecology of the Altai snowcock (*Tetraogallus altaicus*) in the Altai Mountains. Gibier Faune Sauvage, 9: 633-640.

Ma L. 1992. The breeding ecology of Himalayan snowcock (*Tetraogallus himalayensis*) in the Tian Shan mountains (China). Gibier Faune Sauvage, 9: 625-632.

MacArthur RH, Wilson EO. 1967. The Theory of Island Biogeography. Princeton: Princeton University Press.

Mathies T, Andrews RM. 1996. Extended egg retention and its influence on embryonic development and egg water balance: Implications for the evolution of viviparity. Physiological Zoology, 69(5): 1021-1035.

Mentis MT, Bigalke RC. 1980. Breeding, social behaviour and management of greywing and redwing francolins. South African Journal of Wildlife Research, 10: 133-139.

Monaghan P. 2004. Resource allocation and life history strategies in birds. Acta Zoologica Sinica, 50(6): 942-947.

Pianka ER. 1970. On r- and K- selection. American Naturalist, 104: 592-597.

Pianka ER. 1972. R- and k- selection or a- and b- selection. American Naturalist, 106: 581-588.

Rezende EL, Bozinovic F, Garlend TJ. 2004. Climatic adaptation and the evolution of basal and maximum rate of metabolism in rodents. Evolution, 58: 1361-1374.

Stearns S. 1992. Evolution of Life Histories. Oxford: Oxford University Press.

Stiver SJ. 1984. Himalayan snowcock-Nevadas newest upland game. Transactions of the 1984 meeting of the California Nevade section of the Wildlife Society: 55-58.

Wetherbee DK. 1961. Investigations into the history of the Common Coturnix. American Midland Naturalist, 65: 168-186.

Ирйсов ЭА, Ирисова ИНЛ. 1991. Алтайский улар. Наука: Сибирское Отдедеиие.

第14章 雪鸡食性分析

食物是指能够满足机体正常生理和能量需求并能延续生命的物质。食性是指动物的食物组成、摄食方式以及摄食量。动物的食性是其在进化过程中形成的无可塑性的生活史特性,而食物是环境为动物提供的供其选择且随环境变化的生物种类。食物是动物赖以生存的物质基础,是动物与环境最基本的联系纽带,也是动物参与生物地化循环的起点。食物影响动物的存活、繁殖、分布和生理过程。同种动物的食物可能存在季节、地理和生活史不同阶段的差异。雪鸡的食物组成及季节变化已经有较多研究,本章对此加以整理以确定雪鸡在高山生态系统中的地位及作用。

14.1 食　　物

14.1.1 食物种类

文献记录我国3种雪鸡的食物种类共160种(类)(表14-1),其中暗腹雪鸡76种,藏雪鸡56种,阿尔泰雪鸡58种,包括植物32科,昆虫2科。植物以禾本科和豆科为主,分别为38种和22种,占植物种数的38.96%。种类繁多的植物构成了雪鸡食物的基础,包括植物的芽及根、茎、叶、花、果实、种子等多种器官。

表 14-1　雪鸡食物种类组成
Table 14-1　Food composition of snowcocks

科	种名	暗腹雪鸡	藏雪鸡	阿尔泰雪鸡
石松科 Lycopodiaceae	石松属 *Lycopodium* spp.			+1
卷柏科 Selaginellaceae	卷柏属 *Selaginella* spp.			+2
柏科 Cupressaceae	昆仑多子柏 *Juniperus semiglobosa*	+1		
松科 Pinaceae	云杉 *Picea asperata*	+2		
蔷薇科 Rosaceae	准噶尔山楂 *Crataegus songarica*	+3		

续表

科	种名	暗腹雪鸡	藏雪鸡	阿尔泰雪鸡
	委陵菜 Potentilla chinensis	+4	+1	
	二裂委陵菜 Potentilla bifurca	+5	+2	
	多裂委陵菜 Potentilla multifida	+6		
	蕨麻 Potentilla anserina		+3	
	委陵菜 Potentilla spp.			
	天山花楸 Sorbus tianschanica	+7		
	野蔷薇 Rosa multiflora	+8		
	犬蔷薇 Rosa canina	+9		
	少花栒子 Cotoneaster oliganthus	+10		
	匍匐栒子 Cotoneaster adpressus	+11	+4	
	仙女木 Dryas octopetala			+3
禾本科 Gramineae	羊茅 Festuca ovina	+12	+5	
	高羊茅 Festuca elata		+6	
	矮羊茅 Festuca coelestis	+13		
	高山羊茅 Festuca arioides		+7	
	阿尔泰羊茅 Festuca altaica			+4
	列宁羊茅 Festuca lenensis			+5
	紫花针茅 Stipa purpurea		+8	
	针茅 Stipa capillata	+14		
	短花针茅 Stipa breviflora	+15		
	蒙古国针茅 Stipa mongolorum			+6
	高山早熟禾 Poa alpina	+16		+7
	草地早熟禾 Poa pratensis			+8
	西藏早熟禾 Poa tibetica			+9
	西伯利亚早熟禾 Poa sibirica			+10
	阿尔泰早熟禾 Poa altaica			+11
	渐尖早熟禾 Poa attenuata			+12
	爬地早熟禾 Poa annua		+9	
	早熟禾一种 Poa sp.	+17		
	草原早熟禾 Poa stepposa			+13
	东方旱麦草 Eremopyrum orientale			+14
	天山异燕麦 Helictotrichon tianschanicum	+18		

第 14 章 雪鸡食性分析

续表

科	种名	暗腹雪鸡	藏雪鸡	阿尔泰雪鸡
	异燕麦 *Helictotrichon schellianum*			+15
	阿尔泰异燕麦 *Helictotrichon altaicum*			+16
	藏异燕麦 *Helictotrichon tibeticum*		+10	
	三毛草 *Trisetum bifidum*			+17
	披碱草 *Elymus dahuricus*	+19		
	垂穗披碱草 *Elymus nutans*		+11	
	垂穗鹅观草 *Roegneria nutans*		+12	
	青稞 *Hordeum vulgare* var. *coeleste*		+13	
	看麦娘 *Alopecurus aequalis*		+14	
	高山茅香 *Hierochloe alpina*			+18
	假梯牧草 *Phleum phleoides*			+19
	普通剪股颖 *Agrostis canina*			+20
	溚草 *Koeleria cristata*			+21
	无芒雀麦 *Bromus inermis*			+22
	冰草 *Agropyron cristatum*			+23
	窄颖赖草 *Leymus angustus*			+24
	赖草 *Leymus secalinus*			+25
莎草科 Cyperaceae	圆穗薹草 *Carex angarae*	+20		
	细果薹草 *Carex stenocarpa*			+26
	黑鳞薹草 *Carex melanocephala*			+27
	薹草 *Carex* spp.	+21	+15	
	嵩草 *Kobresia myosuroides*	+22	+16	+28
	高山嵩草 *Kobresia pygmaea*		+17	
十字花科 Brassicaceae	高山葶苈 *Draba alpina*	+23		
石竹科 Caryophyllaceae	繁缕 *Stellaria media*	+24	+18	
	繁缕 *Stellaria* spp.	+25		
	克什米尔蝇子草 *Silene cashmeriana*			+29
	狗筋麦瓶草 *Silene vulgaris*	+26		
豆科 Leguminosae	阿克苏黄耆 *Astragalus aksuensis*	+27		
	高山黄耆 *Astragalus alpinus*	+28	+19	+30
	多枝黄耆 *Astragalus polycladus*		+20	
	黄耆 *Astragalus membranaceus*		+21	+31

续表

科	种名	暗腹雪鸡	藏雪鸡	阿尔泰雪鸡
	藏新黄耆 *Astragalus tibetanus*		+22	
	楚依黄耆 *Astragalus tshujensis*			+32
	红花岩黄耆 *Hedysarum multijugum*		+23	
	华北岩黄耆 *Hedysarum gmelinii*			+33
	锦鸡儿 *Caragana sinica*	+29		
	狭叶锦鸡儿 *Caragana stenophylla*	+30		
	鬼箭锦鸡儿 *Caragana jubata*	+31		
	小花棘豆 *Oxytropis glabra*	+32		
	少花棘豆 *Oxytropis pauciflora*			+34
	冰川棘豆 *Oxytropis glacialis*		+24	
	棘豆一种 *Oxytropis* sp.			+35
	塔什库尔干棘豆 *Oxytropis tashkurensis*			+36
	鼠尾草棘豆 *Oxytropis campanulata*			+37
	甘肃棘豆 *Oxytropis kansuensis*		+26	
	天山棘豆 *Oxytropis tianschanica*		+27	
	萨氏棘豆 *Oxytropis saposhnikovii*			+38
	阿尔泰棘豆 *Oxytropis altaica*			+39
	高山棘豆 *Oxytropis alpina*			+40
蓼科 Polygonaceae	珠芽蓼 *Polygonum viviparum*	+33	+28	+41
	圆穗蓼 *Polygonum macrophyllum*		+29	
	准噶尔蓼 *Polygonum songaricum*	+34		
	岩蓼 *Polygonum cognatum*			+42
	肾叶高山蓼 *Oxyria elatior*	+35		+43
	密序大黄 *Rheum compactum*			+44
菊科 Asteraceae	绢毛蒿 *Artemisia sericea*	+36		+45
	黄白火绒草 *Leontopodium ochroleucum*	+37		+46
	薄雪火绒草 *Leontopodium japonicum*	+38		+47
	蓟 *Cirsium japonicum*	+39		
	阿尔泰蒲公英 *Taraxacum altaicum*	+40	+30	+48
	蒲公英 *Taraxacum mongolicum*	+41	+31	
	西藏蒲公英 *Taraxacum tibetanum*	+42		
	天名精 *Carpesium abrotanoides*	+43		

续表

科	种名	暗腹雪鸡	藏雪鸡	阿尔泰雪鸡
	风毛菊一种 Saussurea sp.	+44		
	风毛菊 Saussurea japonica	+45	+32	
	青藏风毛菊 Saussurea haoi		+33	
	羽裂风毛菊 Saussurea pinnatidentata		+34	
	箭叶橐吾 Ligularia sagitta		+35	
	蒿 Artemisia spp.	+46		
报春花科 Primulaceae	点地梅 Androsace umbellata	+47	+36	
	西藏点地梅 Androsace mariae		+37	
	唐古拉点地梅 Androsace tangulashanensis		+38	
	小点地梅 Androsace gmelinii	+48		
	白花点地梅 Androsace incana			+49
	旱生点地梅 Androsace lehmanniana	+49		
	报春花 Primula spp.		+39	
景天科 Crassulaceae	四轮红景天 Rhodiola prainii	+50		
	四裂红景天 Rhodiola quadrifida	+51		
	黄花瓦松 Orostachys spinosus			+50
虎耳草科 Saxifragaceae	零余虎耳草 Saxifraga cernua	+52		
	虎耳草 Saxifraga spp.		+40	
唇形科 Labiatae	大花毛建草 Dracocephalum grandiflorum	+53		
	白花枝子花 Dracocephalum heterophyllum	+54	+41	
	荆芥 Nepeta spp.		+42	
忍冬科 Caprifoliaceae	新疆忍冬 Lonicera tatarica	+55		
远志科 Polygalaceae	新疆远志 Polygala hybrida	+56		
鸢尾科 Iridaceae	天山鸢尾 Iris loczyi	+57		
玄参科 Scrophulariaceae	秀丽马先蒿 Pedicularis venusta	+58		+51
	马先蒿 Pedicularis spp.	+59		
	藏玄参 Oreosolen wattii		+43	
小檗科 Berberidaceae	异果小檗 Berberis heteropoda	+60		
	西伯利亚小檗 Berberis sibirica			+52
百合科 Liliaceae	野葱 Allium chrysanthum	+61		+53
	葱 Allium spp.	+62		

续表

科	种名	暗腹雪鸡	藏雪鸡	阿尔泰雪鸡
	天蓝韭 Allium cyaneum	+63		
	矮韭 Allium anisopodium	+64	+44	+54
	山韭 Allium senescens			+55
	黄精 Polygonatum sibiricum		+45	
	甘肃贝母 Fritillaria przewalskii		+46	
	贝母 Fritillaria spp.		+47	
茜草科 Rubiaceae	拉拉藤 Galium aparine	+65		
杨柳科 Salicaceae	欧洲山杨 Populus tremula	+66		
真藓科 Bryaceae	真藓 Bryum argenteum	+67		
大帽藓科 Encalyptaceae	大帽藓 Encalypta spp.	+68		
	高山大帽藓 Encalypta alpina	+69		
	弯叶墙藓 Tortula reflexa	+70		
	扭口藓 Barbula unguiculata	+71		
伞形科 Umbelliferae	茴香 Foeniculum vulgare		+48	
	栓翅芹 Prangos pabularia	+72		
藜科 Chenopodiaceae	驼绒藜 Ceratoides latens	+73		
堇菜科 Violaceae	紫花地丁 Viola philippica	+74		
毛茛科 Ranunculaceae	高山唐松草 Thalictrum alpinum	+75	+49	
	毛茛 Ranunculus japonicus		+50	
	阿尔泰毛茛 Ranunculus altaicus			+56
桦木科 Betulaceae	矮桦 Betula potaninii			+57
罂粟科 Papaveraceae	灰毛罂粟 Papaver canescens			+58
网翅蝗科 Arcypteridae	华北雏蝗 Chorthippus brunneus		+51	
	狭翅雏蝗 Chorthippus dubiu		+52	
	雏褐蝗 Chorthippus brunncas		+53	
	鳞翅目（Lepidoptera）幼虫		+54	
	膜翅目（Hymenoptera）幼虫	+76	+55	
象甲科 Curculionidae	象甲科（Curculionidae）成虫		+56	

14.1.2 食物组成的种间变化

按食物种类多寡可将雪鸡划分为两个类群，这两个类群与分类学上的淡腹组和暗腹组相吻合，即前者为相对广食性，所食食物种类多而杂，后者为相对狭食性，食物种类相对少而集中。淡腹组中，Ирйсов 和 Ирисова（1991）列出阿尔泰雪鸡所食植物 55 种；Lukianov（1992）记录该种所食植物 40 多种；郑生武和皮南林（1979）列出青海尖扎县藏雪鸡所食植物 19 种、昆虫 4 目。暗腹组中，常城等（1993）检查甘肃东大山 14 只暗腹雪鸡的胃和嗉囊，鉴定到植物 10 种，其中优势种 2 种；Baziev（1978）记录高加索雪鸡食物中植物 14 种，与暗腹雪鸡相近。在暗腹雪鸡与藏雪鸡同域分布的昆仑山，前者所食植物种类较后者少（马鸣等，1991），而且与甘肃东大山的暗腹雪鸡类似，其食物的优势种类同为棘豆（*Oxyropis* spp.）和羊茅（*Festuca ovina*）。

14.1.3 食物的地理变化

雪鸡的食物种类在不同地区和不同季节均有所不同。暗腹雪鸡的食性资料主要来源于新疆天山山地（黄人鑫等，1994；阿德里等，1997）、昆仑山（马鸣等，1991）和甘肃北山山地（常城等，1993；Liu，1994；魏建辉和陈玉平，2004）；藏雪鸡的食性资料源于青海西倾山（郑生武和皮南林，1979）、新疆昆仑山（马鸣等，1991）、西藏（朴仁珠，1990）；阿尔泰雪鸡的食性资料源于俄罗斯和蒙古国阿尔泰山（Ирйсов and Ирисова，1991；Lukianov，1992）。这些雪鸡种群的分布区基本不重叠，为了表示种间食物的地理差异，以相似性系数公式 $S=2A/(B+C)$ 计算雪鸡之间食物相似性，其中，A 为两种雪鸡相同食物的种类数，B 和 C 分别是两种雪鸡各自的食物种类。暗腹雪鸡与藏雪鸡之间食物组成的相似性系数为 0.25，与阿尔泰雪鸡之间为 0.14，而藏雪鸡与阿尔泰雪鸡之间为 0.09（见表 14-1）。雪鸡不同种之间食物相似性都很低，基本可以反映雪鸡种间食物的地理差异，与当地植物区系成分差异相关联。

关于藏雪鸡不同地区的食物组成也有一些报道，如青海西倾山（郑生武和皮南林，1979）、新疆昆仑山（马鸣等，1991）和西藏羌塘（朴仁珠，1990）。统计结果表明，上述三地藏雪鸡的食物组成差异显著，昆仑山与西倾山藏雪鸡食性之间的相似性系数均仅为 0.11，而西倾山与西藏藏雪鸡食性的相似性系数更低，只有 0.06（表 14-2）。由此可见，雪鸡的食物组成无论种间还是种内都存在着明显的地理变异，食物组成主要受到当地植被分布特点影响。

表 14-2　藏雪鸡食物组成的地理变化

Table 14-2　Geographical variations in food composition of Tibetan snowcock

食物种类	青海西倾山 n=18	新疆昆仑山 n=10	西藏羌塘高原 n=21
早熟禾一种 Poa sp.	+		
早熟禾 Poa annua		+	+
垂穗披碱草 Elymus nutans	+		
藏异燕麦 Helictotrichon tibericum	+		
垂穗鹅观草 Roegneria nutans	+		
羊茅 Festuca ovina	+	+	
针茅 Stipa capillata			+
紫花针茅 Stipa purpurea	+		
青稞 Hordeum vulgcre var.coeleste			+
薹草 Carex spp.	+		+
嵩草 Kobresia spp.		+	
高山唐松草 Thalictrum alpinum		+	
矮韭 Allium anisopodium	+		
多枝黄耆 Astragalus polycladus	+		
红花岩黄耆 Hedysarum multijugum	+		
黄耆 Hedysarum spp.		+	
棘豆一种 Oxytropis sp.			+
高山棘豆 Oxytropis alpina		+	
藏玄参 Oreosolen wattii			+
紫云英 Astragalus sinicus			+
匍匐栒子 Cotoneaster adpressus	+		
二裂委陵菜 Potentilla bifurca	+		
委陵菜 Potentilla chinensis			+
蕨麻 Potentilla anserina	+		
茴香 Foeniculum vulgare	+		
甘肃黄精 Polygonatum kansuense	+		
珠芽蓼 Polygonum viviparum	+	+	
白花点地梅 Androsace incana		+	
贝母 Fritillaria spp.	+		
蒲公英 Taraxacum mongolicum	+		
毛茛 Ranunculus spp.		+	

续表

食物种类	青海西倾山 n=18	新疆昆仑山 n=10	西藏羌塘高原 n=21
箭叶橐吾 Ligularia sagitta	+		
白花枝子花 Dracocephalum heterophyllum		+	
褐色雏蝗 Chorthippus brunneus	+		
狭翅雏蝗 Chorthippus dubius	+		
鳞翅目 Lepidoptera 幼虫	+		
膜翅目 Hymenoptera 幼虫	+		
象甲科 Curculiodae 成虫	+		

14.1.4 食物的季节变化

暗腹雪鸡在甘肃北山山地食物的季节变化已有报道（Liu，1994）。雪鸡食物组成的季节变化主要体现在所采食的植物器官的季节变化。雪鸡春季取食植物的嫩芽，随后取食蓓蕾和花朵；夏、秋季节取食植物的果实，冬季则以干枯的植株、根茎为食。

黄人鑫等（1994）、阿德里等（1997）曾报道了天山暗腹雪鸡食物组成的季节变化。以 $H=-\sum p_i \ln p_i$ 计算各季节或不同地区食物种类的多样性，以 $O=1-1/2\sum|p_{ij}-p_{ik}|$ 计算各季节或地区间食物种类组成的相似性（表 14-3）。季节间食物相似性系数变化范围为 0.91～0.99，说明主要食物种类和遇见率季节间差异不大，即同一地区雪鸡持续利用的主要食物种类基本稳定。食物多样性在夏季最高（4.11），冬季次之（3.31），而春季和秋季相对较低，分别为 3.06 和 2.74。多样性指数主要反映食物的种类数和每种食物的遇见率，冬季的食物种类虽然多达 40 余种，但是遇见率很不均匀。最主要的几种食物，包括嵩草（Kobresia spp.）、圆穗薹草（Carex angarae）、马先蒿（Pedicularis spp.）、阿克苏黄耆（Astragalus aksuensis）、黑果小檗（Berberis heteropoda）和野葱，遇见率范围为 4.35%～9.57%，还有 24 种植物的遇见率仅为 0.87%。冬季可利用的食物种类匮乏，雪鸡尽可能地利用更多的食物资源，如温带高海拔分布的血雉所食用的苔藓，结果导致雪鸡冬季食物种类增加。

雪鸡是否取食动物性食物颇有争议。Baziev（1978）在剖检了很多高加索雪鸡包括雏鸟的嗉囊后并未发现任何昆虫类食物的痕迹，认为雪鸡是少有的专一植食性的鸟类，即使在育雏期也是如此；Baker（1928）则认为暗腹雪鸡夏季取食少量的动物性食物；郑生武和皮南林（1979）报道藏雪鸡夏季取食少量蝗虫和甲虫；Dementiev 和 Gladkov（1967）记录阿尔泰雪鸡采食极少量昆虫，偶然捕捉小型啮齿类；阿德里等（1997）报道暗腹雪鸡春、夏季觅食少量昆虫。其他更多的记录（包括本书作者的野外研究）也未发现雪鸡以动物性食物为食。因此，雪鸡是否取食动物性食物仍有待深入观察。雪鸡胃里的少量动物性食物均出现在晚春和夏季而并非其他季节，推测雪鸡采食昆虫并非主动行为，而是在清晨气温较低采食植物时误将叶片上活动迟缓的昆虫一并摄入。

表 14-3　天山暗腹雪鸡食物组成的季节变化（黄人鑫等，1994；阿德里等，1997）

Table 14-3　Seasonal changes of food composition of Himalayan snowcock in Tian Shan Mountains (Huang Renxin et al., 1994; Adeli et al., 1997)

食物种类	春（5～6月） n=671	夏（7～8月） n=760	秋（9～10月） n=556	冬（1～2月） n=17 115
欧洲山杨 Populus tremula				0.87
早熟禾一种 Poa sp.	8.45	8.33	5.36	4.35
高山早熟禾 Poa alpina				0.87
羊茅 Festuca ovina	7.04	6.67	5.36	4.35
矮羊茅 Festuca coeletis				0.87
披碱草 Elymus spp.	4.23	5.00		
天山异燕麦 Helictoichon tianschanicum	7.04	6.67	8.93	0.87
针茅 Stipa capillata				1.74
小花栒子 Cotoneaster oligantha	4.25	1.67	1.79	0.87
天山花楸 Sorbus tianschanica				0.87
准噶尔山楂 Crataegus songarica				0.87
多花蔷薇 Rosa multiflora	2.82	1.67	7.14	1.74
委陵菜 Potentillia spp.	5.63	3.33	8.93	3.48
黄白火绒草 Leontopodium ochroleucum	2.82	3.33		0.87
蓟马 Cirsium japonicum				2.61
蒲公英一种 Taraxacum sp.	4.23	8.33	8.93	0.87
绢毛蒿 Artemisia sericea				6.09
风毛菊一种 Saussurea sp.	5.63	5.00	5.36	
鹤虱 Lappula spp.				0.87
拉拉藤 Galium aparine				0.87
嵩草 Kobresia spp.		3.33		
薹草 Carex spp.	7.04	6.67	7.14	
圆穗薹草 Carex angarae				9.57
马先蒿 Pedicularis spp.	5.63	6.67	5.36	6.96
繁缕 Stellaria spp.				0.87

续表

食物种类	春（5～6月）n=671	夏（7～8月）n=760	秋（9～10月）n=556	冬（1～2月）n=17 115
珠芽蓼 Polygonum viviparum	2.82	5.00	8.93	1.74
准噶尔蓼 Polygonum songaricum				3.48
肾叶高山蓼 Oxyria elatior				0.87
喜山葶苈 Draba oreades				2.61
葱 Allium spp.	4.23	3.37	8.93	4.35
小点地梅 Androsace gmelinii	1.41	3.37		
旱生点地梅 Androsace lehmanniana				3.48
白花点地梅 Androsace incana				0.87
狗筋麦瓶草 Silene vulgaris				0.87
高山唐松草 Ranunculus aplinum	1.41	1.67		
白花枝子花 Dracocephalum heterophyllum	1.41	1.67	3.57	
大花毛建草 Dracocephalum grandiflorum				0.87
四叶红景天 Rhodiola gnadrifids	2.82	1.67		1.74
高山黄耆 Astragalus alpinus	4.23	3.33	3.57	
阿克苏黄耆 Astragalus aksuensis				9.57
点头虎耳草 Saxifraga cernua	1.41	1.67		0.87
新疆忍冬 Lonicera tatarica				0.87
黑果小檗 Berberis heteropoda				6.09
新疆远志 Polygala hybrida				0.87
天山鸢尾 Iris loczyi				2.61
真藓 Bryum spp.	2.82	1.67		
大帽藓 Encalypta spp.				1.74
高山大帽藓 Encalypta alpine				1.74
弯叶墙藓 Tortula reflexa				0.87
扭口藓 Barbula unguiculata				0.87
膜翅目幼虫 Hymenoptera	4.23	3.33	5.36	
雏褐蝗 Chorthippus brunncus	5.63	3.33	3.57	
其他	2.82	3.33	1.79	
H	3.06	4.11	2.74	3.31

注：H 为均值（未包括"其他"项）。

14.2　幼鸟的食物组成

雪鸡的食物组成随年龄和季节的变化而变化。刚出生 2～3 周龄的雪鸡雏鸟最主要的食物是高山地带最为丰富的豆科类植物。除此之外，雪鸡雏鸟最喜欢的食物还有花序，3～5 日龄的雏鸟选择性地将这些植物弄碎后再取食。当然，雏鸟的食物选择是在雌雪鸡引导下通过学习完成。雌雪鸡会给初生雏鸟饲喂觅食地内常见的豆科植物的蓝色花朵。雏鸟很快就学会了自己取食其他颜色如红、黄色的花朵（Baziev，1978）。根据暗腹雪鸡雏鸟嗉囊内含物的分析，其食物包括棘豆（*Oxytropis* sp.）、冰草（*Agropyron cristatum*）、碱韭（*Allium polyrrhizum*）的嫩芽和花等，并未发现任何动物性食物。

圈养条件下 3 月龄的雪鸡雏鸟偏好觅食豆科植物尤其是花朵而拒绝取食昆虫类食物。Baziev（1978）认为豆科植物富含亚硝酸矿物成分，这对雪鸡在高山地区短暂的夏季体型能够快速增大非常重要。到 8 月末时，雪鸡的当年幼鸟与成体的食性已基本相同。

根据 Ирйсов 和 Ирисова（1991）的观察，自然环境中阿尔泰雪鸡的雏鸟在发育早期还会觅食少量动物类食物。人为捕获的 7 日龄雪鸡雏鸟很快能将人工投喂的蝗虫吞下。此外还发现，雪鸡雏鸟尤其偏好煮熟粉碎的鸡蛋。这也许能说明自然条件下富含蛋白质的食物对雪鸡雏鸟的生长发育至关重要。

14.3　雪鸡对无机盐的需求

日常食物中的矿物质成分对雪鸡具有特殊的意义。观察发现，雪鸡发硬的块状粪便的主要成分是泥土、沙子，以及细小的石子和少量的植物残余。培育室里饲养的雪鸡经常性地用喙刨开草地地面吞食大量泥土。阿尔泰地区捕捉到的一只雪鸡嗉囊中的土壤成分占到了 15.6%（Ирйсов and Ирисова，1991）。需要指出的是，一年四季泥土对所有年龄段的雪鸡都是必需的。

为了解阿尔泰雪鸡所吞食泥土中含有的主要矿物质成分，Ирйсов 和 Ирисова（1991）分析了雪鸡自然生活区中的土壤成分（表 14-4）。由于大部分离子的存在状态各不相同，数据的比较并不能说明雪鸡对矿物质的喜好程度，但是不能排除这种喜好程度影响其对食物其他成分的选择。很显然，雪鸡通过这种方式弥补了高山地区水中矿物质含量不足的缺点。与其他食草动物类似，雪鸡啄食的泥土含有的石子对于植物纤维的初步消化起到了一定的机械研磨作用。此外，雪鸡啄食泥土的作用可能还与胃肠道酸碱度的调节有关（详见下文）。

表 14-4　阿尔泰雪鸡啄食的泥土中有生物价值的离子含量（Ирйсов and Ирисова，1991）
Table 14-4　Ion contents with biological function in soil samples swallowed by Altai snowcock (Ирйсов and Ирисова, 1991)

样品	干重含量 / (cmol/kg)							土壤溶液 pH
	HCO_3^-	Cl^-	SO_4^{2-}	Ca^{2+}	Mg^{2+}	Na^+	K^+	
1	0.52	0.08	0.09	0.286	0.041	0.075	0.047	7.82
2	0.14	0.33	0.24	0.078	0.046	0.315	0.047	6.61
3	0.62	0.11	0.18	0.426	0.054	0.107	0.060	8.04
4	0.41	0.02	0.12	0.217	0.050	0.070	0.051	7.58
5	0.29	0.03	0.22	0.113	0.050	0.115	0.060	7.45
6	0.32	0.07	0.49	0.150	0.195	0.120	0.058	7.70
7	0.29	0.20	0.06	0.225	0.067	0.190	0.059	7.43
x	0.37	0.12	0.20	0.194	0.072	0.142	0.055	7.52
C.V. /%	43.4	91.8	72.0	65.8	76.8	60.5	11.0	7.0

注：x 为均值；C.V. 为变异系数。

14.4　食物的营养成分和微量元素

14.4.1　营养成分

暗腹雪鸡食物样本中共检测出 18 种氨基酸，其中含量最高的是丙氨酸，为 2.467mg/100g；其次是谷氨酸、天冬氨酸和亮氨酸，为 2.050～1.292mg/100g。甘氨酸和胱氨酸含量最少（表 14-5）。此外，粗脂肪、蛋白质、总糖和水分的含量分别为 2.93%、16.04%、1.28% 和 8.96%，由此可见，雪鸡喜食蛋白质含量高的食物（表 14-6）。

表 14-5　暗腹雪鸡食物的氨基酸含量 (黄人鑫等，1994)
Table 14-5　Amino acid content in the food of Himalayan snowcock (Huang Renxin et al., 1994)

氨基酸	含量 / (mg/100g)	氨基酸	含量 / (mg/100g)
色氨酸	0.046	异亮氨酸	0.784
脯氨酸	0.123	缬氨酸	0.808
组氨酸	0.265	赖氨酸	0.835
甲硫氨酸	0.354	亮氨酸	1.292
酪氨酸	0.442	天冬氨酸	1.454
苯丙氨酸	0.582	谷氨酸	2.050

续表

氨基酸	含量 / (mg/100g)	氨基酸	含量 / (mg/100g)
精氨酸	0.591	甘氨酸	
苏氨酸	0.640	丙氨酸	2.467
丝氨酸	0.741	胱氨酸	

14.4.2 微量元素

暗腹雪鸡食物中富含锰（Mn）、镍（Ni）、锌（Zn）、铬（Cr）、铜（Cu）等多种微量元素，其中锰、镍和锌含量高（表14-6）。

表 14-6 暗腹雪鸡食物微量元素及营养成分（黄人鑫等，1994）

Table 14-6 Trace elements and nutrients in the food of Himalayan snowcock (Huang Renxin et al., 1994)

微量元素							粗脂肪 /%	蛋白质 /%	总糖 /%	水分 /%
Cu / (mg/kg)	Fe /%	Zn / (mg/kg)	Mn / (mg/kg)	Cr / (mg/kg)	Ni / (mg/kg)	Pb / (mg/kg)				
9.63	0.423	47.1	112	35.0	99.2	6.95	2.93	16.04	1.28	8.96

暗腹雪鸡的食性及其对营养的需求说明它们如同高山有蹄类一样是高山生态系统的关键物种（或类群），食草动物是食物链的起点，它们能将初级生产者固定的能量和各类微量元素引入生态系统的食物链（网），形成生态系统的物质流和能量流，生态系统的地化循环从此开始。所以，保护雪鸡对于维持中亚地区干旱高山生态系统的稳定至关重要。

雪鸡啄食泥土样本水溶液的酸碱度（pH）均呈微碱性（表14-4）。雪鸡以植物为食，尤其在晚秋、冬季和初春啄食大量植物干枯的茎、叶、根。这些食物中含有大量的植物纤维，而植物纤维的消化主要依赖微生物对植物纤维的附着作用和酶类的水解作用，微生物附着最佳pH为5~8。当pH低于5时，植物纤维主要的分解菌 *Ruminococcus albus* 对纤维物质的附着度显著降低，严重影响植物纤维的消化程度（施振书，2004）。雉类胃液的pH通常为2~3.5，显然不利于植物纤维的消化，推测雪鸡通过啄食大量的泥土以调整消化系统的酸碱度。

依照黄人鑫等（1994）对雪鸡冬季食物微量元素的分析结果，暗腹雪鸡食物中蛋白质的含量高达16.04%。试验研究表明，植物蛋白在肌胃内首先由胃蛋白酶进行初步消化，然后在肠道内由其他蛋白酶进行进一步消化，而肠道蛋白酶在pH为6~7的环境中活性更大（斯托凯，1982），这也许是雪鸡为何啄食大量泥土的真正原因之一。

14.5 雪鸡食物中的药用植物种类

正如《藏药志》《中华本草藏药卷》等药典记载，雪鸡具有诸多药理作用（详见第1章）。这应该与雪鸡的食性密切相关，在目前所鉴定的食物种类中共整理检索出67种药用植物（表14-7），占总数的41.6%。例如，已从点地梅属（*Androsace*）植物中分离出30多种化合物，其中以黄酮和三萜皂苷类为主。动物体内、外实验表明，粗提的三萜皂苷类具有广泛的药理作用，在抗肿瘤、抗早孕和抗病毒方面有一定效果。

表 14-7 雪鸡食物中的药用植物及其功效

Table 14-7 Medicinal plants and their pharmacological effects in the food of snowcocks

种类	功效
石松属 *Lycopodium* spp.	祛风除湿，通经活络，消肿止痛
卷柏属 *Selaginella* spp.	消炎止血
昆仑多子柏 *Juniperus semiglobosa*	祛风散寒，活血消肿，解毒利尿
云杉 *Picea asperata*	化痰止咳
准噶尔山楂 *Crataegus songarica*	消食化积，行气散瘀
委陵菜 *Potentilla chinensis*	清热解毒，凉血止痢
二裂委陵菜 *Potentilla bifurca*	止血止痢
多裂委陵菜 *Potentilla multifida*	止血，利湿，杀虫
蕨麻 *Potentilla anserina*	补气血，健脾胃，生津止渴
天山花楸 *Sorbus tianschanica*	清肺止咳，补脾生津
野蔷薇 *Rosa multiflora*	花芳香理气；果利尿通经
犬蔷薇 *Rosa canina*	治热毒风，痈疽恶疮
早熟禾 *Poa annua*	降血糖
看麦娘 *Alopecurus aequalis*	利湿消肿，解毒
青稞 *Hordeum vulgare* var. *coeleste*	补中益气
赖草 *Leymus secalinus*	清热利湿，止血
冰草 *Agropyron cristatum*	清热利湿，平喘，止血
高山葶苈 *Draba alpina*	破坚逐邪，泻肺行水，祛痰平喘
繁缕 *Stellaria media*	清热解毒，凉血消痈，活血止痛

续表

种类	功效
狗筋麦瓶草 Silene vulgaris	清热利湿，解毒消肿
阿克苏黄耆 Astragalus aksuensis	补气固表；托疮生肌；强心利尿
多枝黄耆 Astragalus polycladus	用于治热病，水肿，烦闷，疮热；外用消炎
黄耆 Astragalus membranaceus	补气固表，利尿托毒，排脓，敛疮生肌
红花岩黄耆 Hedysarum multijugum	补气固表；利尿；托毒排脓；生肌敛疮
锦鸡儿 Caragana sinica	根滋补强壮、活血调经、祛风利湿；花祛风活血、止咳化痰
鬼箭锦鸡儿 Caragana jubata	清热解毒，降血压
小花棘豆 Oxytropis glabra	有毒。麻醉，镇静，止痛
冰川棘豆 Oxytropis glacialis	有毒
甘肃棘豆 Oxytropis kansuensis	止血；利尿；解毒疗疮
珠芽蓼 Polygonum viviparum	清热解毒，止血散瘀
肾叶高山蓼 Oxyria elatior	清热利湿
薄雪火绒草 Leontopodium japonicum	清热凉血，消炎利尿；止咳
黄白火绒草 Leontopodium ochroleucum	清热凉血
蓟 Cirsium japonicum	散瘀消肿，凉血止血
蒲公英 Taraxacum mongolicum	清热利尿，缓泻，退黄疸，平肝利胆，消肿拔毒
天名精 Carpesium abrotanoides	清热解毒；化痰；杀虫；破瘀；止血
风毛菊 Saussurea japonica	祛风活络，散瘀止痛；清热解毒，解表透诊
箭叶橐吾 Ligularia sagitta	幼叶催吐；花序清热利湿、利胆退黄；根润肺化痰、止咳
点地梅 Androsace umbellata	清热解毒；消肿止痛
西藏点地梅 Androsace mariae	清热解毒，消炎止痛
报春花 Primula spp.	清热燥湿，泻肝胆火，止血
四裂红景天 Rhodiola quadrifida	健脾益气，清肺止咳，活血化瘀
黄花瓦松 Orostachys spinosus	活血止痛，利湿消肿，敛疮
虎耳草 Saxifraga spp.	清热解毒、祛风凉血
大花毛建草 Dracocephalum grandiflorum	解热消炎
白花枝子花 Dracocephalum heterophyllum	止咳，清肝火，散郁结

续表

种类	功效
荆芥 Nepeta spp.	息风止痉；消肿止痛
新疆远志 Polygala hybrida	祛痰；宁心；解毒消痈
马先蒿 Pedicularis spp.	祛风，胜湿，利水
异果小檗 Berberis heteropoda	肺结核
西伯利亚小檗 Berberis sibirica	清热燥湿，泻火解毒
葱 Allium spp.	发汗，散寒，消肿
天蓝韭 Allium cyaneum	散风寒；通阳气
山韭 Allium senescens	健脾开胃，补肾缩尿
黄精 Polygonatum sibiricum	补脾润肺，生津止渴
甘肃贝母 Fritillaria przewalskii	润肺，止咳，化痰
拉拉藤 Galium aparine	清热解毒，利尿消肿
真藓 Bryum argenteum	清热解毒；止血
茴香 Foeniculum vulgare	温肾暖肝；行气止痛；和胃
驼绒藜 Ceratoides latens	清肺化痰；止咳。花序入药
紫花地丁 Viola philippica	清热解毒，凉血消肿，清热利湿
高山唐松草 Thalictrum alpinum	清热泻火；解毒
毛茛 Ranunculus japonicus	利湿，消肿，止痛，退翳，截疟，杀虫
阿尔泰毛茛 Ranunculus altaicus	清热解毒，消肿止痛
灰毛罂粟 Papaver canescens	健脾开胃；清热利水

参 考 文 献

阿德里, 马鸣, 海肉拉, 等. 1997. 天山博格达南部雪鸡的生态习性. 干旱区研究, 14(1): 84-87.
常城, 刘迺发, 王香亭. 1993. 暗腹雪鸡的繁殖及食物. 动物学报, 39(1): 107-108.
黄人鑫, 邵红光, 米尔曼, 等. 1994. 高山雪鸡(Tetraogallus himalayensis G. A. Gray)冬季食性的研究. 新疆大学学报, 11(2): 80-83.
黄人鑫, 邵红光, 米尔曼. 1991. 阿尔泰雪鸡生态的初步观察. 四川动物, 10(3): 36.
马鸣, 周永恒, 马力. 1991. 新疆雪鸡的分布及生态观察. 野生动物, 4: 15-16.
朴仁珠. 1990. 藏雪鸡在西藏的数量分布. 动物学报, 36(4): 433-435.
施振书. 2004. 反刍动物对纤维素消化的机制. 动物科学与动物医学, 21(3): 46-48.
斯托凯. 1982. 禽类生理学. 北京: 科学出版社.

魏建辉, 陈玉平. 2004. 腹雪鸡的生态习性初探. 甘肃林业科技, 29(4): 1-4.

郑生武, 皮南林. 1979. 藏雪鸡的生态初步观察. 动物学杂志, 1: 24-29.

Baker ECS. 1928. Fauna of British, India, including Ceylon and Burma. Vol.5. London: Taylor and Francis: 1-469.

Baziev DK. 1978. The Snowcocks of Caucasus: Ecology, Morphology, Evolution. Leningrad: Nauka.

Dementiev GT, Gladkov NA. 1967. Birds of the Soviet Union. Vol.4. Jerusalen: Irael Program for Scientific Translations: 198-221.

Liu NF. 1994. Breeding behavior of Koslov's snowcock (*Tetraogallus himalayensis koslowi*) in Northwestern Gansu, China. Gibier Faune Sauvage, 11: 167-177.

Lukianov Y. 1992. Ecology of the Altai snowcock (*Tetraogallus altaicus*) in the Altai Mountains. Gibier Faune Sauvage, 9: 633-640.

Ирйсов ЭА, Ирисова ИНЛ.1991. Алтайский улар. Наука: Сибирское Отдедеиие.

第 15 章　雪鸡繁殖生物学

繁殖是动物生活史中最重要的环节之一，繁殖力与繁殖成效决定着物种的命运（郑光美，2012）。生物的繁殖成功与否能体现其对环境适应的状况。因此，繁殖生物学研究一直是动物研究和保护最引人关注的领域。繁殖生物学信息的收集是许多鸟类种群生态学研究的重要组成部分，对于制定和采取濒危物种有效保护措施必不可少。

鸟类繁殖经历筑巢、求偶、交配、产卵、孵化、育雏，直至幼鸟能独立生活为止。鸟类繁殖过程中的每一个环节都受到各种环境因子，如食物种类和丰富程度、天气状况、天敌种类和数量等外部因素，以及繁殖能力和种内竞争等内部因素的影响。因此，繁殖过程中的每个环节以及影响繁殖力和繁殖成效的所有因素都是鸟类繁殖生物学需要研究的内容。

雪鸡属鸟类是世界分布海拔最高的鸡形目鸟类，其繁殖特征的形成是高山环境长期选择的结果。在中国境内分布的雪鸡属 3 种雪鸡中，藏雪鸡生活于海拔最高地带，繁殖资料不多；阿尔泰雪鸡生活在高纬度的高山地区，环境恶劣，人迹罕至，其繁殖研究最少；暗腹雪鸡分布海拔较低，纬度适中，其繁殖资料较另外两种略多。

15.1　性成熟和婚配制度

我国的 3 种雪鸡性成熟的年龄基本一致。拉萨雄色寺藏雪鸡当年孵出的部分雌性个体翌年春季即可达到性成熟并参加繁殖，大约 9～10 月龄。饲养条件下暗腹雪鸡和阿尔泰雪鸡的雌、雄个体 9～10 月龄均能达到性成熟（Ирйсов and Ирисова，1991；李世霞和魏建辉，2001）。

依据藏雪鸡野外标记记录，2004 年和 2005 年在拉萨市曲水县雄色寺共记录 27 个繁殖配对，均为一雄一雌的社会性单配制。藏雪鸡的配偶关系比较稳定，在 2004 年标记跟踪的 14 个配对中，2 对丧偶后成为单亲，2 对在研究地区消失，仅有 1 对解体，其余 9 对至 2005 年仍保持原配偶关系。因此，藏雪鸡是典型的社会性单配制鸟类（史红全，2007）。文献记录显示，暗腹雪鸡（Liu，1994）和阿尔泰雪鸡（Ирйсов and Ирисова，1991；黄人鑫等，1992）也是社会性单配制鸟类。

雪鸡配偶整个繁殖期始终相伴，雄鸟活动于较高地点，雌鸟相对隐蔽。如果发现敌害或其他威胁，雄鸟首先发出报警鸣叫，雌雄鸟随之逃离。产卵期、孵化期藏雪鸡的恋巢性很强，不会轻易弃巢逃逸，研究者可以近距离观察其活动。产卵期后的丧偶个体当年不再配对，即使附近存在无配偶的异性个体。这些丧偶雪鸡有时也加入到当年非繁殖群体中。

配对期间占区的暗腹雪鸡雄鸟单独居于高处，不时发出"shi-er，shi-er……"类似口哨声的响亮鸣声。配对期间雄性个体之间常发生激烈的配偶争夺战，双方颈部前伸，羽毛蓬松，两翅下垂，频繁发出"gegege……"的剧烈鸣叫。雌鸟在一旁观望，失败者离开，获胜者与雌鸟配对（Liu，1994）。

繁殖期间雪鸡雌、雄个体均具有攻击性，雌鸟间也发生争斗行为。一旦其他雌鸟接近已配对的雄鸟，领域内的雌鸟即刻发起攻击直到入侵者被驱离（Lukianov，1992；Liu，1994；史红全，2007）。野外观察发现，产卵期间暗腹雪鸡（Liu，1994）、藏雪鸡（史红全，2007）和阿尔泰雪鸡（Lukianov，1992）的雌、雄个体均存在领域防御行为。繁殖领域内的雄性和雌性个体对闯入的异性未配对个体并无明显的排斥反应，但同性个体之间会发生激烈的争斗。婚外交配是鸟类普遍存在的现象，雪鸡的这种领域防御行为是否也意味着婚外交配的存在尚需进一步研究。

15.2 繁 殖 期

2月中旬，甘肃东大山暗腹雪鸡的越冬群体逐渐分散为小群，雄鸟占区求偶，3月下旬至4月中旬配对形成，5月中旬开始产卵孵化，至7月初繁殖结束，历时90余天（Liu，1994）。期间山区气候仍相当严酷，东大山自然保护区海拔3100m处4～6月的平均气温5.8℃，4月中旬最低气温–7.5℃，6月平均气温仅为10℃，最低气温–0.5℃。山地降雪频繁，6～7月初海拔3200m以上山地，雪仍然是降水的重要形式。魏建辉和陈玉平（2004）报道东大山暗腹雪鸡在阳坡集群越冬，翌年4月开始分群、配对，至7月底繁殖结束，历时100余天。4月初，天山山地的暗腹雪鸡逐渐离开高山裸岩地区向海拔2500～3300m的草原化草甸地带迁移，大群逐渐分散成6～8只的小群。4月中旬约有60%的成年雌、雄雪鸡开始交配，4月底开始产卵，5～6月达到产卵高峰，8月初繁殖基本结束，历时100余天（阿德力·麦地等，1999）。

依据郑生武和皮南林（1979）报道，5月下旬至6月上旬，青海尖扎县的藏雪鸡逐渐离开高山裸岩地区向草原草甸地带迁移。迁移过程中20～30只的大群逐渐分散成 6～10 只的小群。6 月上旬，藏雪鸡以小群迁移至能科乡青穆错沟和拉萨沟及其附近一带，此时恰逢植物的生长初期（鲜嫩多汁）。3～5 天后雌、雄个体开始成对活动并进入发情交配期。在拉达克地区，藏雪鸡繁殖期为 5 月底至 7 月初（Baker，1928）。根据初生雏鸟的出现日期推断，西藏拉萨市曲水县雄色寺的藏雪鸡种群（海拔 4600～5000m）大约在 4 月中旬进入繁殖期（史红全，2007）。

阿尔泰雪鸡配对季节在 3 月，但这依赖于栖息环境的气候状况和繁殖个体的年龄（大龄个体较早地进入繁殖期）。配对求偶期雄性之间争斗激烈，用喙和腿互相攻击，并且常在空中追逐，受伤落单个体常见（Lukianov，1992）。阿尔泰雪鸡 4 月交配（Dementiev and Gladkov，1967），统计巢的分布：4 月上旬 5 巢，中旬 3 巢，下旬 10 巢；5 月上旬 4 巢，中旬 9 巢，下旬 2 巢；6 月上旬 1 巢（Ирйсов and Ирисова，1991）。统计结果表明，阿尔泰雪鸡的产卵期持续 60～70 天。雏鸟孵出时间最早在 5 月上旬，5 月下旬至 6 月上旬达到孵化高峰，最迟在 6 月 9～10 日。在阿尔泰塔尔哈塔（Тархата）和扎杂托尔（Джазатор）中部地区发现的几窝雏鸟，6 月末稚后换羽已经完成。在阿尔泰北部的伊尔比斯都，阿尔泰雪鸡的繁殖期要比其他地区推迟 20 天（Ирйсов and Ирисова，1991）。

15.3 巢 和 卵

15.3.1 巢

暗腹雪鸡营巢于山地草原裸岩带的阴坡或半阴坡，坡面险陡，不易接近。暗腹雪鸡巢（图 15-1）为天然凹坑或雪鸡以脚挖成的浅坑，铺以少许枯枝草叶、少量羊毛或自身覆羽，呈浅碗或浅盘状，巢口径 21～35cm，巢深 4～12cm，周围常有锦鸡儿、金露梅、冰川茶藨子等灌丛和高草丛掩蔽，相当隐蔽（Johnsgard，1988；刘迺发和王香亭，1990；黄人鑫等，1990；常城等，1993；Liu，1994；阿德里等，1997；魏建辉和陈玉平，2004；闫永峰，2006）。

藏雪鸡的巢（图 15-2）常置于裸岩裂缝的草丛里、灌丛根部底下洞穴中、陡峭山峰较大的石洞中等，巢周围常有灌丛或草丛遮掩，相当隐蔽。巢的结构很简陋，只是产卵前用喙和脚在地面刨出的浅坑或利用天然凹坑，呈盆状，内铺干草、苔藓、牛毛、羊毛和自身覆羽，巢口径 25～47cm，巢深 6～12cm（郑生武和皮南林，1979；朴仁珠，1991；俞世福等，1993；史红全，2007）。

图 15-1　甘肃东大山暗腹雪鸡的巢和卵壳（闫永峰 摄）
Figure 15-1　Nest and eggshells of Himalayan snowcock in Dongda Mountains, Gansu (Photoed by Yan Yongfeng)

图 15-2　拉萨雄色寺藏雪鸡的巢和卵（史红全 摄）
Figure 15-2　Nest and eggs of Tibetan snowcock in Xiongse Temple, Lhasa (Photoed by Shi Hongquan)

阿尔泰雪鸡由雌鸟营巢，巢通常建在倾斜的大块岩石突出部位之下，或在裸露岩石的凹陷处，或在碎石坡的凹陷处以及碎石堆的空隙处（Lukianov，1992）。简陋的凹坑垫以少量植物和羽毛，大小 25～27cm×35～40cm，深度 6～8cm（图 15-3）。Ирйсов 和 Ирисова（1991）发现的 10 巢中，2 巢铺有谷物茎秆，2 巢中垫以少许植物性巢材，1 巢里垫有枯草，还有 5 巢中完全无内垫物，鸟卵直接产于碎石地面（Ирйсов and Ирисова，1991）。

图 15-3　阿尔泰雪鸡的巢与卵（Ирйсов 和 Ирисова 摄）
Figure 15-3　Nest and eggs of Altai snowcock (Photoed by Ирйсов and Ирисова)

雪鸡属鸟类巢的位置、形状和内垫物等几乎相同，隐蔽性随环境变化略有差异，但在一定程度上都能保护卵和孵卵雪鸡免受恶劣天气影响及捕食者的伤害。

15.3.2　产卵和卵

1. 产卵

暗腹雪鸡 4 月底、5 月初开始产卵，持续时间大约一个半月（刘迺发和王香亭，1990）。甘肃东大山自然保护区、阿尔金山暗腹雪鸡的窝卵数为 3～12 枚（Liu，1994）。Gavrin 等（1962）记录哈萨克斯坦暗腹雪鸡的窝卵数为 9～16 枚。郑作新（1978）报道暗腹雪鸡的窝卵数为 8～16 枚卵。天山暗腹雪鸡的窝卵数为 8～10 枚（Ma，1992）。

藏雪鸡在青海尖扎县 6 月中旬开始产卵（郑生武和皮南林，1979），而在西藏 5 月中旬已经产卵（朴仁珠，1991），在西藏拉萨最早 4 月 20 日左右开始产卵（史红全，2007）。在克什米尔的拉达克藏雪鸡窝卵数通常 6～7 枚（Baker，1928）。Dementiev 和 Gladkov（1967）报道帕米尔高原藏雪鸡产卵 4～7 枚。青海尖扎县藏雪鸡每窝产卵 6～7 枚（郑生武和皮南林，1979）。朴仁珠（1991）报道西藏堆龙德庆县的藏雪鸡 2 巢内分别有 4 枚和 5 枚卵；青海同仁县 6～7 枚（俞世福等，1994；马森，1997）；西藏拉萨 2 巢，分别产卵 5 枚和 6 枚（史红全，2007）。雌鸡产满巢卵需 5～10 天，每产 1 枚卵需 1～2 天，直到产下最后一个卵，雌鸡才开始孵卵（郑生武和皮南林，1979；史红全，2007）。

阿尔泰雪鸡4月上旬开始产卵，持续大约2个月（Ирйсов and Ирисова，1991）。Lukianov（1992）报道5个巢的平均窝卵数为8.2±4.1（4～15）枚；新疆北塔山1巢14枚卵（黄人鑫和刘迺发，1991）；Ирйсов和Ирисова（1991）报道阿尔泰地区阿尔泰雪鸡的窝卵数为4枚、8枚、9枚和9枚。

2. 卵

天山暗腹雪鸡卵淡棕沾绿、红棕色或深栗色，褐色点斑或块斑均匀分布于卵壳表面，锐端稍多。卵壳内表面淡蓝绿色（Ma，1992）。西祁连山暗腹雪鸡的卵淡赭石色沾绿，密布棕褐色或褐色点斑或块斑，锐端小而多，钝端大而少，卵壳内淡绿色（Liu，1994）。Dementiev和Gladkov（1967）记录俄罗斯境内9枚暗腹雪鸡卵的平均大小为68.5（68.0～69）mm×45.6（43.5～47.0）mm；Baker（1928）记录喜马拉雅山地区68枚暗腹雪鸡卵的平均大小为65.4（62.0～72.8）mm×45.4（43.1～48.2）mm；魏建辉和陈玉平（2004）测了2巢13枚暗腹雪鸡新鲜卵，均重79.7g，平均大小68.2（66.0～77.0）mm×47.5（46.0～49.0）mm；其中第1巢平均卵重81.5（76.7～85.6）g，长径68.6（67.0～71.0）mm，短径48.9（47.0～49.0）mm；第2巢平均卵重77.7（72.7～81.3）g，长径67.5（66.0～69.0）mm、短径47.0（46.0～48.0）mm。东大山自然保护区1巢6枚卵平均重84.2（73.0～89）g，平均大小70.0（67.5～72.5）mm×49.4（47.0～56.0）mm；另1巢4枚平均卵重72.7（71.0～74.0）g，平均大小63.0（62.2～63.6）mm×45.5（45.1～46.0）mm。暗腹雪鸡的卵无论卵重还是大小均存在差异，这可能与雌鸟年龄、健康状况、食物丰富度和分布区的纬度（温度、湿度、光照不同）有关。

藏雪鸡卵呈椭圆形，卵壳光滑呈淡灰蓝色或浅橄榄褐色且杂以肉桂色斑点，钝端斑点小而稀疏，甚至个别卵的斑点集中于卵壳中部和锐端（见图15-2）。卵大小为60.3（61.8～58.3）mm×42.7（41.3～43.8）mm，卵重56.4（54～60）g（$n=13$）（郑生武和皮南林，1979）。西藏拉萨雪鸡卵呈卵圆形，橄榄褐色或灰褐色并缀以土褐色或肉桂红色斑点，锐端多，钝端少。卵重52.3g，大小57.4mm×48.9mm（史红全，2008）。青海同仁县直岗拉尖峰地区，卵呈卵圆形，平均鲜卵重62.8（$n=6$）g，长径62.9（58.0～64.0）mm，短径43.4（41.0～45.0）mm（俞世福等，1994）。在克什米尔的拉达克，卵的大小58.4～68.6mm×41.1～46.9mm，平均63.8～44.1mm（Baker，1928）。

阿尔泰雪鸡卵的重量57～81g（$n=41$），卵的大小67～70mm×43～47mm（Lukianov，1992）。阿尔泰山记录14枚卵，大小为65.6～73.5mm×44.0～48.5mm，平均值70.0mm×47.13mm（黄人鑫和刘迺发，1991）。卵的大小与繁殖雌鸟的年龄有关，首次繁殖的雌鸟产较小的卵（Ирйсов and Ирисова，1991）。

15.4 孵化、孵化期和孵化率

15.4.1 孵化

雪鸡属鸟类孵卵由雌鸟承担，同步孵化（郑生武和皮南林，1979；Johngard，1988；刘迺发和王香亭，1990；Madge et al.，2002；闫永峰，2006；史红全，2007）。藏雪鸡雌鸟孵卵期间雄鸡在附近活动、觅食，很少鸣叫，常习惯站立在几处制高点，静立观望警戒（图15-4）。如遇威胁便向远离巢的方向奔跑，有时发出鸣声，似乎在吸引捕食者或入侵者的注意力（郑生武和皮南林，1979；史红全，2007）。暗腹雪鸡雌鸟孵卵期间，雄鸟在巢附近警戒（Baker，1930；黄人鑫和刘迺发，1991；Liu，1994；闫永峰，2006）。阿尔泰雪鸡雌鸟孵卵时未见雄鸟守护，附近的雄鸟集成小群或加入非繁殖群体活动（Lukianov，1992；Madge et al.，2002）。

图 15-4　拉萨雄色寺为孵卵雌鸟警戒的藏雪鸡雄鸟（左腿黄色塑料环志）（史红全 摄）
Figure 15-4　A male Tibetan snowcock on guard for hatching female with yellow plastic ring on its left leg in Xiongse Temple, Lhasa (Photoed by Shi Hongquan)

雪鸡雌鸟恋巢性较强，孵卵过程中不受严重干扰绝不离巢。雪鸡背部的颜色巧妙地融入周围环境，减小了雪鸡孵卵期由于恋巢而被发现的可能性。即便迫不得已离巢，在威胁消除后不久，雌鸟也即刻返回（郑生武和皮南林，1979）。极端的例子是直到人为分批捡走巢中所有的 7 卵，雌性雪鸡仍然在卧巢 1 天后才弃巢（郑生武和皮南林，1979）；史红全（2007）在拉萨雄色寺对藏雪鸡恋巢行为的观察结果与之类似；黄人鑫等（1992）报道阿尔泰雪鸡坐巢的雌鸟也有很强的护巢和恋巢行为，甚至向迫近的观察者发起攻击。

孵卵期间，暗腹雪鸡雌鸟每天离巢1次，时间在11:00～14:00，离巢持续时间约1h（Liu，1994）。依据观察，藏雪鸡的孵卵雌鸡白昼仅取食一次，一般在上午9:00～10:00之间取食20～30min。此时雪鸡巢暴露在强烈的阳光之下，不至于使巢中温度太低（史红全，2007）。

15.4.2 孵化期

孵化期的长短可反映鸟类胚胎发育的速率和状况。种内不同地理种群间或近缘种间孵化期通常相同或相近，但受不同的环境影响，孵化期也有较大变异。因此，种内和种间的孵化期的差异不仅可以反映鸟类生活环境的作用，也可以反映进化因素的影响。

暗腹雪鸡在孵化温度37.2～37.6℃、湿度50%～65%的人工条件下孵化期为27天（李世霞和魏建辉，2001）。相同条件下藏雪鸡的孵化期也是27天（俞世富等，1994）。扎西次仁等（2004）的孵化实验显示藏雪鸡的孵化期为29天。青海尖扎海拔3400m的自然环境，藏雪鸡孵化期27天（郑生武和皮南林，1979）。在西藏拉萨海拔4800m的自然环境下，藏雪鸡的孵化期为28天（史红全，2007）。阿尔泰雪鸡孵化期28天（Ирйсов and Ирисова，1991；Madge et al.，2002）。高加索雪鸡和里海雪鸡孵化期均为28天（Johnsgard，1988）。上述数据表明，孵化期是雪鸡属鸟类比较稳定的生活史特征。

鸟类孵化期的长短首先与鸟卵的大小相关联。鸡形目鸟类的孵化期符合下述经验公式：$I=12.03EW^{0.217}$，式中，I 为孵化期（天），EW 为卵重（g）（Rahn and Ar，1974）。暗腹雪鸡卵的平均大小为68.2mm×47.5mm（$n=13$），平均重量67.9g；藏雪鸡卵的平均大小为62.9mm×43.4mm（$n=13$），平均重量62.8g；阿尔泰雪鸡卵的平均大小为70.3mm×46.0mm（$n=41$），平均重量74.6g。根据卵的大小和重量判断，藏雪鸡应该具有较短的孵化期，但实际并非如此，这可能与高海拔适应有关。

15.4.3 孵化率

野外观察到暗腹雪鸡卵2窝，窝卵数分别为8枚和12枚，共孵出14枚，平均孵化率70%，第一窝的孵化率为75%，第二窝的孵化率为66.7%（刘迺发和王香亭，1990）。人工孵化38枚暗腹雪鸡受精卵，孵出28只雏鸟，孵化率73.68%（李世霞和魏建辉，2001）。影响孵化率的主要原因之一是暗腹雪鸡卵壳太厚，雏鸟常死于出壳阶段。

青海尖扎县1巢6枚藏雪鸡卵的孵化率为66.7%（郑生武和皮南林，1979）。

拉萨雄色山谷的 2 巢 11 枚藏雪鸡卵孵化率为 90.9%（史红全，2007）。人工饲养藏雪鸡 47 枚卵孵出 41 只雏鸟，孵化率为 87.2%（扎西次仁等，2004）。

阿尔泰雪鸡孵化资料缺乏。

15.5 雏　　鸟

暗腹雪鸡初生雏鸟平均体重 50.2g，占平均卵重的 63.3%。出壳后羽毛晾干即可站立行走。雏鸟嘴角质黑，卵齿银灰色；额白色，鼻孔后缘具一黑斑，头顶灰白色，具一黑栗色斑块，后头部具黑色或栗褐色虫蠹状细纹，枕下有两行黑斑；眼周白，眼后裸出部分乳灰黄色；黑色贯眼纹伸达颈部，耳羽白色；上体沙棕色，绒羽端黑；颏、喉、前颈白色，胸部灰白色，腹污白色；腿部覆羽污白端稍黑；跗蹠前缘 1/2 被羽，裸出部分及趾肉黄色，爪黄；虹膜沙黄色（黄人鑫和刘迺发，1991）。

青海尖扎县 1 巢 4 只藏雪鸡初生雏鸟平均体重为 46g（45～47g），体长 11.12mm（11.0～11.5mm）。刚孵出的雏鸡腹部突出似球，卵黄痕迹明显。全身被沙黄褐色绒羽，嘴端具白色卵齿（图 15-5）。雌鸡护雏行为与其他雉类相似，雏鸡能独立觅食但不离开雌鸡，秋季形成 20～30 只的大群，在成鸟带领下逐渐离开繁殖地区迁往高山裸岩地带（郑生武和皮南林，1979）。

图 15-5　藏雪鸡尚具卵齿的初生雏鸟（史红全 摄）

Figure 15-5　Newly hatched chicks with egg tooth of Tibetan snowcock (Photoed by Shi Hongquan)

藏雪鸡雏鸟刚出壳重 45.3g（n=10），初生雏鸟晾干后即可随亲鸟外出觅食。根据人工饲养资料，刚出壳的雏鸟卵黄 14ml，6 日龄卵黄囊仅有 2ml，平均日转化率为 14.3%，人工饲养 9 只雏鸟共计 13 天，其体重和外部器官生长状况见表 15-1（俞世福等，1994）。

表 15-1　人工饲养条件下藏雪鸡雏鸟的发育（俞世福等，1994）
Table 15-1　The growth of Tibetan snowcock chicks in capativity (Yu Shifu et al., 1994)

日龄	体重 /g	体长 /mm	嘴峰 /mm	跗蹠 /mm	翅长 /mm	尾长 /mm
1	50.2	120.7	10.1	29.2	38.3	15.5
3	58.2	128.3	10.7	30.9	43.3	18.5
6	66.5	140.8	11.3	31.3	56.8	29.3
13	88.5	160.0	13.5	32.8	79.5	42.0

阿尔泰雪鸡雏鸟孵出时间最早记录于5月上旬，最迟的孵化时间是在6月9～10日，大多数雏鸟孵出时间为5月下旬至6月上旬。当雏鸟开始啄壳时，雌鸟仍在护巢，此时观察者很容易接近（Lukianov，1992）。

在夏季降雪的情况下阿尔泰雪鸡的初生雏鸟在前几天依靠卵黄维持生命。雏鸟不远离巢，其羽色、花纹与周围环境十分相似。有时几只雌鸟集成小群，但它们之间仍保持一定的距离。如果雌鸟死亡，它的雏鸟会合并到另一家族一起生活（Lukianov，1992）。根据 Dementiev 和 Gladkov（1967）的记录，6月初在阿尔泰山见到一只雌鸟带领一窝雏鸟，同时发现30多只雄鸟组成群体，这些雄鸟缺少孵卵斑，所以认为雄鸟不孵卵，也不照顾后代。9月成体和幼鸟混群以保证冬天的存活。翌年春天幼鸟达到性成熟并参加繁殖。

15.6　育　　雏

亲鸟对雏鸟照顾程度决定着雏鸟的成活率。早成鸟和晚成鸟的亲鸟选择完全不同的育雏策略以保证幼鸟的成活。雪鸡是早成鸟，雏鸟孵出时就已经充分发育，体被稠密的绒羽，出壳后几个小时就能跟随亲鸟离巢觅食，但是仍然需要亲鸟部分照料，至翌年繁殖季节才能独立生活。

分布海拔较低的暗腹雪鸡和阿尔泰雪鸡由雌鸟育雏，邻近巢区的雄鸟集群活动（图15-6）。如果雌鸟死亡，雏鸟则加入其他雏鸟群，雄鸟不照顾这些"孤儿"（Ирйсов and Ирисова，1991；Lukianov，1992；Liu，1994）。分布海拔高的藏雪鸡雄鸟参加育雏，双亲中任何一方遇到不测，另一方则继续抚育后代（史红全，2007）。

图 15-6　受惊吓被冲散的暗腹雪鸡雌鸟和雏鸟（闫永峰 摄）

Figure 15-6　Frightened chicks and female of Himalayan snowcock dispersed by a shock
(Photoed by Yan Yongfeng)

阿尔泰雪鸡有时由几只雌雪鸡共同带领 2～3 窝雏鸟集群觅食（Ирйсов and Ирисова，1991）。雌性阿尔泰雪鸡的这种协作方式能够帮助它们及时发现和成功逃离危险。暗腹雪鸡的育雏方式与阿尔泰雪鸡相似（Liu，1994）。

参 考 文 献

阿德里, 马鸣, 海肉拉, 等. 1997. 天山博格达南部雪鸡的生态习性. 干旱区研究, 14 (1): 84-87.
阿德力·麦地, 王德忠, 马鸣, 等. 1999. 天山博格达高山雪鸡的生态习性与人工养殖技术. 新疆畜牧业, (4): 27-29.
常城, 刘迺发, 王香亭. 1993. 暗腹雪鸡的繁殖及食物. 动物学报, 39(1): 107-108.
黄人鑫, 米尔曼, 邵红光. 1992. 中国鸟类新纪录——阿尔泰雪鸡. 动物分类学报, (04): 120-121.
黄人鑫, 刘迺发. 1991. 暗腹雪鸡. 见: 卢汰春. 中国珍稀濒危野生鸡类. 福州: 福建科技出版社: 123-139.
黄人鑫, 马力, 邵红光, 等. 1990. 新疆天山高山雪鸡生态和生物学的初步研究. 新疆大学学报, (3): 47-52.
李世霞, 魏建辉. 2001. 暗腹雪鸡的人工繁殖技术. 四川动物, 21(1): 48-51.

刘迺发, 王香亭. 1990. 高山雪鸡的繁殖生态研究. 动物学研究, 11(4): 299-302.

马森. 1997. 藏雪鸡的繁殖活动规律. 西北农业学报, 6(1): 8-10.

朴仁珠. 1991. 淡腹雪鸡. 见: 卢汰春. 中国珍稀濒危野生鸡类. 福州: 福建科技出版社: 108-122.

史红全. 2007. 藏雪鸡的种群生态. 兰州: 兰州大学博士学位论文.

魏建辉, 陈玉平. 2004. 暗腹雪鸡的生态习性初探. 甘肃林业科技, 29(4): 1-4.

闫永峰. 2006. 高山雪鸡的繁殖及栖息地选择研究. 兰州: 兰州大学博士学位论文.

俞世福, 马森, 任中海, 等. 1993. 藏雪鸡繁殖活动的考察. 青海畜牧兽医学院学报, (2): 1-4.

俞世福, 杨满寿, 马森, 等. 1994. 藏雪鸡卵人工孵化试验. 青海畜牧兽医杂志, 24(2): 9-12.

扎西次仁, 拉琼, 段双全, 等. 2004. 藏雪鸡的人工饲养与繁殖初报. 动物学杂志, 39(1): 40-51.

郑光美. 2012. 鸟类学. 北京: 北京师范大学出版社.

郑生武, 皮南林. 1979. 藏雪鸡的生态初步观察. 动物学杂志, (1): 24-29.

郑作新. 1978. 中国动物志. 鸟纲四卷鸡形目. 北京: 科学出版社: 51-58.

Baker ECS. 1928. Fauna of British, India, including Ceylon and Burma. Vol.5. London: Taylor and Francis: 1-469.

Baker ECS. 1930. Game birds of Indian, Burma and Ceylon. 3. London: John Bale and Son.

Dementiev GT, Gladkov NA. 1967. Birds of the Soviet Union. Vol.4. Jerusalen: Irael Program for Scientific Translations: 198-221.

Gavrin VF, Dolgusin IA, Korelov MN, et al. 1962. Pticy Kazachstana (Birds of Kazakhstan). Vol.2. Almaty.

Johnsgard PA. 1988. The Quails Partridges, and Francolins of the World. New York: Oxford University Press.

Liu NF. 1994. Breeding behavior of Koslov's snowcock (*Tetraogallus himalayensis koslowi*) in Northwestern Gansu, China. Gibier Faune Sauvage, 11: 167-177.

Lukianov Y. 1992. Ecology of the Altai snowcock (*Tetraogallus altaicus*) in the Altai Mountains. Gibier Faune Sauvage, 9: 633-640.

Ma L. 1992. The breeding ecology of the Himalayan snowcock (*Tetraogallus himalayensis*) in the Tian Shan mountains (China). Gibier Faune Sauvage, 9: 625-632.

Madge S, McGowan P, Kirwan GM. 2002. Pheasants, Partridges and Grouse. London: Christopher Helm.

Rahn A, Ar A. 1974. The avian egg: incubation time and water loss. The Condor, 76: 147-152.

Ирйсов ЭА, Ирисова ИНЛ. 1991. Алтайский улар. Наук: Сибирское Отдееиие.

第16章　雪鸡生态遗传学

　　生态遗传学（ecological genetics）是种群遗传学与种群生态学有机结合而成的一门学科，它涵盖了上述两个学科的基本内容，但在某些方面又有所不同。生态遗传学研究的是种群对自然环境和生物学环境的适应，以及这种适应对环境变化的遗传反馈机制。分子生态学研究的关键内容之一是自然选择过程使得环境变化导致生物表型的改变，而当环境的改变造成生物种群遗传结构上的变化并在种群中固定下来时，则属于生态遗传学研究的范畴。

　　种群是生物进化和自然选择的动态单位，其在生理上和遗传上严格适应环境，因而对环境的任何变化都很敏感，并且会在一定限度内对这些变化做出反应。遗传上可变异的种群与其不断变化的环境之间的相互影响是生态遗传学关注的焦点。生态遗传学家既要关注现存生物的种类、分布和数量，又要关注研究种群的基因库。总之，生态遗传学就是在当前进化水平上研究种群的进化历史过程（Merrell，1981）。

　　生态遗传学是一种方法学，它通过对种群动力学的观察，结合野外和室内研究得到种群的分布状况、数量及遗传信息等。同时，生态遗传学又不仅仅是一种技术手段，它还研究进化的持续过程（Agrawal and Hastings，2019）。按照这种观点，物种形成是一个共同祖先种群遗传分化的持续过程（Coyne and Barton，1988）。因此，对于生态遗传学家来说，必须要掌握进化适应和物种形成理论，同时关注生态学和遗传学。换句话说，要进行生态遗传学的研究必须掌握三个方面的基础知识：①种群分布的细节，可提供有关气候及其他对该物种分布有所限制的因子；②种群数量或有效种群大小，可以了解种群动态过程；③种群遗传学的知识，可以了解被研究种群的基因频率等。

　　生态遗传学不仅研究自然条件下生物发生遗传变化的长期效应（进化），也研究在人工条件下发生遗传变化的短期效应（育种）。甚至可以说，生态遗传学研究适用于任何让人感兴趣的生物学问题，无论这个生物学问题有理论意义还是实用价值。不管是适应进化、物种起源和人类进化等生态理论问题，还是全球气候变化、环境污染和外来物种入侵等生态学实际问题，又或是人工育种、畜禽驯化和病虫害防治等人类生态实践问题，都可以是生态遗传学的研究对象。这些研究对进化遗传学、种群遗传学、数量遗传学，以及动植物、微生物育种等有关学科的发展意义重大。

16.1 暗腹雪鸡的生态遗传

16.1.1 研究地区的环境因子

暗腹雪鸡样本分别采自新疆的伊犁、阿克苏、乌鲁木齐、奇台、喀什、和田，甘肃的肃北、阿克赛、安西、张掖，以及青海的德令哈。暗腹雪鸡主要栖息于海拔 2000～4000m 的高山裸岩、高山草甸和高寒荒漠地带（郑作新，1978; 刘迺发，1998）。通过分别获取种群的海拔、经纬度、温度、降水量和光照时数等与暗腹雪鸡生活史过程密切相关的主要环境因子（表 16-1），来研究这些因子对不同地理种群遗传结构的影响。环境因子变异系数用于表示该因子的稳定性，通常变异系数越大，表明该项因子越不稳定。

表 16-1　暗腹雪鸡 11 个地理种群的环境因子
Table 16-1　Environmental factors of 11 geographic populations of Himalayan snowcock

种群	纬度/(°)	经度/(°)	海拔/m	AAT/°C	VCT	AAR/mm	VCR	AAS/h	VCS
伊犁	43.92	81.33	2250	−0.670	−1.504	276.12	0.285	2845.88	0.054
阿克苏	41.10	80.20	3250	−2.602	−0.279	70.60	0.466	2846.39	0.050
乌鲁木齐	43.77	87.68	2840	−4.640	−0.254	267.21	0.274	2656.10	0.078
奇台	44.02	89.52	2950	−7.946	−0.113	187.47	0.268	2976.67	0.052
喀什	39.40	75.90	3000	1.631	0.503	65.14	0.496	2778.51	0.068
和田	37.10	79.90	4000	−3.194	−0.237	38.09	0.589	2636.40	0.081
阿克赛	39.60	93.50	3750	—	—	85.80	0.185	3168.50	0.047
肃北	39.50	94.80	3350	—	—	175.35	0.410	3081.20	0.049
安西	40.52	95.77	3030	−2.238	−0.264	48.63	0.408	3189.55	0.044
张掖	39.01	100.50	2600	−1.436	−0.489	129.56	0.266	3087.98	0.040
德令哈	37.50	98.00	3000	−5.336	−0.169	166.62	0.349	3087.27	0.034

注：AAT，年均温度；VCT，温度变异系数；AAR，年均降水量；VCR，降水量变异系数；AAS，年均光照时数；VCS，光照时长变异系数。下同。

16.1.2 遗传变量

对 102 个暗腹雪鸡样本线粒体细胞色素 b 基因（Cyt-b）的 559 个碱基序列进行分析，共发现 26 个单倍型（占样本数的 25.49%）和 28 个变异位点。其中，单倍型在各种群间出现频率差异性极显著（χ^2=44.77，$P<0.001$）。安西种群和德令哈种群的单倍型数量最少（2 个，表 16-2），而张掖种群单倍型数量最多（6 个）；特有单倍型百分比 S 值和 R 值最小为伊犁种群和德令哈种群（都为 0），S 值最大为张掖种群（分别为 40% 和 66.7%），而 R 值最大为张掖种群和阿克苏种群（同为 66.7%）；出现频率最高的单倍型为 H12（$n=32$，分属于 8 个种群），其次为 H1（$n=23$，分属于 5 个种群）；德令哈种群的变异位点数最少（V=0.18%），而喀什种群和和田种群最多（V=1.25%）。

德令哈种群的核苷酸多样性最低（0.0009），而乌鲁木齐种群最高（0.0048）。单倍型多样性最低的是安西种群（0.33），最高的则是和田种群（0.79）。平均单倍型配对差异（K）为 1.38，其中德令哈种群差异最少（0.48），而乌鲁木齐种群差异最大（2.69）。

表 16-2 暗腹雪鸡各地理种群的遗传变量
Table 16-2　Genetic variables in different geographic populations of Himalayan snowcock

种群	样本数	单倍型数	Pri	V	S	R	K	$\pi \times 10^{-3}$	h
伊犁	5	3	0	0.89	0.00	0.00	2.01	3.6	0.70
阿克苏	6	3	2	0.36	33.33	66.67	0.67	1.2	0.60
乌鲁木齐	7	4	2	1.07	28.57	50.00	2.69	4.8	0.71
奇台	11	3	1	0.54	9.09	33.33	1.20	2.1	0.71
喀什	15	5	1	1.25	6.67	20.00	1.57	2.8	0.65
和田	11	5	3	1.25	27.27	60.00	2.53	4.5	0.79
阿克赛	9	5	3	0.72	33.33	60.00	1.06	1.9	0.72
肃北	15	4	2	0.54	13.33	50.00	1.15	2.0	0.67
安西	6	2	1	0.36	16.67	50.00	0.67	1.2	0.33
张掖	10	6	4	0.89	40.00	66.67	1.16	2.1	0.78
德令哈	7	2	0	0.18	0.00	0.00	0.48	0.9	0.48

注：Pri 为种群特有单倍型数，V 为遗传变异位点百分比，S 为特有单倍型占样本数百分比，R 为特有单倍型占单倍型数的百分比，K 为平均单倍型配对差异，π 为核苷酸多样性指数，h 为单倍型多样性指数。下同。

16.1.3 遗传变量与环境因子的相关性

相关性分析结果表明，遗传变异位点百分比（V）、单倍型配对差异（K）和核苷酸多样性指数（π）与光因子存在显著线性相关（$P < 0.05$，表 16-3），与年均光照时数（AAS）呈显著负相关（图 16-1），与光照时长变异系数（VCS）呈显著正相关（图 16-2）。遗传变量与其他环境因子经度、纬度、海拔、温度变量和降水量变量相关性均不显著（$P > 0.05$，表 16-3）。

表 16-3 暗腹雪鸡 Cyt-b 基因遗传变量和环境因子的 Pearson 线性相关系数
Table 16-3 Pearson linear correlation coefficients between genetic variables of Cyt-b gene and environmental factors in Himalayan snowcock

	纬度	经度	海拔	AAT	VCT	AAR	VCR	AAS	VCS
V	0.003	−0.544	0.062	0.458	0.069	0.004	0.206	−0.689*	0.804**
K	0.261	−0.506	0.012	0.097	−0.181	0.342	0.123	−0.811**	0.888**
π	0.257	−0.503	0.005	0.103	−0.186	0.343	0.119	−0.811**	0.885**
h	0.089	−0.266	0.114	0.011	−0.157	0.233	0.149	−0.459	0.461

* 表示 $0.01 < P < 0.05$；** 表示 $P < 0.01$。下同。

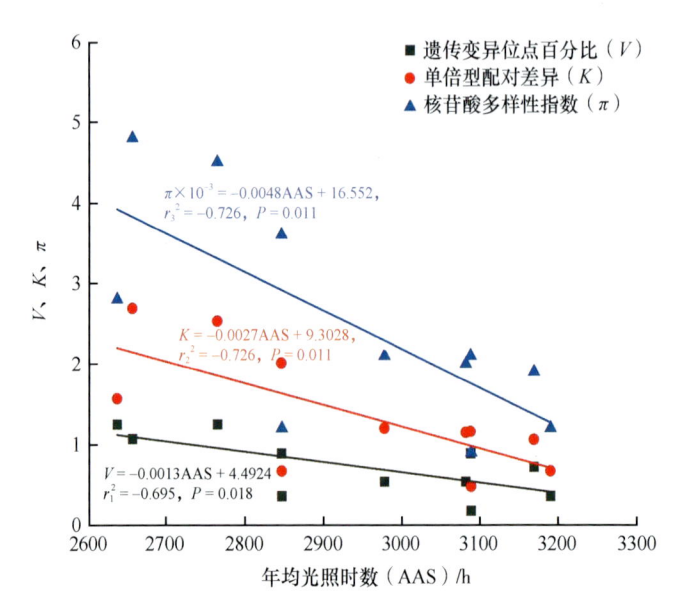

图 16-1 暗腹雪鸡遗传变量 V、K、π 与年均光照时数（AAS）的显著线性关系
Figure 16-1 Significant linear relationship between genetic variables $V, K, π$ and AAS in Himalayan snowcock

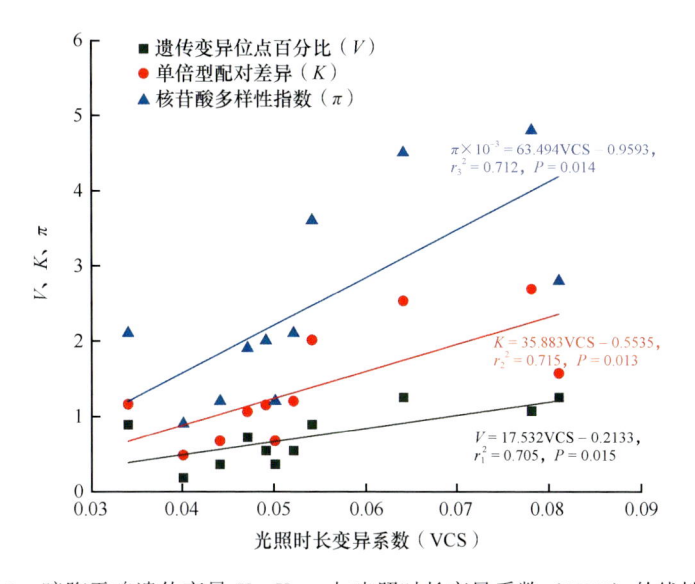

图 16-2　暗腹雪鸡遗传变量 V、K、π 与光照时长变异系数（VCS）的线性关系

Figure 16-2　Linear relationships between genetic variables V, K, π and VCS in Himalayan snowcock

暗腹雪鸡 Cyt-b 基因遗传变量中除了单倍型多样性外，遗传变异位点百分比（V）、单倍型配对差异（K）和核苷酸多样性指数（π）均与年均光照时数（AAS）呈显著负相关，即这些遗传变量随光照时长的增加而降低，而与光照时长变异系数（VCS）呈显著正相关，即遗传变量随光照时长变异系数增加而增加，光照越不稳定，雪鸡遗传变量也越不稳定。这表明光照时长和光照时长变异系数与暗腹雪鸡的生活史过程密切相关。暗腹雪鸡起源于帕米尔高原（兴都库什山、西天山、西喜马拉雅山、喀喇昆仑山和昆仑山五大山脉交汇地带），这一地区是中亚最先干旱的地区，中新世古地中海从塔里木盆地退出，之后盆地与地中海的水气通道被关闭，越来越干旱，风和水侵蚀喀喇昆仑山、昆仑山和天山迎着盆地的一侧，形成海拔高低错落的山地荒漠，导致塔里木盆地和塔克拉玛干沙漠逐渐形成，也产生了沿塔里木盆地、柴达木盆周围山地和西喜马拉雅山区的长日照区。长日照、干热环境对生活在冰雪线附近的雪鸡不利，于是暗腹雪鸡选择在雪线附近阴凉的小环境中生活。小生境选择了雪鸡的遗传变异，因而雪鸡遗传变量在统计学上与光照时长呈负相关。同样地，由于小环境光照长短变异较大，导致雪鸡遗传变量在统计学上与光照时长变异系数呈正相关。

16.2 藏雪鸡的生态遗传

16.2.1 研究地区的环境因子

本研究共涉及祁连山、柴达木、昆仑山、巴颜喀拉山和唐古拉山5个藏雪鸡地理种群，分别选择了海拔、经纬度、温度、降水量和光照时长作为雪鸡主要环境因子（表16-4）。

表 16-4 藏雪鸡5个地理种群环境因子

Table 16-4 Environmental factors of five geographic populations of Tibetan snowcock

种群	纬度/(°)	经度/(°)	海拔/m	AAT/℃	VCT	AAR/mm	VCR	AAS/h	VCS
祁连山	37.1	102.52	4000	−3.10	−5.146	410.81	0.194	2378.75	0.046
柴达木	33.8	95.6	4520	−5.03	−0.171	407.16	0.187	2667.40	0.042
昆仑山	35.2	93.1	5231	−7.38	−0.118	278.20	0.179	2787.85	0.054
巴颜喀拉山	35.84	102.46	4166	−4.42	−0.249	535.20	0.139	2382.00	0.048
唐古拉山	32.35	91.1	4800	−2.71	−0.267	76.90	0.174	2841.74	0.045

16.2.2 遗传变量

根据藏雪鸡的种群分布特点，分别采用线粒体 Cyt-b 基因部分序列和控制区（D-loop）作为分子标记对5个地理种群的总共80个藏雪鸡样本进行分析，分别发现有35个 D-loop 单倍型（占样本数的43.75%，表16-5）和13个 Cyt-b 单倍型（占样本数的16.25%）。巴颜喀拉山种群的 D-loop 单倍型数量最少（3个，表16-5），巴颜喀拉山和柴达木种群的 Cyt-b 单倍型数量最少（均为3个），而唐古拉山种群的单倍型数最多（分别为17个 D-loop 和8个 Cyt-b）。种群间单倍型频率差异性极显著（χ^2=28.90，$P < 0.001$）。

遗传多样性分析结果表明，基于 D-loop 和 Cyt-b 分子标记的平均核苷酸多样性分别为0.0048和0.0016，平均单倍型多样性分别为0.96和0.66。其中，核苷酸多样性最低的分别是巴颜喀拉山种群（π_{D-loop}=0.0010）和祁连山种群（π_{Cyt-b}=0.0010），而两种分子标记下核苷酸多样性最高的都是唐古拉山种群大（π_{D-loop}=0.0034 和 π_{Cyt-b}=0.0018）。单倍型多样性最低的还是巴颜喀拉山种群（h_{D-loop}=0.52）和祁连山种群（h_{Cyt-b}=0.42），而最高是唐古拉山种群（0.96）和昆仑山种群（0.81）。平均单倍型配对差异（K）为4.12（D-loop）和1.08（Cyt-b），其中巴颜喀拉山种群配对差异最少（$K_{\text{D-loop}}$=0.86 和 $K_{\text{Cyt-b}}$=0.50），而包括柴达木种群（$K_{\text{D-loop}}$=5.87）和唐古拉山种群（$K_{\text{Cyt-b}}$=1.22）配对差异最大（表 16-5）。

表 16-5 藏雪鸡各地理种群的遗传变量
Table 16-5 Genetic variables in different geographic populations of Tibetan snowcock

| | 线粒体控制区（D-loop） ||||| 线粒体细胞色素 b（Cyt-b） |||||
	N_1	H_1	h_1	π_1	K_1	N_2	H_2	h_2	π_2	K_2
祁连山	20	10	0.90	0.0035	3.12	20	4	0.42	0.0010	0.69
柴达木	13	10	0.95	0.0066	5.87	13	3	0.60	0.0017	1.13
昆仑山	7	4	0.80	0.0052	4.60	7	4	0.81	0.0017	1.14
巴颜喀拉山	11	3	0.52	0.0010	0.86	11	3	0.46	0.0010	0.50
唐古拉山	29	17	0.96	0.0034	2.99	29	8	0.70	0.0018	1.22

16.2.3 遗传变量与环境因子的相关性

藏雪鸡是所有雪鸡种分布海拔最高的种类，栖息环境海拔越高其种群适合度越高，种群数量越大，Cyt-b 基因单倍型多样性越高。藏雪鸡的 Cyt-b 基因单倍型多样性指数（h）与海拔梯度显著正相关，即随海拔的升高，Cyt-b 基因单倍型多样性升高。藏雪鸡的 Cyt-b 基因遗传变量均与经度呈显著负相关（表 16-6）。经度是自西向东增加，与经度显著负相关表明藏雪鸡的遗传多样性自西向东下降，而青藏高原西高东低，自西向东实际上是从高海拔下降到低海拔。

在分析的三种环境变量及其相应的变异系数中，只有年均光照强度（AAS）（图 16-3）与 Cyt-b 遗传变量单倍型配对差异（K）、核苷酸多样性指数（π）和单倍型多样性指数（h）存在显著的线性相关性（$P < 0.05$）（表 16-6），但与 D-loop 标记的遗传变量差异不显著（$P > 0.05$）。而在两种分子标记（D-loop 和 Cyt-b）序列拼接下，纬度、温度、降水量和光照时长变异系数与所有遗传变量的相关性均不显著（$P > 0.05$）。藏雪鸡起源于帕米尔高原、喜马拉雅山脉、冈底斯山脉和念青唐古拉山脉等这些青藏高原最早隆升到现在海拔的地区（参见第 3 章）。藏雪鸡个体小，相对体表面积大，散热快，这些山脉的高海拔和低气温对藏雪鸡的生存造成了很大的困难。但上述地区同时也是长日照区，藏雪鸡在长日照时间内获得更多热能，因而能克服这些困难。因此，从结果来看，藏雪鸡的 Cyt-b 基因遗传变量与年日照时数呈显著正相关。

表 16-6 藏雪鸡遗传变量和环境因子的 Pearson 线性相关系数

Table 16-6 The Pearson linear correlation coefficients between genetic variables and environmental factors coefficients of Tibetan snowcock

		纬度	经度	海拔	AAT	VCT	AAR	VCR	AAS	VCS
线粒体控制区（D-loop）	K_1	−0.310	−0.528	0.476	−0.435	0.128	−0.242	0.751	0.544	−0.199
	π_1	−0.314	−0.532	0.479	−0.437	0.134	−0.243	0.748	0.547	−0.199
	h_1	−0.456	−0.549	0.245	0.246	−0.223	−0.631	0.877	0.536	−0.457
线粒体细胞色素 b（Cyt-b）	K_2	−0.772	−0.953*	0.801	−0.242	0.437	−0.790	0.507	0.953*	−0.074
	π_2	−0.837	−0.977**	0.836	−0.278	0.580	−0.771	0.358	0.977**	−0.054
	h_2	−0.602	−0.916*	0.997**	−0.574	0.631	−0.698	0.154	0.933*	0.432

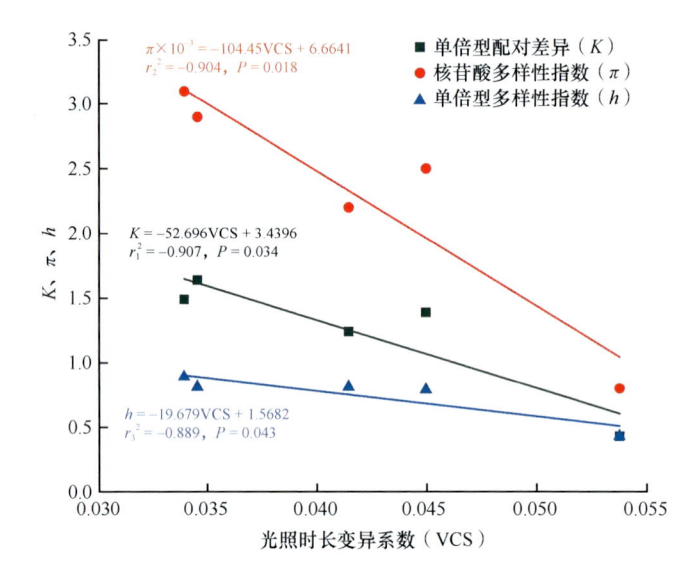

图 16-3 藏雪鸡 Cyt-b 基因遗传变量 K、π、h 与 VCS 的显著线性关系

Figure 16-3 Significant linear relationship between K, π, h of Cyt-b genetic variables and VCS in Tibetan snowcock

无论是暗腹雪鸡还是藏雪鸡，它们的 D-loop 基因的遗传变量均与环境因子无关，而 Cyt-b 基因的遗传变量均与光照时长显著相关。此外，暗腹雪鸡 Cyt-b 基因的遗传变量还与光照变异系数呈显著正相关，藏雪鸡 Cyt-b 基因的遗传变量还与经度呈显著负相关，且其单倍型多样性与海拔呈显著正相关（表 16-3 和表 16-6）。D-loop 基因是非编码区，而编码基因 Cyt-b 受环境选择的压力更大（周蓉等，2012）。虽然两种雪鸡 Cyt-b 基因的遗传变量都与光照时长呈显著相关，但是暗腹雪鸡与光照时长呈显著负相关，而藏雪鸡与光照时长呈显著正相关。也就是说，

年光照时间越长,暗腹雪鸡 Cyt-b 基因遗传变量越小而藏雪鸡 Cyt-b 基因遗传变量越大;光照时长越不稳定,暗腹雪鸡 Cyt-b 基因遗传变量越大。更新世早期青藏高原北部山脉喀喇昆仑山、昆仑山、阿尔金山和祁连山抬升接近现在高度(Li et al., 2016),藏雪鸡从青藏高原南部高山扩散到这里,并与暗腹雪鸡发生杂交。进化过程中生态位分化使得它们利用不同的光资源,杂交使得相同的环境因子对它们遗传变异向不同方向选择。

参 考 文 献

刘迺发. 1998. 雪鸡的系统发生. 台北: 第三届海峡两岸鸟类学术研讨会论文集: 235-243.

郑作新. 1978. 中国动物志. 鸟纲四卷鸡形目. 北京: 科学出版社.

周蓉, 李佳琦, 李铀, 等. 2012. 基于线粒体 DNA 的大石鸡种群遗传变异. 生物多样性, 20(4): 451-459.

Agrawal AA, Hastings AP. 2019. Plant defense by Latex: ecological genetics of inducibility in the milkweeds and a general review of mechanisms, evolution, and implications for Agriculture. Journal of Chemical Ecology, 45(11-12): 1004-1018.

Coyne JA, Barton NH. 1988. What do we know about speciation. Nature, 331(6156): 485-486.

Merrell DJ. 1981. Ecological Genetics. London: Longman.

Li J, Liu J, Zhao Z, et al. 2016. An integrated biomarker perspective on Neogenee-Quaternary climatic evolution in NE Tibetan Plateau: Implications for the Asian aridification. Quaternary International, (399): 174-182.

第 17 章　雪鸡谱系地理学

谱系地理学（phylogeography），也称系统地理学，最早由 Avise 等（1987）提出。它是生物地理学一门新的分支学科，主要由遗传谱系学（gene genealogy）、生物系统发生学（phylogenetics）和地理学（geography）三方面的内容整合而成。谱系地理学是以历史生物学和种群遗传学为基础，研究生物遗传谱系地理分布的原理及过程的一门科学，它既研究种内水平的进化，也研究种上水平的进化（Avise，2000），是连接小进化和大进化过程的桥梁（Bermingham and Moritz，1998）。

古生物记录证据表明，更新世冰川旋回引起动物栖息地反复和斑块化以及温带生物群的后续扩张，从而导致现存生物种群地理分布格局的深刻变化。在过去的 200 多万年里，北半球发生了多次冰期事件，这些冰期事件导致的环境演变强烈影响了区域内生物的地理分布格局。山地生物群可以提供有效的冰期和间冰期再定居模式并检验种群遗传分化结果（Hewitt，1996）。目前的研究表明，现存生物种群、物种和群落的遗传结构主要受到第四纪冰期影响。因此，将遗传、化石和地理分布等方面的证据结合在一起，可以极大地帮助我们理解生物是如何受冰期事件影响的。

雪鸡是典型的高山鸟类，其谱系地理学的研究在进化理论方面有特殊意义。自 2003 年始，本书作者在国家自然科学基金资助下开展我国雪鸡属鸟类的谱系地理学研究，不仅开启了国内第一个分子谱系地理学研究，也使我国在这一领域成功跻身世界前沿行列。之后，本书作者在国家自然科学基金重点项目资助下又开展了我国高山鹑类的比较谱系地理学研究，其中也包括了我国雪鸡属全部 3 种鸟类。其后研究成果相继问世，完成了数篇学位论文并发表了多篇研究论文，如"中国雪鸡属系统发生和分子进化""藏雪鸡青海亚种种群遗传结构和地理变异""藏雪鸡谱系地理学""喜马拉雅雪鸡的分子系统地理学研究"等。本章依据已发表的和未发表的研究成果整理。

17.1 藏雪鸡的谱系地理学

17.1.1 分布概况和样本采集

藏雪鸡是青藏高原的特有种，西自帕米尔高原，向东直到岷山与西秦岭交汇地带的白水江国家级自然保护区，北起西喜马拉雅山脉，南到玉龙雪山。被描述的亚种众多，其中青藏高原至少有 6 个亚种。本研究从海拔 3700～6000m 的 14 个样点中收集了总计 80 个个体样本，这些样点覆盖了藏雪鸡的绝大部分分布区，并包括了 4 个亚种。依照地理距离和主要隔离障碍，这些样本被分为 5 个地区组：祁连山区（QLS）、柴达木盆地（QDM）、巴颜喀拉山区（BKL）、唐古拉山区（TGL）和西昆仑山区（WKL）（图 17-1）。

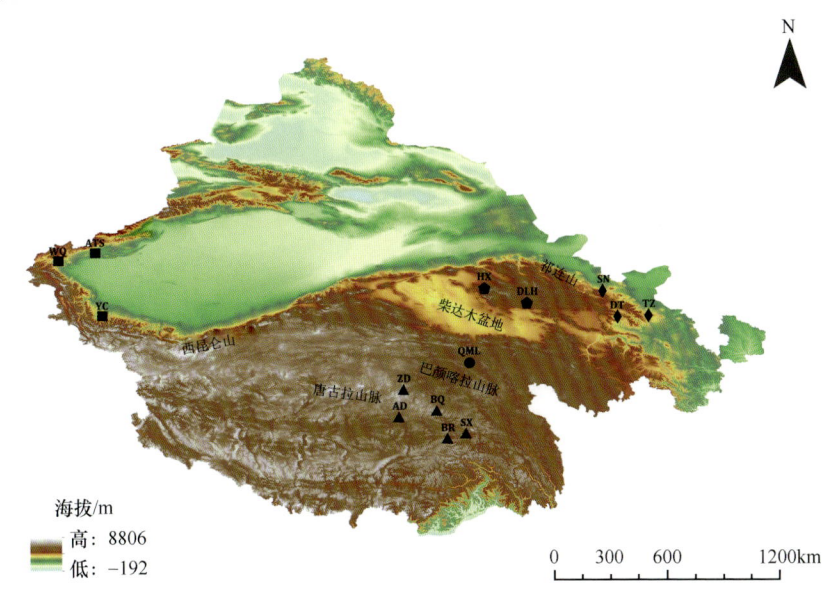

图 17-1　藏雪鸡采样地点和分布图

Figure17-1　Sample sites and distribution of Tibetan snowcock

WQ，乌恰；ATS，阿图什；YC，叶城；ZD，治多；AD，安多；BQ，巴青；BR，比如；SX，索县；QML，曲麻莱；HX，海西；DLH，德令哈；SN，肃南；DT，大通；TZ，天祝

17.1.2 遗传多样性

选择线粒体（mtDNA）Cyt-b 和 D-loop 两个基因片段作为分子标记，同时以 8 个来自家鸡的多态微卫星位点进行分析，结果得到了 1589bp 的 mtDNA 序列，共 136 个多态位点，其中包括 124 个简约信息位点。这些多态位点定义了 49 个单

倍型，其中大部分单倍型（36个）只存在某一种群中。种群单倍型多样性0.73～0.98，核苷酸多样性0.0019～0.0043（表17-1）。巴颜喀拉山区的单倍型多样性（0.73）和核苷酸多样性（0.27）最低，而唐古拉山区的单倍型多样性（0.98）和核苷酸多样性（0.43）最高。微卫星分析与线粒体标记结果略有差异（表17-1），微卫星观测杂合度（H_O）为0.49～0.66，而期望杂合度（H_E）为0.65～0.81。观测杂合度最低的是巴颜喀拉山区（0.49），最高的是唐古拉山区（0.66）；期望杂合度最低的是柴达木盆地（0.65），最高的是祁连山区（0.81）。

表17-1 基于线粒体基因和微卫星标记的藏雪鸡的遗传多样性（An et al., 2015）

Table 17-1　Genetic diversity of Tibetan snowcock based on mitochondrial genes and microsatellite markers (An et al., 2015)

组别	n(mtDNA)	H	h	π	N(STR)	H_O	H_E	A_R	P_A	F_{IS}
祁连山区（QLS）	19	13	0.95	0.0031	19	0.52	0.81	5.29	11	0.02
柴达木盆地（QDM）	14	12	0.88	0.0026	14	0.50	0.65	4.64	5	0.13
西昆仑山区（WKL）	7	5	0.81	0.0019	7	0.57	0.72	4.14	7	0.02
巴颜喀拉山区（BKL）	11	6	0.73	0.0027	11	0.49	0.73	4.01	2	0.02
唐古拉山区（TGL）	29	22	0.98	0.0043	29	0.66	0.69	6.56	14	0.19

注：n，样本量；H，单倍型数；h，单倍型多样性；π，核苷酸多样性；H_O，观测杂合度；H_E，期望杂合度；A_R，等位基因丰富度；P_A，特有等位基因数；F_{IS}，近交系数。

影响种群遗传多样性的因素很多，最重要的是种群的隔离过程和隔离时间。藏雪鸡多栖息于斑块裸岩区域，通常隔离时间长，种群有足够的时间积累遗传变异，以提高其遗传多样性和遗传差异。祁连山与周边其他种群的自然环境有所不同，其植被属于高山稀树草原复合体，长期的隔离状态积累了祁连山种群组的遗传多样性。唐古拉山海拔较高，其是山顶海拔约5000m的准平原，原面上的山脊在雪线以上（常年平均雪线约为海拔5300m）；西段为藏北内陆水系与外流水系的分水岭，东段则是印度洋和太平洋水系的分水岭。怒江、澜沧江和长江都发源于唐古拉山南北两麓。唐古拉山有小规模更新世冰川残留，准平原面上存在小片冰盖。高山森林、江河峡谷与残余的冰雪共同将藏雪鸡的种群较早地隔离开，使得唐古拉山种群组具有足够长的时间积累遗传多样性。

基于线粒体序列和微卫星遗传标记基因流分析结果表明，藏雪鸡种群之间遗传隔离较小，种群间存在较大的基因流（表17-2）。巴颜喀拉山区及其周边种群的基因流最小，平均每个世代迁移个体数量最少，表明其地理相对隔离闭塞，与周边种群的交流较小；唐古拉山区及其周边种群的基因流相对最大，每个世代迁移个体数量最多，表明其种群隔离较小，与周边种群的个体交流较为频繁。

表 17-2　基于线粒体基因和微卫星标记的藏雪鸡组间 Fst 和基因流（An et al.，2015）

Table 17-2　Intergroup Fst and gene flow of Tibetan snowcock based on mitochondrial genes and microsatellite markers (An et al., 2015)

	祁连山区（QLS）	柴达木盆地（QDM）	西昆仑山区（WKL）	巴颜喀拉山区（BKL）	唐古拉山区（TGL）
祁连山区（QLS）		0.11[***]/0.08[***]	0.14[***]/0.11[***]	0.18[*]/0.10[***]	0.07[***]/0.04[***]
柴达木盆地（QDM）	4.19/5.96		0.14[***]/0.22[***]	0.17/0.16[***]	0.07/0.10[***]
西昆仑山区（WKL）	3.03/4.38	3.03/1.79		0.36/0.19[***]	0.20/0.16[***]
巴颜喀拉山区（BKL）	2.25/4.62	2.36/2.63	0.88/2.11		0.14/0.12[***]
唐古拉山区（TGL）	6.26/11.72	6.25/4.28	2.02/2.59	3.21/3.60	

注：上三角是每个组与另一组比较的固定指数，下三角每个世代扩散的雌性个体数。Fst，群体间分化指数。
*$0.01 < P < 0.05$；***$P < 0.001$

17.1.3　谱系地理结构

基于最优模型筛选，GTR+I+G 模型被确认是最适的替代模型。基于 GTR+I+G 模型构建最大似然法系统树（图 17-2）。结果表明藏雪鸡无明显的谱系地理结构，种群间基因交流较为频繁，种群谱系地理格局的形成过程主要受到地理距离的影响。

单倍型网络也支持了地理种群间无十分明显的谱系地理结构（图 17-3）。网络中最常见的单倍型 H4 存在于除西昆仑山组（WKL）之外的所有 4 个组中（见图 17-2），说明 WKL 是一个隔离的组，与其他 4 个组没有任何联系。同时，WKL 拥有丰富的私有等位基因，也支持了上述观点。

青藏高原总面积约 250 万 km^2，是世界上平均海拔最高的高原，被誉为"世界屋脊"，常与南极和北极并列，号称地球的第三极。青藏高原内部地形错综复杂，可大致划分为五区：西部高山深谷区，包括数座海拔 7000m 以上的高山；向南为柴达木盆地，海拔 2600～3100m，是高原内部低海拔区；羌塘高原区，在唐古拉山以北，这一地区地势平缓，相对高差小，包括许多的湖泊；喜马拉雅山区，包括了世界上大多数海拔 7000m 以上的高山，其北麓湖盆广布，形成了一系列的湿地，河谷深切，海拔相对较低；横断山地区，这一区域形成一系列近南北走向的山系，地势高差大，自然环境复杂。藏雪鸡分布于整个青藏高原，是高原的特有种。

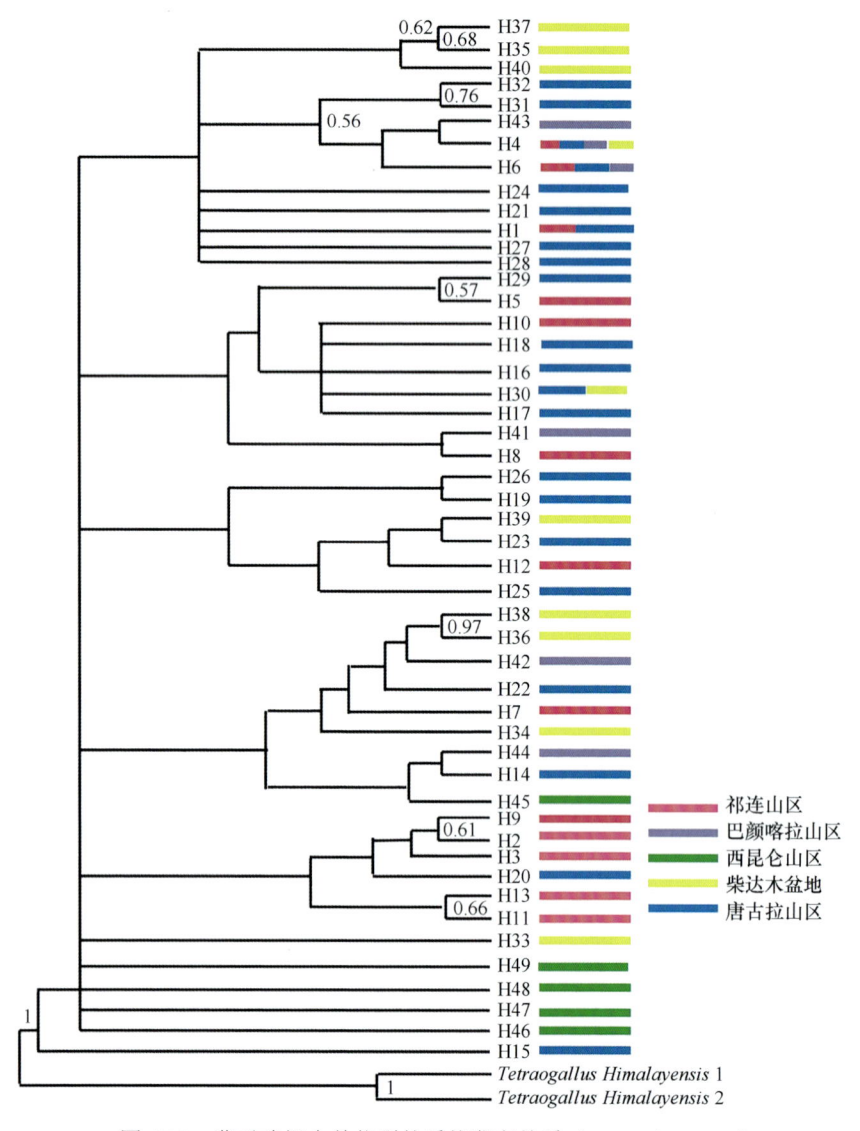

图 17-2 藏雪鸡组合单倍型的系统发育关系（An et al., 2015）

Figure 17-2 Phylogenetic relationships of haplotypes in all combinations of Tibetan snowcock (An et al., 2015)

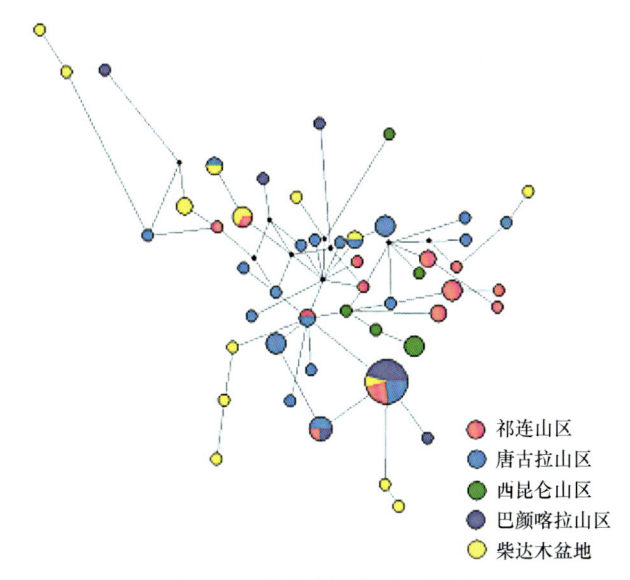

图 17-3 藏雪鸡单倍型网络图

Figure 17-3 Tibetan snowcock haplotype network

图标大小是对享有单倍型个体数的比例，圆圈的颜色属于地理组，而小的黑色圆圈代表没有观察到的遗失的等位基因

藏雪鸡喜寒冷，分布于高海拔地区。在西喜马拉雅山夏、秋季分布海拔4900～5500m，偶见于更高海拔，可达6000m处。在那曲海拔4700～5800m石缝和碎石间生长着稀疏低矮的高山垫状植物，藏雪鸡主要就栖息在这样的高山裸岩带中（姚建初等，1991）。在喜马拉雅地区，藏雪鸡分布在海拔5100m以上的高山原始草甸和冰雪带，此地气候寒冷干旱，山谷冰川发育，年平均气温0℃以下。在昆仑山，藏雪鸡营巢海拔4800m，巢址潮湿，巢内除冻土或残冰外几乎无其他内垫物（马鸣等，1991）。在日喀则南木林地区，冬季藏雪鸡在海拔5200m以上没有积雪的高山裸岩地区集群过夜（普布等，2011）。

雪鸡是雉科中唯一能在夜晚 -40℃条件下安然存活的类群（Potapov，1992）。低温对雪鸡没有危险。但是雪则不同，大雪长时间完全覆盖所有食物资源，雪鸡则不能生存。与此相关，雪鸡能很好地生活在雪线附近，但仍须回避完全被雪覆盖的地方。雪鸡最适于寒冷但没有积雪的冬天。雪覆盖的深度和时间决定了雪鸡的水平分布和垂直分布。藏雪鸡在冰雪边缘生活，随冰缘或雪线进退而进退，冰期或者寒冬冰雪线下移，适宜的生活空间萎缩，加强了种群间相互交流，混群和繁殖群体间的杂交消除了种群间的遗传分化。

柴达木盆地区四周高山环绕，海拔相对较低，在冰期或大雪的冬季，周围的高山冰雪线下移，祁连山、阿尔金山、昆仑山和唐古拉山的雪鸡都向这里扩散，种群密度增加,混群使得本来就不明显的种群间遗传界限趋于消失,没能形成单源进化谱系。

如果说横断山区的藏雪鸡随冰期间冰期和冷暖气候季节交替通过上下迁移互相混群,抹平了遗传界限,那么羌塘高原则是另一种格局。虽然羌塘高原有几条大的山脉,但海拔高差都不大,海拔都在 5400～5500m。山峰上发育有小型冰川,山地间有许多宽大的盆地,是良好的牧场。其山顶是海拔约 5000m 的准平原,原面上的山脊已在雪线以上(雪线海拔为 5300m)。高海拔的裸岩山脊是雪鸡过夜的场所,而其低矮的山脊和山原地貌并不构成雪鸡扩散的屏障,雪鸡种群之间缺少地理隔离,邻近种群之间扩散接触和混群随时都可能发生,基因交流频繁,从而导致种群间遗传分化不明显。

不同于欧亚大陆北部,冰期青藏高原没有形成统一冰盖,高原上仍然生机勃勃,演化出高原许多特有物种,如西藏披毛犀(*Coelodonta thibetana*),冰期从青藏高原迁往欧亚大陆北部和北极,演化出披毛犀家族(Deng et al.,2011)。冰期高原进化出高原山鹑,从高原走向欧亚大陆草原区,分化形成山鹑属 3 种(Bao et al.,2010)。迁移避难仅仅是青藏高原动物应对冰期或冬季积雪寒冷气候的对策之一,其他对策还有诸如穴居(多种蜥蜴、一些啮齿类以及鸟类中的雪雀)、休眠(冰缘植物)等。它们的线粒体基因构建的谱系地理结构通常与藏雪鸡不同,多种蜥蜴几乎都有显著的种群谱系地理结构(Jin et al.,2017)。

按等级划分的 AMOVA 揭示绝大多数变异在取样点内个体之间,占总遗传变异的 81.39%,位于样点间的组成是 10.49%,AMOVA 分析结果也支持了种群间基因流几乎没有地理差异(表 17-3)。

表 17-3　藏雪鸡接 mtDNA 和微卫星标记 AMOVA 分析

Table 17-3　Analysis of molecular variance (AMOVA) on Tibetan snowcock based on mtDNA and microsatellite markers

变异来源	连接 mtDNA				微卫星(SSR)			
	变异组成	变异解释度/%	P 值	固定指数	变异组成	变异解释度/%	P 值	固定指数
组间	0.258	8.12	0.359	$\Phi_{CT}=0.081$	0.243	8.07	0.204	$\Phi_{CT}=0.081$
组内	0.334	10.49	0	$\Phi_{SC}=-0.114$	0.237	7.88	0	$\Phi_{SC}=-0.086$
种内	2.593	81.39	0	$\Phi_{ST}=0.186$	2.524	84.04	0	$\Phi_{ST}=0.160$

基于微卫星等位基因频率对应 $K=2$ 簇的种群的 Bayesian 评估结果与来自 mtDNA 的结果不完全相符,特别是含有 WKL 的组单独形成一簇。最终,基于微卫星资料的 AMOVA 指出总遗传变异的 8.07% 分配在组间,组内种群间为 7.88%,种群内保持在 84.04%(表 17-3)。

17.1.4 种群历史动态

基于 BSP 模型（Bayesian skyline plot）推断的藏雪鸡种群历史动态与更新世以来的冰期事件较为吻合。分析结果表明，这个种在过去 10 万年至 4 万年间种群经历了快速增长（图 17-4）。基于 mtDNA 资料 5 个组的错配分布（mismatch distribution）呈钟形突然扩张增长。中性 Fu 检验和 Tajima 的 D 检验也产生负值，进一步支持种群扩张的结论（表 17-4）。

图 17-4 基于 BSP 的藏雪鸡种群历史分析

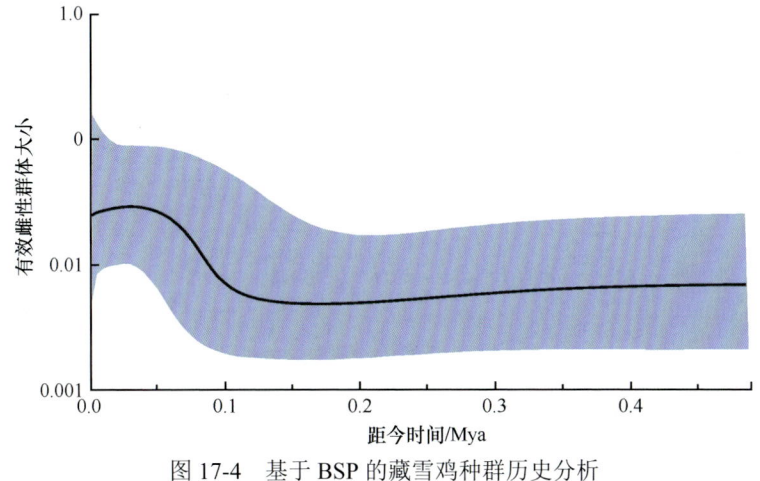

Figure 17-4　Tibetan snowcock historical demography based on Bayesian skyline plot method

横轴表示时间单位是 Mya（百万年），基于突变率 1.6×10^{-8}，每年每位点的改变，有效雌性群体大小和世代时间（年，转换为对数）如纵轴所示。计算的中数用实线连接，阴影范围指示密度极限 95% 最高可能性

表 17-4　藏雪鸡种群遗传统计学结果

Table 17-4　Population genetic general statistical estimate of Tibetan snowcock

组别	θ_0	θ_1	R	D 检验	F 检验
祁连山区（QLS）	0.442	1000	0.122	−1.86**	−1.723*
柴达木盆地（QDM）	2.966	1000	0.163	−1.06	−1.981*
西昆仑山区（WKL）	1.986	1000	0.164	−0.30*	1.021
巴颜喀拉山区（BKL）	0.267	1000	0.243	−1.42	−0.237
唐古拉山区（TGL）	0.130	1000	0.071	−1.06***	−12.66***

注：θ_0 为扩张前估计的种群大小；θ_1 为估计的扩张后种群大小；R 为粗糙指数；* $0.01 < P < 0.05$；** $0.001 < P < 0.01$；*** $P < 0.001$。

研究结果表明藏雪鸡种群快速扩张发生在晚更新世晚期到全新世晚期，这期间北半球冷暖交替，冰期间冰期频繁交替发生，包括末次冰期（16ka[①] ～ 32ka）、

---

① ka，时间单位，千年。

新冰期（2.5ka～3.5ka）和小冰期（0.359ka）几乎几千年一个旋回。末次大冰期中，在喜马拉雅山及青藏高原，冰川于4.7万～2.7万年前大幅前进，但是高原上没有形成统一的冰盖（施雅风等，1990）。高原上的巨大山脉形成冰帽使得雪线下移，迫使雪鸡向较低海拔迁移，导致原来不适宜雪鸡生活的低海拔区变得适宜了，许多山脉的雪鸡向新的适宜区扩散，种群表现为强烈扩张。

17.2　暗腹雪鸡的谱系地理学

关于暗腹雪鸡谱系地理学的研究已有若干报道。Wang等（2011）和王玉涛等（2018）分别利用线粒体基因控制区（D-loop）基因构建了种群谱系树；Ruan等（2010）利用细胞色素b（Cyt-b）基因构建了种群谱系树。试验方法和统计方法基本相同，但是种群单倍型聚类分析结果不同。Wang等（2011）以藏雪鸡为外群，将67个样本的37个控制区单倍型聚类分析，共分为4个进化支，A支由来自和田和肃北3个样本两个单倍型（H35，H36）组成，B支由来自祁连山和柴达木的样本组成，C支由来自昆仑山和南北天山的样本组成，D支由来自东帕米尔高原的样本组成。王玉涛等（2018）利用Wang等（2011）的单倍型和自己采自东帕米尔（塔什库尔干）25个样本的23个线粒体CR单倍型，以藏雪鸡为外群获得暗腹雪鸡种群3个进化支，但是Wang等（2011）所示的A支消失了，H35和H36是杂种单倍型。Ruan等（2010）以Cyt-b基因为遗传标记，分析了来自相同地点的102个样本（图17-5），获得26个单倍型，

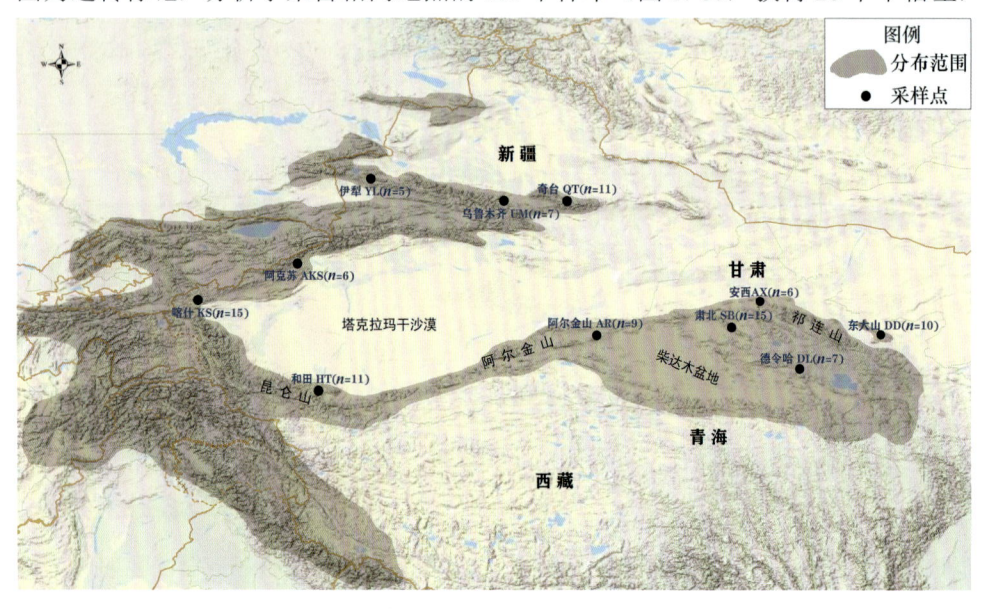

图17-5　暗腹雪鸡遗传样本采集点分布图

Figure 17-5　Distribution of genetic sample sites of Himalayan snowcock

构建了两棵树单倍型系统发生树，基于 GTR+G 模型构建的贝叶斯树（Bayesian tree）和最大似然法构建的 MP 树，分别分化为两个进化支，一支称为 B 支，由来自昆仑山、南北天山的样本组成；另一支称为 A 支，由来自祁连山、北山（东大山）、阿尔金山样本组成。本书以 Ruan 等（2010）Cyt-b 基因为基础,辅以线粒体 D-loop 基因结果。

17.2.1 分布概况和样本采集

暗腹雪鸡主要分布于祁连山、柴达木盆底周边山脉、阿尔金山和昆仑山以北至新疆北疆范围内，其中在南面的祁连山至昆仑山与藏雪鸡存在分布重叠，新疆北部阿尔泰地区可能与阿尔泰雪鸡存在分布重叠区（本研究未到达区域）。在繁殖季节从下列地区收集了暗腹雪鸡实验样本 102 份：新疆天山组伊犁（$n=5$；YL）、阿克苏（$n=6$；AKS）、乌鲁木齐（$n=7$；UM）和奇台（$n=11$；QT）；昆仑山组喀什（$n=15$；KS）和和田（$n=11$；HT）；阿尔金山组（$n=9$；AR）；祁连山组肃北（$n=15$；SB）、安西（$n=6$；AX）和德令哈（$n=7$；DL）；东大山组东大山（$n=10$；DD）（图 17-5）。外群为藏雪鸡的 3 个单倍型。

17.2.2 序列变异和遗传多样性

Cyt-b 基因序列比对显示 28 个多态位点，定义了 26 种单倍型（占所有样本的 25%），12 个单倍型发生在两个或两个以上的个体中，7 个单倍型在两个或两个以上的种群样本中共享（表 17-5）。在种群中观察到的单倍型数目为 AX 和 DL 的 2 个到 DD 的 6 个（表 17-6）。除 YL 和 DL 之外,还有一些单倍型仅限于独特的种群：DD 有 4 个私有单倍型，HT 和 AR 有 3 个私有单倍型，AKS、UM 和 SB 分别拥有 2 个私有单倍型，另一些种群包括 QT、KS 和 AX，只有 1 个私有单倍型。

表 17-5 暗腹雪鸡 Cyt-b 基因单倍型及其种群分布

Table 17-5 Haplotype and population distribution of cyt-b gene in Himalayan snowcock

单倍型	0000011111112222223334444455 01228136778135569289056990245 69144428483370687856684337433	样本采集地
H1	C G G C T T C C A G G T T G G A C A A T C C C A	YL（3），AKS（4），HT（6），KS（4）
H2	· · · · · · · · · · · · · T · · · · · · · · · ·	YL（1），KS（3）
H3	· · · C ·	AKS（1）
H4	· · · · T · · · A · · G · C · · · · · A · · · ·	HT（2）
H5	· · · · · · · · · · C · · G · · · · · · · · · ·	QT（3）

续表

单倍型	00000111111222222233344444555 01228136778135569289056990245 69144428483370687856684374330	样本采集地
H6	·C···T·······G·A·····A··	HT (1)
H7	·············G··········	HT (1)
H8	·C······················	QT (2), KS (4)
H9	····················A···	HT (1), UM (1)
H10	····C···················	KS (5)
H11	···G····················	AKS (1)
H12	·····T···A······G·C·····	AR (5), SB (8), DD (5), AX (5), UM (4), YK (1) DL (5), KS (1)
H13	·····T···A·A····G·CT····	AR (1)
H14	·····T···A······G·CT····	AR (1), SB (1)
H15	··A··T···A······G·CT····	SB (4)
H16	··G··T···A······G·CT····	SB (2)
H17	·····T···A··············	UM (1)
H18	···A····················	UM (1)
H19	·····T···A····G·G······G	DD (1)
H20	·····T··AA··············	DD (1)
H21	·····T··AA······G·C····A	DD (1)
H22	·····T···A······G·C·A···	DD (1)
H23	·····T·G·A······G·C·····	DD (1), DL (2)
H24	A····T···A······G·C·····	AR (1)
H25	·····T···A······G·C··A··	AR (1)
H26	·····T···A······G·C···GG···	AX (1)

单倍型多样性平均 0.65（局地种群 0.33～079），KS 最大，AX 最小（表 17-6）。所有种群的核苷酸多样性均较低 [平均 π=0.0026；DL（π=0.0009）的最小，UM（π=0.0048）的最大]。暗腹雪鸡 D-loop 单倍型多样性和核苷酸多样性分别为 0.977 和 0.0103，分别都高于 Cyt-b 基因。一般认为种群遗传多样性是不断适应环境和进化形成的，是研究生物与环境相适应的重要内容。暗腹雪鸡的两种遗传标记，反映出来的遗传多样性有所不同。D-loop 是非编码基因，而 Cyt-b 是编码基因，遗传多样性不一致普遍存在于自然界之中，编码基因受自然选择压力可能更大。DL 和 AX 种群 Cyt-b 基因遗传多样性严重下降（DL 和 AX 的 H=0.48 和 0.33；

π=0.0009 和 0.0012，表 17-6）。这主要是由于德令哈和安西这两个地区人类对雪鸡造成的狩猎压力很大，从而导致其遗传多样性下降。

表 17-6　暗腹雪鸡 Cyt-b 基因遗传多样性（Ruan et al., 2010）
Table 17-6　Genetic diversity of cyt-b gene in Himalayan snowcock
(Ruan et al., 2010)

种群组	取样种群	样本量	单倍型数	特有单倍型	单倍型多样性（H）	核苷酸多样性（$\pi \times 10^{-3}$）
天山组	伊犁（YL）	5	3		0.7	3.6
	阿克苏（AKS）	6	3	2	0.6	1.2
	乌鲁木齐（UM）	7	4	2	0.71	4.8
	奇台（QT）	11	3	1	0.65	2.2
昆仑山组	喀什（KS）	15	5	1	0.79	2.8
	和田（HT）	11	5	3	0.71	4.5
阿尔金山组	阿尔金山（AR）	9	5	3	0.72	1.9
祁连山组	肃北（SB）	15	4	2	0.67	2.1
	安西（AX）	6	2	1	0.33	1.2
	德令哈（DL）	7	2		0.48	0.9
东大山组	东大山（DD）	10	6	4	0.78	2.1

17.2.3　谱系地理结构

暗腹雪鸡种群进化支分化时间使用线粒体 D-loop 序列（1153bp）运用贝叶斯算法（Markov chain Monte Carlo for Bayesian，MCMC）在 BEAST v1.7.4 中进行估算（Drummond and Rambaut，2007）并构建。外群时间校正点选择依据 An 等（2009）估算的藏雪鸡种群扩张时间大约为 50 万年。核酸序列最适替换模型在 AICc 下使用 MODELTEST3.7 进行检验，经检验 TVM＋I＋G 为最适核酸替换模型，并估算雪鸡 DNA 序列碱基替换速率为 0.3%/Mya[DNA 替换速率估算参照 Rooney 等（2001）和 Nei（1992）]。在 Yule 模型下构建种群系统发生关系（Steel and Mckenzie，2001），设置先验概率服从正态分布，并强制内群为单系，运行 5000 万代，每 1000 代取样一次，舍弃默认前 10% 的随机树。BEAST 运算得到的结果使用 Tracer v1.5 检验有效种群大小（＞200）。TreeAnnotator v1.7.4 用于注释物种树并设置后验概率大于 0.5，最后使用 FigTree v1.3.1 可视化种群系统发生结果。

基于线粒体基因构建的暗腹雪鸡单倍型系统发生树如图 17-6，Cyt-b 单倍型网络分析的结果如图 17-7，说明单倍型分布与系统发育树结果一致，明显将所有单倍型划分为两个单倍型群，H1 和 H12 为核心，由 H17 连接。基于 D-loop 基因单倍型构成的网络图（图 17-8）也支持系统发生树的结果，分为 A、B 和 C 三组。

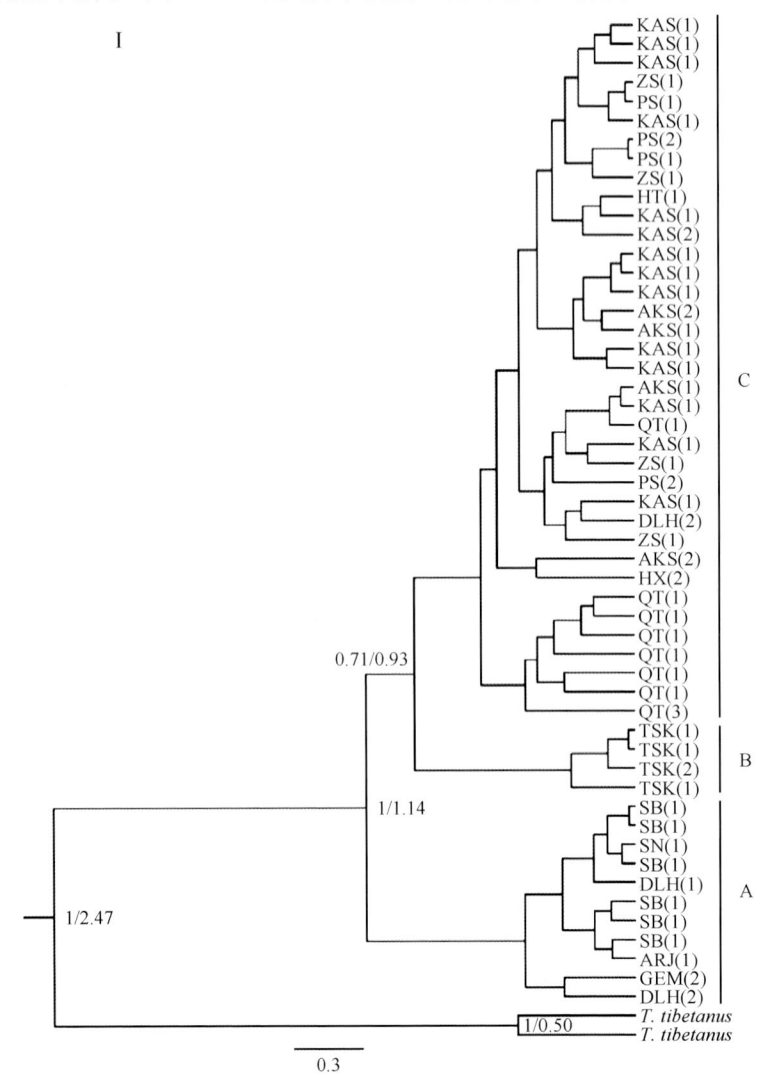

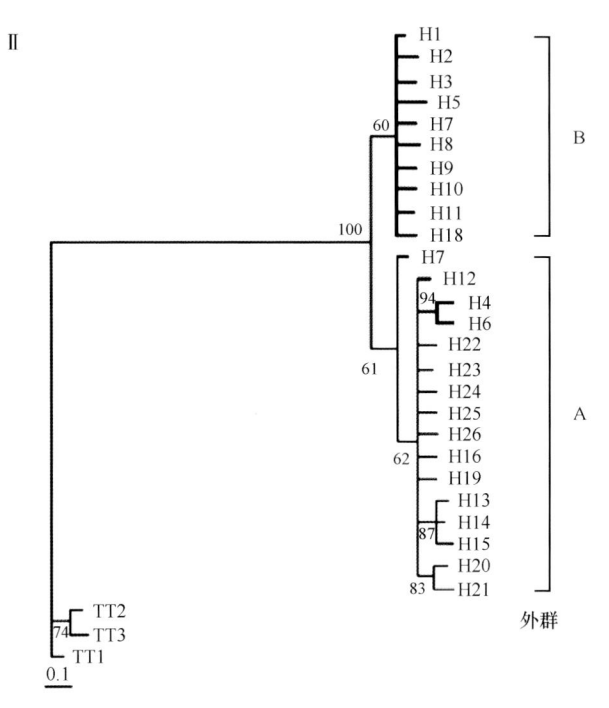

图 17-6　基于线粒体基因的暗腹雪鸡种群单倍型系统发生树

Figure 17-6　Haplotype phylogeny of Himalayan snowcock population based on mitochondrial genes

Ⅰ: D-loop 单倍型基于 HKY+I+C 模型构建的贝叶斯树；Ⅱ: Cyt-b 基因单倍型基于 GTR+G 模型构建的贝叶斯树（Ruan et al., 2010）。均以藏雪鸡为外群

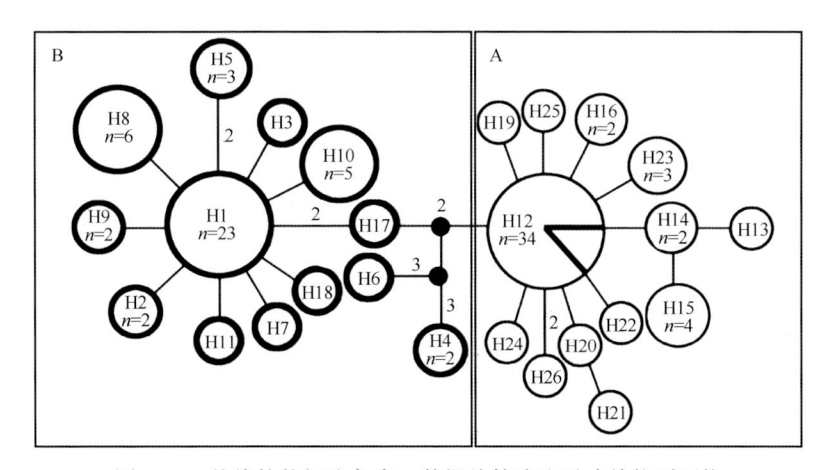

图 17-7　从线粒体细胞色素 b 数据估算暗腹雪鸡单倍型网络

Table 17-7　Estimation of haplotype network from mtDNA cytochrome b data in Himalayan snowcock

n 为样本量，无 n 的圈表示样本数为 1。黑色圆点代表没有观察到的遗失的等位基因

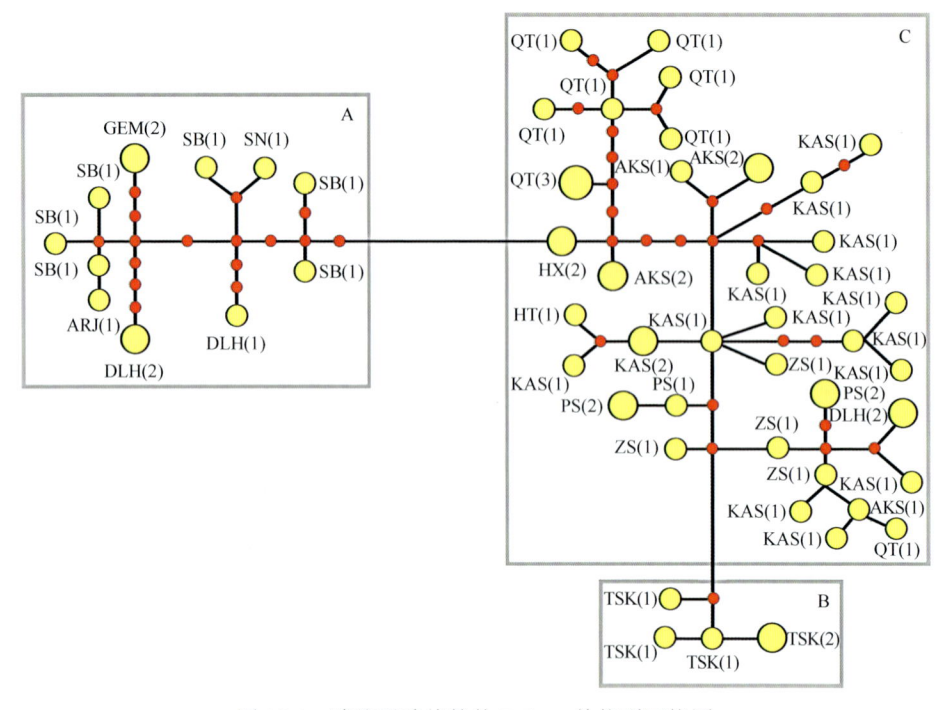

图 17-8　暗腹雪鸡线粒体 D-loop 单倍型网络图

Figure 17-8　Himalayan snowcock D-loop haplotype network diagram

使用 Network 4.6.0.0（Bandelt et al., 1999）中邻接法构建。黄色圆圈大小表示单倍型的频率，字母表示采样地点和共享单倍型数量，红色小圆点表示缺失单倍型。拓扑结构与种群系统发生关系一致，分为三个类群 A、B 和 C

暗腹雪鸡 Cyt-b 单倍型系统发育树将种群为两组——分支 A 和分支 B。基于不同的统计分析方法，这种分组都得到了适度的支持（图 17-6 II）。MP 树与贝叶斯树表现为相同的拓扑结构。分支 A 在 MP 树和贝叶斯树分别得到了 53% 和 61% 的支持，这些样本主要来自阿尔金山、祁连山、东大山、昆仑山和天山的一部分（包括 H12、H4、H6 和 H17）；分支 B 仅包括来自东帕米尔高原的天山和昆仑山，在贝叶斯树和 MP 树支持率分别是 50% 和 61%。类似地，以线粒体基因 D-loop 构建的种群系统发生树（图 17-6 I），清晰地分为两大进化支——A 和 C，C 支又进一步分化出 B 亚支。A 支包括德令哈、柴达木盆地和肃北，即祁连山、东昆仑山和阿尔金山种群，基本与 Cyt-b 结果一致；C 支是东帕米尔高原，昆仑山、天山和德令哈种群。B 亚支由塔什库尔干（喀喇昆仑山）组成。

D-loop 的结果也得到微卫星结果的支持。总共分析了 14 个取样地点共 109 个样本，按地理单元分为 6 个地理种群：东天山种群（奇台和天山后峡，DTS，$n=19$）、西天山种群（阿克苏和昭苏，XTS，$n=10$）、昆仑山种群（皮山、和田、喀什和塔什库尔干，KLS，$n=36$）、柴达木种群（德令哈和格尔木，CDM，$n=7$）、祁连山种群（肃北、阿尔金山和安南坝，QLS，n=23）及东大山种群（DDS，n=14）。实验结果使用 Structure2.0 软件进行以个体为单位的贝叶斯聚类分析，并且每个 K 值都运算了 1000 次（图 17-9）。当 K=2、K=3 时，柴达木种群、昆仑山种群和东大山种群变化不大，只是 K=3 时分得更细致些，这三组出现少量属于新组的成分，而西天山、祁连山两种群变化明显，应归属新组；当 K=4、K=5、K=6 时，柴达木种群、昆仑山种群和东大山组种群的变化依然较小，但整体显得凌乱，不能解释暗腹雪鸡群组之间的关系。同时，采用 Genetix 软件（v4.02）对 6 组的暗腹雪鸡微卫星数据进行 FCA 分析（图 17-9），结果也进一步说明了分为 3 个大群（K=3）更符合暗腹雪鸡的聚类事实。

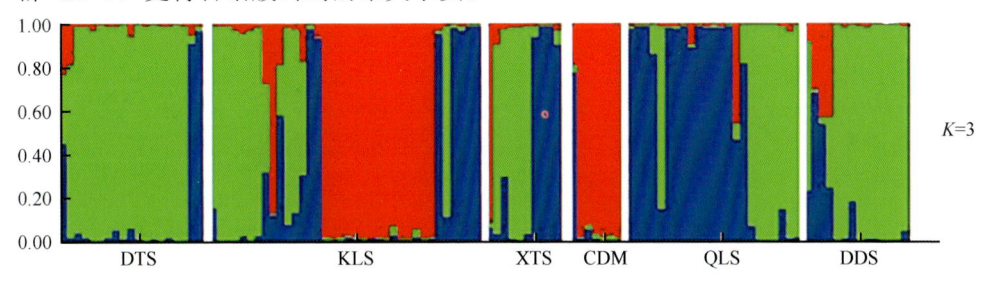

图 17-9　暗腹雪鸡种群的结构聚类分析

Figure 17-9　Himalayan snowcock population structure of cluster analysis

DTS，东天山；KLS，昆仑山；XTS，西天山；CDM，柴达木；QLS，祁连山；DDS，东大山

种群谱系地理研究最好用进化速率快的基因，线粒体基因中 D-loop 基因是非编码基因，变异速率快，能反映种群近期经历的地理区间的变化。微卫星序列很短，进化速率较快，也能反映种群近期的突变过程。而 Cyt-b 基因则不同，它是一个编码基因，进化速率适中，有一定保守性，更适于种及种以上阶元系统发生的研究。

暗腹雪鸡在我国主要分布于西藏喜马拉雅山、帕米尔高原、天山山脉、喀喇昆仑山、昆仑山、阿尔金山、西祁连山、北山山地、桃花乌拉山、青海湖和柴达木盆地周围山脉。无论 Cyt-b 基因还是 D-loop 基因构建的系统树基本上都分为两大进化支，其中新疆境内帕米尔高原、天山山脉、喀喇昆仑山、西昆仑山一支（D-loop 基因出现亚分化，仅由东帕米尔高原塔什库尔干样本组成），另一支来自阿尔金山、祁连山、北山山地、青海湖和柴达木盆地周围山脉的样本。后者可聚为一个谱系，而且是一个古老的谱系。这是地理隔离的结果，因为两大谱系之间横亘着世界第一大内陆盆地——塔里木盆地，它位于新疆维吾尔自治区南部，西起帕米尔高原东麓，东到罗布泊洼地，北至天山山脉南麓，南至昆仑山脉北麓，大致在东经 75°～90°、北纬 37°～42°范围内。依据 Cyt-b 基因，两大谱系分歧时间为 0.98Mya，而 D-loop 两个谱系分歧的时间为 1.14Mya，较前者稍早，但都是中更新世早期。塔里木盆地在中新世晚期脱离海域成为陆地，上新世到更新世早期喀喇昆仑山—昆仑山强烈抬升，盆地相对下降。昆—黄运动期间（中更新世），喀喇昆仑山—西昆仑山已经上升到相当高的高度，一些山峰已超过当时雪线高度（张青松和李炳元，1989）。晚更新世，喀喇昆仑山—西昆仑山继续大幅度抬升，达到或接近现在的高度，河流强烈下切，与塔里木盆地之间高程进一步扩大。进化谱系形成时间与塔里木盆地逐渐形成时间基本吻合，由此可以推断，正是盆地的隔离造就了暗腹雪鸡谱系地理结构格局。

17.2.4 种群结构和基因流

依细胞色素 b 基因（Cyt-b）的结果，多数种群遗传距离（F_{ST} 值）较大且种群间差异显著，表明这些种群之间基因流动受到限制。地理位置之间的成对 F_{ST} 值从 0.112（QT-KS）到 0.879（AKS-DL，表 17-7），其余 F_{ST} 值差异不显著，说明基因流水平相对较高（Nm：从 1.822 到无限大）。此外，根据采样山区划分，AMOVA 进行全部样本 11 个局地种群北亚分为 5 个山地组，表明总遗传变异的 40% 分布于种群内（Φ_{ST}=0.60, $P<0.001$），组内种群间 12%（Φ_{SC}=0.24, $P<0.001$），组间 48%（Φ_{CT}=0.48，P=0.018，表 17-8）。

表 17-7 暗腹雪鸡种群之间种群配对 F_{ST} 值（下三角）和基因流（上三角）比较

Table 17-7 Population pairwise F_{ST} value (below the diagonal) and gene flow (above the diagonal) for comparisons on pairwise populations of Himalayan snowcock

	YL	AKS	QT	UM	KS	HT	AR	SB	AX	DL	DD
YL		25.276	4.068	2.532	16.588	Inf	0.275	0.253	0.259	0.217	0.285
AKS	0.019		4.818	0.586	6.337	4.352	0.112	0.122	0.083	0.069	0.122
QT	0.109	0.094		0.515	3.950	2.388	0.136	0.135	0.124	0.111	0.141
UM	0.165	0.460[a]	0.492[c]		0.685	2.066	1.984	1.313	2.458	1.822	1.990
KS	0.029	0.073	0.112[a]	0.422[c]		3.270	0.188	0.178	0.185	0.170	0.192
HT	−0.029	0.103	0.173[a]	0.195[a]	0.133[a]		0.348	0.301	0.367	0.330	0.349
AR	0.645[b]	0.817[d]	0.787[c]	0.201[a]	0.726[c]	0.589[c]		14.036	27.539	6.133	11.129
SB	0.664[c]	0.804[c]	0.788[c]	0.276[c]	0.738[c]	0.624[c]	0.034		3.704	2.571	3.098
AX	0.659[a]	0.858[c]	0.802[c]	0.169	0.730[c]	0.577[c]	0.018	0.119		5.590	99.855
DL	0.698[b]	0.879[c]	0.818[c]	0.215	0.747[c]	0.603[c]	0.075	0.163[b]	0.082		Inf
DD	0.637[c]	0.804[c]	0.780[c]	0.201[a]	0.723[c]	0.589[c]	0.043	0.139[c]	0.005	−0.003	

注：a, $0.01<P<0.05$；b, $0.001<P<0.01$；c, $P<0.001$；Inf 表示基因流无限大。

表 17-8 暗腹雪鸡线粒体基因 Cyt-b 单倍型的 AMOVA 分析

Table 17-8 AMOVA of the mitochondrial Cyt-b haplotype in Himalayan snowcock

变异来源	变异组成	变异解释度 /%	固定指数
组间 *	0.85	48.04	$\Phi_{CT} = 0.48$
组内 **	0.22	12.30	$\Phi_{SC} = -0.24$
种内 ***	0.70	39.66	$\Phi_{ST} = 0.60$

注：应用等位基因频率和分子量数据进行 AMOVA，在 ARLEQUIN 软件下完成。*0.01 < P < 0.05；**0.001 < P < 0.01；***P < 0.001

Mantel 检验使用遗传距离 [F_{ST}/（1–F_{ST}）] 进行遗传隔离检验（Rousset，1997），地理种群成对遗传距离 F_{ST}/（1–F_{ST}）值与地理距离之间存在显著的线性相关关系（r=0.592，P=0.003）。同时，检验结果也显示来自 AKS 和祁连山或阿尔金山的个体（图 17-10 中的 X-G）较由地理距离所预期的偏离大。

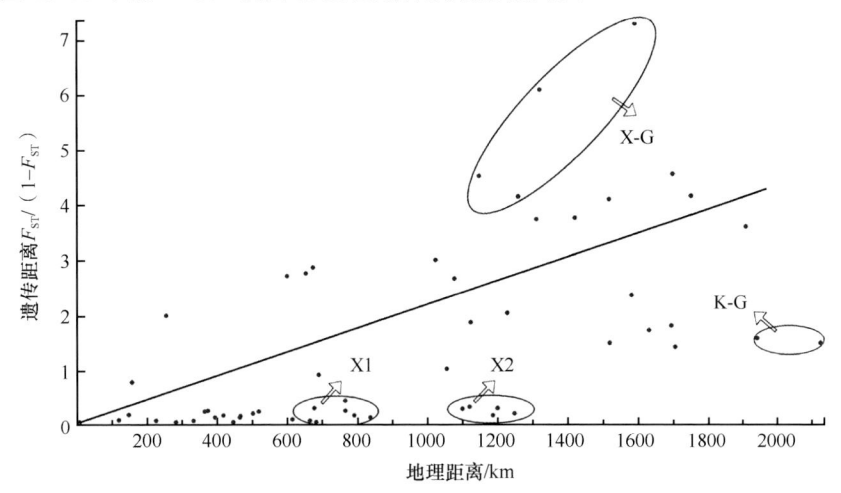

图 17-10 遗传距离和地理距离相关性分析散点图

Figure 17-10 Scatter plot of genetic distance and geographical distance

展示暗腹雪鸡种群曼特尔试验结果（r=0.592，P=0.003）。绘制椭圆以表示成对比较涉及的雪鸡，来自新疆 - 甘肃的样本（X-G 和 K-G）和来自新疆的（X1 和 X2）

17.2.5 错配分布和种群扩张

所观察到的总样本的错配分布拟合优度统计差异不显著（离差平方和 0.0192，P=0.38；Harpending's 粗糙度指数 0.0348，P=0.55）。因此，扩张模型的拟合不能被拒绝。扩张后的 θ 估计值（θ_1=5.88）高于扩张前的 θ 值（θ_0=0.00），τ 值 τ=5.25（扩张时间）。在局部样本中的错配分析表现出一些成对差异（表 17-9）。这些值

θ_0 和 θ_1 在雪鸡中彼此非常相似：YL（θ_0=0.00；θ_1=2.58），HT（θ_0=0.00；θ_1=3.28），UM（θ_0=0.00；θ_1=5.49），QT（θ_0=0.00；θ_1=2.85），SB（θ_0=0.00；θ_1=3.69），AX（θ_0=0.90；θ_1=3.60），来自 AKS、KS、AR、DL 和 DD 的样本有相同的 θ 值（θ_0=0.00；θ_1=99999.00），显示了最近种群突然增长的例子（τ 值，DL 的最小 =0.72 和 KS 的最大 =1.38）。

全部样本的 Fu's Fs=−12.27（P=0.001），局部地理种群 Fs=−0.308，变化范围从 DD 的 −3.41（$P<0.001$）到 QT 的 0.96（P=0.66），只有来自 DD 和 AR（P=0.009）的 Fs 值的 P 值小于 0.01（表 17-9）。

表 17-9　Fu's Fs 和它的显著性，错配分布参数包括 τ，θ_0，θ_1 和粗糙指数（RI），95% 的置信区间（95%CI）(Ruan et al., 2010)

Table 17-9　Fu's Fs and its significance, mismatch distributions parameters including τ, θ_0, θ_1 and 95% confidence intervals (95%CI) (Ruan et al., 2010)

种群组	种群	样本量	Fs	τ	θ_0	θ_1	RI
天山组	伊利（YL）	5	0.64	5.51	0	2.58	0.23
	阿克苏（AKS）	6	−0.86	0.86	0	99999	0.24
	乌鲁木齐（UM）	7	0.43	5.49	0	5.49	0.46
	奇台（QT）	11	0.96	2.07	0	2.85	0.09
昆仑山组	喀什（KS）	15	−0.42	1.38	0	99999	0.13
	和田（HT）	11	0.13	6.28	0	3.28	0.19
阿尔金山组	阿尔金山（AR）	9	−2.36	1.19	0	99999	0.11
祁连山组	肃北（SB）	15	−0.04	1.7	0	3.69	0.07
	安西（AX）	6	0.95	2.98	0.96	3.6	0.67
	德令哈（DL）	7	0.59	0.72	0	99999	0.23
东大山组	东大山（DD）	10	−3.41	1.31	0	99999	0.15

地理种群 τ 值平均 2.68（DL 的最小为 0.72 和 HT 的最大为 6.28；表 17-9），利用 μ 的估计，将 τ 估计转化为时间，推断在局部种群扩张时间，结果表明扩张时间从 DL 的 t=0.258Mya 到 UM 的 2.25Mya。KS 种群扩张时间发生在 0.494Mya，阿尔金山群组扩张时间发生在 0.47Mya，东大山组扩张时间发生在 0.47Mya，与青藏高原更新世第一次广泛的冰川作用相关（0.4Mya～0.6Mya；李吉均等，1986）。相反 AKS 扩张时间发生在 0.30Mya，DL 种群扩张时间发生在 0.258Mya，与更新世第二次最大冰期时间基本一致（0.30Mya～0.13Mya；李吉均等，1986），而其他种群扩张时间较早超过 0.60Mya。

暗腹雪鸡只有在雪线周围或低温环境下存活。与大多数其他鸟类相反，个体扩散只在冰期或寒冷的冬天，间冰期这些种群大多数被隔离（刘迺发，1998），换句话说，间冰期这些种群被限制在高海拔地区。由于种群扩张局限在冰期发生，这就是 AKS、KS、AR、DL 和 DD 的 θ_1 值比较高的原因。

天山组的种群扩张时间（1.92Mya）早于其他山地组（0.425Mya～0.626Mya），暗腹雪鸡 5 个山地组谱系地理结构的解释和 5 个种群扩张时间更早可追溯到早更新世。暗腹雪鸡的限制因子主要包括高海拔和低温（黄人鑫等，1994），天山山脉的形成时间不晚于 3.6Mya，较昆仑山、阿尔金山、祁连山和东大山种群更早（李吉均等，2001）。青藏高原整体抬升在早更新世达到顶峰（李吉均等，1986），同时北半球气温下降（Ruddiman et al.，1997），天山种群随之扩张。其他山地组的种群扩张与更新世第一和第二次大冰期一致。在这两个冰期，分布区隔离部分再次连接，低山带也成了合适的生境。因此，这些山地组的种群广泛扩散到合适的邻近生境。

参考文献

黄人鑫, 邵红光, 米尔曼, 等. 1994. 高山雪鸡(*Tetraogallus himalayensis* G. A. Gray) 冬季食性的研究. 新疆大学学报, 11(2): 80-83.

李吉均, 方小敏, 潘保田, 等. 2001. 新生代晚期青藏高原强烈隆起及其对周边环境的影响. 第四纪研究, 5:381-339.

李吉均, 郑本兴, 杨锡金. 1986. 西藏冰川. 北京: 科学出版社.

刘迺发. 1998. 雪鸡的系统发生. 台北: 第三届海峡两岸鸟类学术讨论会文集: 235-243.

马鸣, 周永恒, 马力. 1991. 新疆雪鸡的分布及生态观察. 野生动物, 4: 15-16.

普布, 扎西朗杰, 拉多, 等. 2011. 藏雪鸡(*Tetraogallus tibetanus*) 冬季活动规律及觅食地的选择. 西藏大学学报(自然科学版), 26(2): 1-6.

施雅风, 郑本兴, 李世杰. 1990. 青藏高原的末次冰期与最大冰期——对 M.Kuhle 的大冰盖假设的否定. 冰川冻土, 1:1-16.

王玉涛, 潘建飞, 黄翠翠, 等. 2018. 东帕米尔高原喜马拉雅雪鸡遗传多样性及系统发育地位. 生态学报, 38(1): 316-324.

姚建初, 邵孟明, 陈兴汉. 1991. 西藏那曲地区的鸟类. 四川动物, 1: 10-13.

张青松, 李炳元. 1989. 喀喇昆仑山——西昆仑山地区晚新生代隆起过程及自然环境变化初探. 自然资源学报, 3: 234-240.

An B, Zhang LX, Browne S, et al. 2009. Phylogeography of Tibetan snowcock (*Tetraogallus tibetanus*) in Qinghai-Tibetan Plateau. Molecular Phylogenetics and Evolution, 50(3): 526-533.

An B, Zhang LX, Liu NF, et al. 2015. Refugial Persistence of Qinghai-Tibetan Plateau by the cold-tolerant bird *Tetraogallus tibetanus* (Galliformes: Phasianidae). PLoS One, 10(3): 1-15.

Avise JC. 2000. Phylogeography: The History and Formation of Species. Cambridge: Harvard University Press.

Avise JC, Arnold J, Ball RM, et al. 1987. Intraspecific phylogeography: the mitochondrial DNA bridge between population genetics and systematics. Annual Review of Ecology and Systematics, 18(1): 489-522.

Bandelt HJ, Forster P, Röhl A. 1999. Median-joining networks for inferring intraspecific phylogenies. Molecular Biology and Evolution, 16: 37-48.

Bao XK, Liu NF, Qu JY, et al. 2010. The phylogenetic position and speciation dynamics of the genus *Perdix* (Phasianidae, Galliformes). Molecular Phylogenetics and Evolution, 56(2): 840-847.

Bermingham E, Moritz C. 1998. Comparative phylogeography: Concepts and applications. Molecular Ecology, 7(4): 367-369.

Deng T, Wang XM, Forteliu MS, et al. 2011. Out of Tibet: Pliocene woolly rhino suggests high-plateau origin of ice age megaherbivores. Science, 333:1285-1288.

Drummond AJ, Rambaut A. 2007. BEAST: Bayesian evolutionary analysis by sampling trees. BMC Evolutionary Biology, 7: 214.

Hewitt GM. 1996. Some genetic consequences of ice ages, and their role in divergence and speciation. Biological Journal of the Linnean Society, 58:247-276.

Jin YT, Liu NF, Brown RP. 2017. The geography and timing of genetic divergence in the lizard *Phrynocephalus theobaldi* on the Qinghai-Tibetan Plateau. Scientific Reports, 7(1): 1-8.

Nei M. 1992. Age of the common ancestor of human mitochondrial DNA. Molecular Biology and Evolution, 9(6): 1176-1178.

Potapov RL. 1992. Adaptation to mountain conditions and evolution in snowcocks (*Tetraogallus* spp.). Gibier Faune Sauvage, 9: 647-660.

Rooney AP, Honeycutt RL, Derr JN. 2001. Historical population size change of bowhead whales inferred from DNA sequence polymorphism data. Evolution, 55(8): 1678-1685.

Rousset F. 1997. Genetic differentiation and estimation of gene flow from F-statistics under isolation by distance. Genetics, 145(4): 1219-1228.

Ruan LZ, An B, Backstrom N, et al. 2010. Phylogeographic structure and gene flow of Himalayan snowcock (*Tetraogallus himalayensis*). Animal Biology, 60:449-465.

Ruan LZ, Zhang LX, Wen LY, et al. 2005. Phylogeny and molecular evolution of *Tetraogallus* in China. Biochemical Genetics, 43(9/10): 507-518.

Ruddiman WF, Kutzbach JE, Prentice IC. 1997. Tectonic Uplift and Climate Change. In: Ruddiman WF. New York: Plenum Press: 203-235.

Steel M, McKenzie A. 2001. Properties of phylogenetic trees generated by Yule-type speciation models. Mathematical Biosciences, 170(1): 91-112.

Wang XL, Qu JY, Liu NF, et al. 2011. Limited gene flow and partial isolation phylogeography of Himalayan snowcock (*Tetraogallus himalayensis*) based on part mitochondrial D-loop sequences. Acta Zoologica Sinica, 57(6): 758-767.

后　　记

先生遗作《中国雪鸡生物学》终于付梓问世了！在先生仙逝三周年之际，诸弟子勠力同心，编修成册，告慰恩师。通览全篇，先生造诣跃然纸上；字里行间，先生教诲犹在耳际；睹物思人，先生音容时时闪现。

忆往昔如歌岁月，点点滴滴。先生课堂上铿锵有力、抑扬顿挫的语调，先生戴着老花镜侃侃而谈的神态，还有先生办公桌上泡满铁观音的玻璃茶杯、塞满烟蒂的烟灰缸、窗前散发着幽香的君子兰……

忆往昔如歌岁月，历历在目。六盘山天高云淡、曲折险狭，甘南草原山花烂漫、牧歌悠扬，祁连山麓青云凝素、雪峰绵绵，民勤沙漠广袤无际、黄沙荡荡，沙坡头长河落日、黄河东流……

先生的身影和足迹陪伴着我们一路走过。从当年的懵懂少年到如今的不惑、知天命，虽然我们在教学、科研方面小有建树，但先生不在的日子里，我们内心充满茫然、孤独、无助！

合抱之木，生于毫末。我们的点滴成长、些许进步无不凝聚着先生的毕生心血，无不得益于学界前辈的热心提携，无不归因于业内同行的鼎力相助。感激之情，难以言表，拜手稽首，祈福万一。

《中国雪鸡生物学》涵盖了雪鸡属鸟类的分类学、形态学、生态学和分子生物学等诸多内容，凝聚着先生及其科研团队数十年的心血。作为鸟类最特殊的类群之一，雪鸡属鸟类生活在气候严酷、人迹罕至的青藏高原、帕米尔高原和阿尔泰山脉等山地。我们对其高寒环境的适应机制、重叠分布区的生态位分化、渐渗杂交以及季节性迁移等问题仍然知之甚少。诚冀后有来者，持之以恒，继续探索。

泱泱中华，百年巨变。伟大复兴，指日可待。我辈定当谨记先生教诲，传道解惑，教书育人；精诚团结，砥砺前行。

雄关漫道真如铁，而今迈步从头越！

不忘初心，方得始终！

刘迺发先生诸弟子
于金城兰州